全国计算机等级考试系列

全国计算机等级考试题库

——一级计算机基础及 WPS Office 应用

主编　吴　凡

内容提要

本书以全国计算机等级考试一级计算机基础及 WPS Office 应用考试历年真题试卷和模拟试卷为主要内容，依据最新考试大纲并按照考试的题型、题量、分值进行编排。全书共包含 5 部分，分别为上机考试指南、精选历年真题试卷、精编模拟试卷、精选历年真题试卷参考答案及解析、精编模拟试卷参考答案及解析。

本书适用于所有准备参加全国计算机等级考试一级计算机基础及 WPS Office 应用考试的考生。通过练习书中的历年真题和模拟试题，考生可了解考试的常考点和重难点，并不断提高自己的计算机应用能力，为成功取得考试合格证书奠定基础。

图书在版编目（CIP）数据

一级计算机基础及 WPS Office 应用 / 吴凡主编. --
上海 : 上海交通大学出版社，2024.5（2025.2 重印）
（全国计算机等级考试题库）
ISBN 978-7-313-30354-7

Ⅰ. ①一… Ⅱ. ①吴… Ⅲ. ①电子计算机－水平考试－习题集②办公自动化－应用软件－水平考试－习题集
Ⅳ. ①TP3-44

中国国家版本馆 CIP 数据核字(2024)第 032010 号

全国计算机等级考试题库——一级计算机基础及 WPS Office 应用
QUANGUO JISUANJI DENGJI KAOSHI TIKU——YIJI JISUANJI JICHU JI WPS Office YINGYONG

主　　编：吴　凡
出版发行：上海交通大学出版社　　地　　址：上海市番禺路 951 号
邮政编码：200030　　电　　话：021-64071208
印　　制：北京谊兴印刷有限公司　　经　　销：全国新华书店
开　　本：787 mm×1092 mm　1/16　　印　　张：12.25
字　　数：283 千字
版　　次：2024 年 5 月第 1 版　　印　　次：2025 年 2 月第 2 次印刷
书　　号：ISBN　978-7-313-30354-7　　电子书号：ISBN　978-7-89424-740-7
定　　价：42.80 元

版权所有　侵权必究
告读者：如发现本书有印装质量问题与发行部联系
联系电话：010-89022352

前　言
FOREWORD

全国计算机等级考试是由教育部教育考试院主办的全国性计算机水平考试，是衡量计算机应用能力和水平的重要标准之一。为帮助广大考生在有限的时间内高效完成复习计划，顺利通过全国计算机等级考试一级计算机基础及 WPS Office 应用考试，编者悉心研究了最新考试大纲和历年真题，精心编写了本书。

具体来说，本书主要具有以下特色。

★ 紧扣考纲，考点全面

本书紧扣全国计算机等级考试一级计算机基础及 WPS Office 应用考试大纲，全面覆盖了考试所要求的各项知识点和技能点，旨在帮助考生系统地掌握计算机基础知识，提高计算机操作能力，顺利通过考试。

★ 实战演练，提升能力

本书精选 10 套历年真题试卷、精编 8 套模拟试卷，帮助考生进行考前实战演练，熟悉考试题型与范围，把握重点与难点，快速提升应试能力，从而做到从容应考。

★ 解析透彻，易于理解

本书所有题目均配有详尽的答案解析，操作题还配有更加直观地展示答题步骤的演示视频，帮助考生“知其然亦知其所以然”，快速理解知识、掌握答题方法和技巧，提升答题能力。

★ 平台支撑，资源丰富

本书配制了丰富的数字资源。读者既可借助移动设备扫描书中的二维码获取相关的学习资源，也可登录文旌综合教育平台“文旌课堂”查看和下载本书的配套资源。读者在学习过程中有任何疑问，都可以登录该平台寻求帮助。

本书由吴凡担任主编，侯丽娜、柯玉立、朱贤坤、肖紫珍、杨健、张梦帆担任副主编。在编写过程中，编者参考了大量资料。在此，我们对这些资料的作者和编者表示衷心的感谢。此外，由于部分资料来自网络，我们未能确认出处，也暂时无法联系到原作者。对此，我们深表歉意，并欢迎原作者随时与我们联系，我们将按规定支付酬劳。由于编者水平有限，书中存在的疏漏或不当之处，敬请广大读者批评指正。

“工欲善其事，必先利其器。”我们期望，本书能成为考生的“良师益友”“善事之器”。最后，预祝广大考生在备考期间达到最佳学习效果，在考试中取得优异成绩。

本书配套资源下载网址和联系方式

网址：https://www.wenjingketang.com

电话：400-117-9835

邮箱：book@wenjingketang.com

片　头

目　录

CONTENTS

第一部分

上机考试指南

报考流程说明

报　名

考生须按照省级承办机构公布的报名流程进行网上报名，注册并填报相关基本信息，上传本人近期正面免冠证件照，然后网上缴费并确认身份信息，完成报名

↓

领取准考证

一般在考前 15 天左右，考生须按照省级承办机构规定的准考证打印时间登录 NCRE 报名网站，进入“报名信息”页面下载、打印准考证

↓

模拟考试

一般在考前 1 周左右，考生可以携带上述证件和准考证到考点参加模拟考试

↓

正式考试

考生须携带身份证、准考证、蓝（黑）色签字笔等考试相关物品在指定时间到达考场，按照考场要求参加正式考试

↓

成绩查询

按照准考证背面的提示，在规定时间（一般为考试后 1 个月左右）查询成绩，查询方式有多种，考生届时要多关注网上的信息，或与考点联系

↓

领取证书

自 2023 年 9 月考试起，使用 NCRE 电子证书替代纸质版合格证书。查询考试成绩通过后，考生可下载电子版《全国计算机等级考试合格证书》，该电子证书效力等同于纸质证书

考试大纲解读

1．考试大纲基本要求

（1）具备微型计算机的基础知识（包括计算机病毒的防治常识）。

（2）了解微型计算机系统的组成和各部分的功能。

（3）了解操作系统的基本功能和作用，掌握 Windows 的基本操作和应用。

（4）了解文字处理的基本知识，熟练掌握文字处理 WPS 文字的基本操作和应用，熟练掌握一种汉字（键盘）输入方法。

（5）了解电子表格软件的基本知识，掌握 WPS 表格的基本操作和应用。

（6）了解多媒体演示软件的基本知识，掌握演示文稿制作软件 WPS 演示的基本操作和应用。

（7）了解计算机网络的基本概念和因特网（Internet）的初步知识，掌握 IE 浏览器软件和 Outlook Express 软件的基本操作和使用。

2．考试内容解读

（1）计算机基础知识解读如表 1-1 所示。

表 1-1　计算机基础知识解读

大纲要求	专家解读
① 计算机的发展、类型及其应用领域 ② 计算机中数据的表示、存储与处理 ③ 多媒体技术的概念与应用 ④ 计算机病毒的概念、特征、分类与防治 ⑤ 计算机网络的概念、组成和分类，计算机与网络信息安全的概念和防控 ⑥ 因特网网络服务的概念、原理和应用	**考查题型**：选择题 选择题主要考查考生对计算机基础知识的了解，此部分出题范围广，在选择题中所占的比重较大，需要考生全面复习常用的计算机知识

（2）操作系统的功能和使用解读如表 1-2 所示。

表 1-2　操作系统的功能和使用解读

大纲要求	专家解读
① 计算机软、硬件系统的组成及主要技术指标 ② 操作系统的基本概念、功能、组成及分类 ③ Windows 操作系统的基本概念和常用术语，文件、文件夹、库等	**考查题型**：选择题和 Windows 基本操作题 选择题：主要考查计算机软、硬件系统和操作系统的相关知识

（续表）

大纲要求	专家解读
④ Windows 操作系统的基本操作和应用： a．掌握桌面外观的设置、基本的网络配置 b．熟练掌握资源管理器的操作与应用 c．掌握文件、磁盘、显示属性的查看、设置等操作 d．掌握中文输入法的安装、删除和选用 e．掌握检索文件、查询程序的方法 f．了解软、硬件的基本系统工具	Windows 基本操作题：主要考查文件和文件夹的创建、移动、复制、删除、更名、查找及属性的设置

（3）WPS 文字处理软件的功能和使用解读如表 1-3 所示。

表 1-3　WPS 文字处理软件的功能和使用解读

大纲要求	专家解读
① 文字处理软件的基本概念，WPS 文字的基本功能、运行环境、启动和退出 ② 文档的创建、打开和基本编辑操作，文本的查找与替换，多窗口和多文档的编辑 ③ 文档的保存、保护、复制、删除、插入 ④ 字体格式、段落格式和页面格式设置等基本操作，页面设置和打印预览 ⑤ WPS 文字的图形功能，图形、图片对象的编辑及文本框的使用 ⑥ WPS 文字表格制作功能，表格结构、表格创建、表格中数据的输入与编辑及表格样式的使用	**考查题型：**WPS 文字题 WPS 文字题主要考查文档格式及表格格式的设置。文档格式的设置主要包括字符格式、段落格式、边框和底纹的设置，项目符号和编号、首字下沉和悬挂的设置；表格格式的设置主要包括表格的建立，行、列的添加和删除，单元格的拆分与合并，表格属性的设置，表格数据的格式设置、排序及计算

（4）WPS 表格软件的功能和使用解读如表 1-4 所示。

表 1-4　WPS 表格软件的功能和使用解读

大纲要求	专家解读
① 电子表格的基本概念，WPS 表格的功能、运行环境、启动与退出 ② 工作簿和工作表的基本概念，工作表的创建、数据输入、编辑和排版 ③ 工作表的插入、复制、移动、更名、保存等基本操作 ④ 工作表中公式的输入与常用函数的使用 ⑤ 工作表数据的处理，数据的排序、筛选、查找和分类汇总，数据合并 ⑥ 图表的创建和格式设置 ⑦ 工作表的页面设置、打印预览和打印 ⑧ 工作簿和工作表数据安全、保护及隐藏操作	**考查题型：**WPS 表格题 WPS 表格题主要考查工作表和单元格的插入、复制、移动、更名和保存，单元格格式的设置，在工作表中插入公式及常用函数的使用，数据的排序、筛选及分类汇总，图表的创建和格式的设置

（5）WPS 演示软件的功能和使用解读如表 1-5 所示。

表 1-5 WPS 演示软件的功能和使用解读

大纲要求	专家解读
① 演示文稿的基本概念，WPS 演示的功能、运行环境、启动与退出 ② 演示文稿的创建、打开和保存 ③ 演示文稿视图的使用，演示页的文字编排、图片和图表等对象的插入，演示页的插入、删除、复制以及演示页顺序的调整 ④ 演示页版式的设置、模板与配色方案的套用、母版的使用 ⑤ 演示页放映效果的设置、换页方式及对象动画的选用，演示文稿的播放与打印	**考查题型**：WPS 演示题 WPS 演示题主要考查幻灯片的创建、插入、移动和删除，幻灯片字符格式的设置，文字、图片、艺术字、表格及图表的插入，超链接的设置，幻灯片主题选用及背景设置，幻灯片版式的设置，设计模板的应用，幻灯片切换、动画效果及放映方式的设置

（6）因特网（Internet）的初步知识和应用解读如表 1-6 所示。

表 1-6 因特网（Internet）的初步知识和应用解读

大纲要求	专家解读
① 了解计算机网络的基本概念和因特网的基础知识，主要包括网络硬件和软件，TCP/IP 协议的工作原理，以及网络应用中常见的概念，如域名、IP 地址、DNS 服务等 ② 能够熟练掌握浏览器、电子邮件的使用和操作	**考查题型**：选择题和上网题 选择题：主要考查计算机网络的概念和分类，因特网的概念及接入方式，TCP/IP 协议的工作原理，域名、IP 地址、DNS 服务的概念等 上网题：主要考查网页浏览、保存，电子邮件的发送、接收、回复、转发，以及附件的发送和保存

上机考试简介

考试系统的硬件环境和软件坏境如下。

1．硬件环境

考试系统所需要的硬件环境如表 1-7 所示。

表 1-7 硬件环境

硬 件	配 置
CPU	主频 2 GHz 或以上
内存	2 GB 或以上
显卡	SVGA 彩显
硬盘空间	10 GB 以上可供考试使用的空间

2. 软件环境

考试系统所需要的软件环境如表 1-8 所示。

表 1-8　软件环境

软　件	配　置
操作系统	中文版 Windows 7
文字处理系统	WPS Office 2019（教育考试专用版）
电子表格系统	WPS Office 2019（教育考试专用版）
演示文稿系统	WPS Office 2019（教育考试专用版）
输入法系统	微软输入法、智能 ABC 输入法、五笔字型输入法
互联网浏览器	Internet Explorer 仿真
电子邮件管理	Outlook 仿真

3. 题型及分值

全国计算机等级考试一级计算机基础及 WPS Office 应用考试采用无纸化考试方式，满分为 100 分，题型、题量及分值如表 1-9 所示。

表 1-9　题型、题量及分值

题　型	题　量	分　值
选择题	20 小题	20 分
Windows 基本操作题	5 小题	10 分
WPS 文字题	1 大题	25 分
WPS 表格题	1 大题	20 分
WPS 演示题	1 大题	15 分
上网题	2 小题	10 分
合计		100 分

4. 考试时间

全国计算机等级考试一级计算机基础及 WPS Office 应用考试时间为 90 分钟，考试时间由考试系统自动计时，考试结束前 5 分钟系统自动报警，以提醒考生及时存盘。考试时间结束后，考试系统自动将计算机锁定，考生不能继续进行考试。

第二部分

精选历年真题试卷

精选历年真题试卷（一）

线上题库
“码”上享有▶

1．选择题

（1）计算机指令主要存放在（　　）。

A．CPU　　B．内存　　C．硬盘　　D．键盘

（2）1946 年首台电子数字积分计算机 ENIAC 问世后，冯·诺依曼（Von Neumann）在研制 EDVAC 计算机时，提出两个重要的改进，它们是（　　）。

A．引入 CPU 和内存储器的概念　　B．采用机器语言和十六进制

C．采用二进制和存储程序的概念　　D．采用 ASCII 编码系统

（3）控制器的功能是（　　）。

A．指挥、协调计算机各部件工作　　B．进行算术运算和逻辑运算

C．存储数据和程序　　D．控制数据的输入和输出

（4）接入因特网的每台主机都有一个唯一可识别的地址，称为（　　）。

A．TCP 地址　　B．IP 地址　　C．TCP/IP 地址　　D．URL

（5）在标准 ASCII 码表中，已知英文字母 K 的十六进制码值是 4B，则二进制 ASCII 码 1001000 对应的字符是（　　）。

A．G　　B．H　　C．I　　D．J

（6）能够利用无线移动网络上网的是（　　）。

A．内置无线网卡的笔记本电脑　　B．部分具有上网功能的手机

C．部分具有上网功能的平板电脑　　D．以上全部

（7）下列关于 U 盘的描述中，错误的是（　　）。

A．U 盘有基本型、增强型和加密型三种

B．U 盘的特点是重量轻、体积小

C．U 盘多固定在机箱内，不便携带

D．断电后，U 盘能保持存储的数据不丢失

（8）下列叙述中，错误的是（　　）。

A．硬盘在主机箱内，它是主机的组成部分

B．硬盘是外部存储器之一

C．硬盘的技术指标之一是每分钟的转速 rpm

D．硬盘与 CPU 之间不能直接交换数据

（9）在计算机中，I/O 设备是指（　　）。

A．控制设备　　B．输入/输出设备

C．输入设备　　D．输出设备

（10）若网络的各个结点通过中继器连接成一个闭合环路，则称这种拓扑结构为（　　）。

A．总线型拓扑　B．星形拓扑　C．树形拓扑　D．环形拓扑

（11）下列用户 XUEJY 的电子邮件地址中，正确的是（　　）。

A．XUEJY @ bj163.com　B．XUEJYbj163.com

C．XUEJY#bj163.com　D．XUEJY@bj163.com

（12）十进制数 60 转换成二进制数是（　　）。

A．0111010　B．0111110　C．0111100　D．0111101

（13）局域网硬件中主要包括工作站、网络适配器、传输介质和（　　）。

A．Modem　B．交换机　C．打印机　D．中继站

（14）下列关于随机存储器（RAM）的叙述中，正确的是（　　）。

A．SRAM 的集成度比 DRAM 高

B．DRAM 中存储的数据无须“刷新”

C．RAM 分为静态 RAM（SRAM）和动态 RAM（DRAM）两大类

D．DRAM 的存取速度比 SRAM 快

（15）计算机网络中常用的传输介质中传输速率最快的是（　　）。

A．双绞线　B．光缆　C．同轴电缆　D．电话线

（16）有一域名为 bit.edu.cn，根据域名代码的规定，此域名表示（　　）。

A．教育机构　B．商业组织　C．军事部门　D．政府机关

（17）能直接与 CPU 交换信息的存储器是（　　）。

A．内存储器　B．硬盘存储器　C．CD-ROM　D．软盘存储器

（18）DVD-ROM 属于（　　）。

A．大容量可读可写外存储器　B．CPU 可直接存取的存储器

C．大容量只读外存储器　D．只读内存储器

（19）标准 ASCII 码用 7 位二进制位表示一个字符的编码，其不同的编码共有（　　）。

A．127 个　B．128 个　C．256 个　D．254 个

（20）Internet 实现了分布在世界各地的各类网络的互联，其最基础和核心的协议是（　　）。

A．HTTP　B．HTML　C．TCP/IP　D．FTP

2．基本操作题

（1）将考生文件夹下“MICRO”文件夹中的“SAK.PAS”文件删除。

（2）在考生文件夹下“POP\PUT”文件夹中新建一个名为“HUM”的文件夹。

（3）将考生文件夹下“COON\FEW”文件夹中的“RAD.FOR”文件复制到考生文件夹下“ZUM”文件夹中。

（4）将考生文件夹下“UEM”文件夹中的“MACRO.NEW”文件设置成隐藏和只读属性。

（5）将考生文件夹下“MEP”文件夹中的“PGUP.FIP”文件移动到考生文件夹下“QEEN”文件夹中，并改名为“NEPA.FIP”。

3．WPS 文字题

请用 WPS Office 打开考生文件夹下的“wps.docx”文件，按照要求完成下列操作并保存。

（1）将文中所有错词“闭目”替换为“闭幕”；设置页面纸张大小为 A4，页面左、右边距均为 35 毫米，页面背景颜色为浅绿色；在页脚中间位置插入大写罗马数字页码，并设置起始页码为 3。

（2）将标题段文字“第十二届全运会闭幕”设置为小二号、红色、黑体、居中对齐，加蓝色双波浪下划线，段后间距 0.5 行。

（3）设置正文各段落“新华网……体育项目。”文本之前和文本之后各缩进 1 字符，段前间距 0.5 行；设置正文第 1 段“新华网……渐渐熄灭。”首字下沉 2 行（距正文 2 毫米），设置正文第 2 至 4 段“闭幕式由……体育项目。”首行缩进 2 字符；将正文第 4 段“闭幕式仪式……体育项目。”分为等宽两栏，并添加栏间分隔线。

（4）将文中最后 10 行文字“排名……29”转换成一个 10 行 6 列的表格，设置表格列宽为 20 毫米、行高为固定值 7 毫米；设置表格整体居中，表格中所有文字水平、垂直均居中。

（5）设置表格外框线为 1.5 磅红色双实线，内框线为 1 磅红色单实线；为表格第 1 行添加橙色底纹；在“奖牌”列各单元格内依次填入相应的奖牌数，并将其字体设置为 Arial。

4．WPS 表格题

请用 WPS Office 打开考生文件夹下的“Book.xlsx”文件，按照要求完成下列操作并保存。

（1）将“Sheet1”工作表的 A1:J1 单元格合并居中，设置 A2:J26 单元格的内容水平和垂直均居中，设置 A:J 列的列宽为 9 字符。

（2）利用求和公式计算“应发工资”（应发工资=基本工资+岗位津贴+房屋补贴+饭补+奖金），计算“实发工资”（实发工资=应发工资−住房基金−所得税），将工作表命名为“十二月份工资表”。

（3）设置 J3:J26 区域的单元格数字格式为货币（¥），保留 1 位小数；设置表格 A1:J26 的外框线为双实线，内框线为单虚线；设置 A2:J2 区域的单元格底纹填充为黄色。

（4）选取“姓名”列（A2:A26）和“实发工资”列（J2:J26）的单元格内容，建立“簇状柱形图”，系列产生在“列”，图表标题为“十二月份工资”，移动并适当调整图表大小将其放置在 A28:J45 单元格区域内。

5．WPS 演示题

请用 WPS Office 打开考生文件夹下的“ys.pptx”文件，按照要求完成下列操作并保存。

（1）在第 1 张幻灯片的标题文本框中输入主标题“第一单元：侵略与反抗”，并设置为红色（自定义颜色：红 255、绿 0、蓝 0）、华文中宋、48 磅；为该张幻灯片应用动画方案“升起”。

（2）将第 2 张幻灯片的版式设置为“图片与标题”，将考生文件夹下的“圆明园.jpg”图片插入到右侧的图片框中，并将该图片的动画效果自定义为“强调”/“陀螺旋”。将第 3 张幻灯片中“知识点二　鸦片战争”下方的两行内容向右缩进一级，并设定样式为“① ② ③”的编号；为其中的文字“《南京条约》的主要内容及影响”添加超链接，链接到第 5 张幻灯片。将第 5 张幻灯片中的表格的动画效果自定义为“进入”/“菱形”。

（3）将演示文稿中所有幻灯片的切换方式均设置为“新闻快报”，为整个演示文稿应用一种适当的设计模板。

6．上网题

（1）某模拟网站的主页地址为“HTTP://LOCALHOST/index.html”，打开此主页，浏览“绍兴名人”页面，查找介绍“周恩来”的页面内容，将页面中周恩来的图片保存到考生文件夹下，命名为“ZHOUENLAI.jpg”，并将此页面内容以文本文件的格式保存到考生文件夹下，命名为“ZHOUENLAI.txt”。

（2）接收并阅读由“wj@mail.cumtb.edu.cn”发来的 E-mail，将随信发来的附件以文件名“wj.txt”保存到考生文件夹下。回复该邮件，回复内容为“王军：您好！资料已收到，谢谢。李明”。将发件人添加到通讯簿中，并在其中的“电子邮箱”栏填写“wj@mail.cumtb.edu.cn”，“姓名”栏填写“王军”，其余栏目缺省。

精选历年真题试卷（二）

1．选择题

（1）下列叙述中，正确的是（　　）。

A．所有计算机病毒只在可执行文件中传染

B．计算机病毒可通过读写移动存储器或 Internet 网络进行传播

C．只要把带病毒 U 盘设置成只读状态，那么此盘上的病毒就不会因读盘而传染给另一台计算机

D．计算机病毒是由于光盘表面不清洁而造成的

（2）在标准 ASCII 码表中，已知英文字母 D 的 ASCII 码是 68，英文字母 A 的 ASCII 码是（　　）。

A．64　　B．65　　C．96　　D．97

（3）汇编语言是一种（　　）。

A．依赖于计算机的低级程序设计语言

B．计算机能直接执行的程序设计语言

C．独立于计算机的高级程序设计语言

D．面向问题的程序设计语言

（4）下列软件中，属于系统软件的是（　　）。

A．办公自动化软件　　B．Windows XP

C．管理信息系统　　D．指挥信息系统

（5）ROM 中的信息是（　　）。

A．由生产厂家预先写入的

B．在安装系统时写入的

C．根据用户需求不同，由用户随时写入的

D．由程序临时存入的

（6）显示器的主要技术指标之一是（　　）。

A．分辨率　　B．耗电量　　C．彩色　　D．重量

（7）字长是 CPU 的主要性能指标之一，它表示（　　）。

A．CPU 一次能处理二进制数据的位数

B．最长的十进制整数的位数

C．最大的有效数字位数

D．计算结果的有效数字长度

（8）世界上公认的第一台电子计算机诞生在（　　）。

A．中国　　B．美国　　C．英国　　D．日本

（9）下列说法中，正确的是（　　）。

A．只要将高级语言编写的源程序文件（如 try.c）的扩展名更改为“.exe”，则它就成为可执行文件了

B．高档计算机可以直接执行用高级语言编写的程序

C．用高级语言编写的源程序只有经过编译和链接后才能成为可执行程序

D．用高级语言编写的程序可移植性和可读性都很差

（10）计算机技术中，下列不是度量存储器容量的单位是（　　）。

A．KB　　B．MB　　C．GHz　　D．GB

（11）下列各项中，正确的电子邮箱地址是（　　）。

A．L202@sina.com　　B．TT202#yahoo.com

C．A112.256.23.8　　D．K201yahoo.com.cn

（12）下列程序设计语言中，属于低级语言的是（　　）。

A．FORTRAN 语言　　B．Java 语言

C．Visual Basic 语言　　D．80×86 汇编语言

（13）防火墙是指（　　）。

A．一个特定软件　　B．一个特定硬件

C．执行访问控制策略的一组系统　　D．一批硬件的总称

（14）对声音波形采样时，采样频率越高，声音文件的数据量（　　）。

A．越小　　B．越大　　C．不变　　D．无法确定

（15）存储一个 48×48 点阵的汉字字形码需要的字节个数是（　　）。

A．384　　B．288　　C．256　　D．144

（16）调制解调器（Modem）的主要功能是（　　）。

A．模拟信号的放大

B．数字信号的放大

C．数字信号的编码

D．模拟信号与数字信号之间的相互转换

（17）在一个非零无符号二进制整数之后添加一个 0，则此数的值为原数的（　　）。

A．4 倍　　B．2 倍　　C．1/2 倍　　D．1/4 倍

（18）十进制数 59 转换成无符号二进制整数是（　　）。

A．111101　　B．111011　　C．110101　　D．111111

（19）构成 CPU 的主要部件是（　　）。

A．内存和控制器　　B．内存、控制器和运算器

C．高速缓存和运算器　　D．控制器和运算器

（20）下列设备组中，完全属于外部设备的一组是（　　）。

A．CD-ROM 驱动器、CPU、键盘、显示器

B．激光打印机、键盘、CD-ROM 驱动器、鼠标

C．内存储器、CD-ROM 驱动器、扫描仪、显示器

D．打印机、CPU、内存储器、硬盘

2．基本操作题

（1）将考生文件夹下的“KEEN”文件夹设置成隐藏属性。

（2）将考生文件夹下“QEEN”文件夹移动到考生文件夹下“NEAR”文件夹中，并改名为“SUNE”。

（3）将考生文件夹下“DEER\DAIR”文件夹中的“TOUR.PAS”文件复制到考生文件夹下“CRY\SUMMER”文件夹中。

（4）将考生文件夹下“CREAM”文件夹中的“SOUP”文件夹删除。

（5）在考生文件夹下新建一个名为“TESE”的文件夹。

3．WPS 文字题

请用 WPS Office 打开考生文件夹下的“wps.docx”文件，按照要求完成下列操作并保存。

（1）将文中所有“积金”替换为“基金”；将标题段文字“淘宝网卖基金　货币型最抢手”设置为小二号、隶书、黄色、加粗、居中，并添加红色底纹作为突出显示。

（2）将正文文字“首批……排名靠前。”设置为小四号、仿宋，各段落文本之后缩进 0.5 字符，首行缩进 2 字符，行距设置为 1.2 倍，段前、段后各间距 0.1 行；设置纸张大小为 A4。

（3）将正文第 1 段“首批……金额限制。”分为等宽两栏，栏宽 19 字符，栏间加分

隔线。

（4）将文中后 7 行文字“基金……混合型”转换为一个 7 行 5 列的表格，文字分隔位置为制表符；设置表格列宽为 80 磅，行高为固定值 28 磅；将表格中所有文字设置为小五号、黑体。

（5）将表格第 1 行合并为一个单元格，将表格中所有单元格内容设置为靠下居中对齐，设置表格整体居中。

4．WPS 表格题

请用 WPS Office 打开考生文件夹下的“Book.xlsx”文件，按照要求完成下列操作并保存。

（1）将“Sheet1”工作表的 A1:I1 单元格合并居中，计算“销售额”（销售额=成交单价*数量）。

（2）设置 A2:I20 单元格的内容水平和垂直均居中，设置 A:I 列的列宽为 2 厘米，将工作表命名为“销售清单”。

（3）设置 H3:H20 区域的单元格数字格式为货币（¥），保留 1 位小数；设置表格 A2:I20 的外框线为双实线，内框线为单实线，底纹填充为浅蓝色。

（4）选取“类别”列（B2:B20）和“销售额”列（H2:H20）的单元格内容，建立“簇状条形图”，系列产生在“列”，图表标题为“电器销售额”，图例靠右显示，移动并适当调整图表大小将其放置在 A21:I40 单元格区域内。

5．WPS 演示题

请用 WPS Office 打开考生文件夹下的“ys.pptx”文件，按照要求完成下列操作并保存。

（1）设置幻灯片大小为“35 毫米幻灯片”并“确保适合”，为整个演示文稿应用一种适当的设计模板。

（2）在第 1 张幻灯片前插入 1 张版式为“标题幻灯片”的新幻灯片，主标题输入“神奇的章鱼保罗”，并设置为黑体、48 磅、蓝色；副标题输入“8 次预测全部正确”，并设置为宋体、32 磅、红色。

（3）将第 2 张幻灯片的版式改为“图片与标题”，标题为“西班牙队夺冠”；将考生文件夹下的“图片 1.png”图片插入到左侧的内容区，图片大小设置为高度 8 厘米、宽度 10 厘米，图片水平位置为 3 厘米，相对于左上角；图片动画设置为“进入”/“盒状”，文本动画设置为“进入”/“阶梯状”。

（4）对第 3 张幻灯片进行以下操作：

① 将幻灯片版式改为“两栏内容”，将考生文件夹下的“图片 2.png”图片插入到幻灯片右侧的内容区，图片大小设置为“高度 7.2 厘米”，且“锁定纵横比”；

② 将幻灯片中的文本动画设置为“进入”/“劈裂”，图片动画设置为“进入”/“飞入”，方向为“自右侧”。

（5）将第 4 张幻灯片的版式改为“空白”，为幻灯片中的表格套用一种合适的样

式，并设置所有单元格对齐方式为居中对齐。

（6）将全部幻灯片的切换方式设置为从左下“抽出”。

6．上网题

（1）某模拟网站的主页地址为“HTTP://LOCALHOST/index.htm”，打开此主页，找到此网站的首页并将首页上所有最强评审的姓名作为 Word 文档的内容，每个姓名之间用逗号分开，并将此 Word 文档保存到考生文件夹下，命名为“Allnames.docx”。

（2）向万峰发一封邮件，并将考生文件夹下的“open.docx”文档作为附件一起发出去。具体如下：

【收件人】Wanfeng@ncre.com

【主题】操作规范

【函件内容】实验室操作规范，具体见附件。

精选历年真题试卷（三）

1．选择题

（1）下列叙述中，正确的是（　　）。

A．CPU 能直接读取硬盘上的数据

B．CPU 能直接存取内存储器上的数据

C．CPU 由存储器、运算器和控制器组成

D．CPU 主要用来存储程序和数据

（2）在计算机的硬件设备中，有一种设备在程序设计中既可以当成输出设备，又可以当成输入设备，这种设备是（　　）。

A．绘图仪　　B．扫描仪　　C．手写笔　　D．磁盘驱动器

（3）下列不能用作存储容量单位的是（　　）。

A．Byte　　B．GB　　C．MIPS　　D．KB

（4）十进制整数 64 转换为二进制整数等于（　　）。

A．1100000　　B．1000000　　C．1000100　　D．1000010

（5）移动硬盘与 U 盘相比，最大的优势是（　　）。

A．容量大　　B．速度快　　C．安全性高　　D．兼容性好

（6）下列关于编译程序的说法，正确的是（　　）。

A．编译程序直接生成可执行文件

B．编译程序直接执行源程序

C．编译程序完成高级语言程序到低级语言程序的等价翻译

D．各种编译程序构造都比较复杂，所以执行效率高

（7）域名 ABC.XYZ.COM.CN 中主机名是（　　）。

A．ABC　　B．XYZ　　C．COM　　D．CN

（8）主要用于实现两个不同网络互联的设备是（　　）。

A．转发器　　B．集线器　　C．路由器　　D．调制解调器

（9）一个字长为 8 位的无符号二进制数能表示的十进制数值范围是（　　）。

A．0～256　　B．1～256　　C．0～255　　D．1～255

（10）十进制数 121 转换成无符号二进制整数是（　　）。

A．100111　　B．1111001　　C．1001111　　D．111001

（11）下列软件中，属于系统软件的是（　　）。

A．航天信息系统　　B．Office 2003

C．Windows Vista　　D．决策支持系统

（12）已知英文字母 m 的 ASCII 码值为 6DH，那么 ASCII 码值为 71H 的英文字母是（　　）。

A．M　　B．j　　C．p　　D．q

（13）计算机的技术性能指标主要是指（　　）。

A．计算机所配备的语言、操作系统、外部设备

B．硬盘的容量和内存的容量

C．显示器的分辨率、打印机的性能等配置

D．字长、运算速度、内/外存容量和 CPU 的时钟主频

（14）计算机内存中用于存储信息的部件是（　　）。

A．U 盘　　B．只读存储器

C．硬盘　　D．RAM

（15）为了防止信息被别人窃取，可以为计算机设置开机密码。下列密码设置最安全的是（　　）。

A．12345678　　B．nd@YZ@g1

C．NDYZ　　D．Yingzhong

（16）汉字国标码（GB 2312—80）把汉字分成（　　）。

A．简化字和繁体字两个等级

B．一级汉字、二级汉字和三级汉字三个等级

C．一级常用汉字、二级次常用汉字两个等级

D．常用字、次常用字、罕见字三个等级

（17）一个完整的计算机系统应该包含（　　）。

A．主机、键盘和显示器　　B．系统软件和应用软件

C．主机、外设和办公软件　　D．硬件系统和软件系统

（18）在计算机的硬件系统中，最核心的部件是（　　）。

A．内存储器　　B．输入/输出设备

C．CPU　　D．硬盘

（19）在 ASCII 码表中，根据码值由小到大的排列顺序是（　　）。

A．空格字符、数字符、大写英文字母、小写英文字母

B．数字符、空格字符、大写英文字母、小写英文字母

C．空格字符、数字符、小写英文字母、大写英文字母

D．数字符、大写英文字母、小写英文字母、空格字符

（20）按照网络的拓扑结构划分，以太网（Ethernet）属于（　　）。

A．总线型网络结构　　B．树形网络结构

C．星形网络结构　　D．环形网络结构

2．基本操作题

（1）将考生文件夹下“LI\QIAN”文件夹中的“YANG”文件夹复制到考生文件夹下“WANG”文件夹中。

（2）将考生文件夹下“TIAN”文件夹中的“ARJ.EXP”文件设置成只读属性。

（3）在考生文件夹下“ZHAO”文件夹中新建一个名为“GIRL”的文件夹。

（4）将考生文件夹下“SHEN\KANG”文件夹中的“BIAN.ARJ”文件移动到考生文件夹下“HAN”文件夹中，并改名为“QULIU.ARJ”。

（5）将考生文件夹下“FANG”文件夹删除。

3．WPS 文字题

请用 WPS Office 打开考生文件夹下的“wps.docx”文件，按照要求完成下列操作并保存。

（1）将文中所有“图画”替换为“图书”；将标题段文字“3G 时代最 IN 的阅读方式：移动手机阅读”设置为小三号、黑体、蓝色、倾斜、居中，并添加黄色底纹作为突出显示。

（2）将正文文字“近年来……一片乐土。”设置为小四号、楷体；各段落文本之前、文本之后均缩进 0.5 字符，首行缩进 2 字符，1.5 倍行距，段前、段后各间距 0.5 行。

（3）将正文第 1 段“近年来……这片蓝海。”设置首字下沉，字体幼圆，下沉行数 3，距正文 5 毫米；将正文第 3 段“除了……一片乐土。”分为等宽两栏，栏宽 18 字符，栏间加分隔线。

（4）给文章添加页眉，内容为“3G 时代最 IN 的阅读方式”，并将页眉设置为五号、隶书、居中。

（5）将文中后 8 行文字“最受关注的 3G 手机……1899”转换为一个 8 行 3 列的表格；设置表格列宽为 4 厘米，行高为固定值 30 磅。

（6）将表格第 1 行合并为一个单元格；将表格中第 1 行、第 2 行以及第 1 列的所有单元格的内容设置为水平、垂直均居中，其余各行、各列单元格内容设置为靠上居中对齐；设置表格整体居中。

4．WPS 表格题

请用 WPS Office 打开考生文件夹下的“Book.xlsx”文件，按照要求完成下列操作并保存。

（1）将“Sheet1”工作表的 A1:I1 单元格区域合并居中，计算每个人的“总分”和“平均分”，按照总分从高到低统计每个人的“名次”（利用 RANK 函数）。

（2）设置 A2:I24 单元格区域的内容水平和垂直均居中，设置 A:I 列的列宽为 2 厘米，将工作表命名为“期中考试成绩表”。

（3）设置 H3:H24 单元格区域的数字格式为数值，保留 2 位小数；设置表格 A1:I24 的外框线为双实线，内框线为单实线，底纹填充为浅蓝色。

（4）选取“姓名”列（B2:B24）和“数据库”列（E2:E24）的单元格内容，建立“簇状柱形图”，图表标题为“数据库成绩统计图”，不显示图例，移动并适当调整图表大小将其放置在 A26:I42 单元格区域内。

5．WPS 演示题

请用 WPS Office 打开考生文件夹下的“ys.pptx”文件，按照要求完成下列操作并保存。

（1）在第 1 张幻灯片之前插入 1 张版式为“标题幻灯片”的新幻灯片，依次输入主标题“北京古迹旅游简介”、副标题“北京市旅游发展委员会”。将最后 1 张幻灯片版式更改为“空白”，并将其中的文字转换为艺术字，艺术字样式任选，艺术字字体设置为黑体、字号为 80 磅。

（2）将第 2 张幻灯片中文本的动画效果设置为“进入”/“回旋”，并为其中的“天坛”一词添加超链接，链接到第 6 张幻灯片。

（3）将第 3 张幻灯片的版式设置为“两栏内容”，将考生文件夹下的“gugong.jpg”图片插入到右侧的内容框中，并将该图片的动画效果设置为“进入”/“百叶窗”。

（4）将演示文稿中所有幻灯片的切换方式均设置为“水平百叶窗”，为整个演示文稿应用一种适当的设计模板。

6．上网题

（1）某模拟网站的主页地址为“HTTP://LOCALHOST/index.html”，打开此主页，浏览“李白”页面，将页面中“李白”的图片保存到考生文件夹下，命名为“LIBAI.jpg”，查找“代表作”的页面内容并将它以文本文件的格式保存到考生文件夹下，命名为“LBDBZ.txt”。

（2）给王军同学（wj@mail.cumtb.edu.cn）发送 E-mail，同时将该邮件抄送给李明老师（lm@sina.com）。

① 邮件内容为“王军：您好！现将资料发送给您，请查收。赵华”；

② 将考生文件夹下的“jsjxkji.txt”文件作为附件一同发送；

③ 邮件的“主题”栏中填写“资料”。

精选历年真题试卷（四）

1．选择题

（1）计算机系统软件中最核心的是（　　）。

A．语言处理系统　　B．操作系统

C．数据库管理系统　　D．诊断程序

（2）声音与视频信息在计算机内的表现形式是（　　）。

A．二进制数字　　B．调制　　C．模拟　　D．模拟或数字

（3）下列关于计算机病毒的说法中，正确的是（　　）。

A．计算机病毒是一种有损计算机操作人员身体健康的生物病毒

B．计算机病毒发作后，将造成计算机硬件永久性的物理损坏

C．计算机病毒是一种通过自我复制进行传染的，破坏计算机程序和数据的小程序

D．计算机病毒是一种有逻辑错误的程序

（4）RAM 的特点是（　　）。

A．海量存储器

B．存储在其中的信息可以永久保存

C．一旦断电，存储在其上的信息将全部消失

D．只用来存储中间数据

（5）因特网中 IP 地址用四组十进制数表示，每组数字的取值范围是（　　）。

A．0～127　　B．0～128　　C．0～255　　D．0～256

（6）“32 位微型计算机”中的“32”，是指下列技术指标中的（　　）。

A．CPU 功耗　　B．CPU 字长　　C．CPU 主频　　D．CPU 型号

（7）在 CD 光盘上标记有“CD-RW”字样，此标记表明该光盘（　　）。

A．只能写入一次，可以反复读出的一次性写入光盘

B．可多次擦除型光盘

C．只能读出，不能写入的只读光盘

D．RW 是 Read and Write 的缩写

（8）用来控制、指挥和协调计算机各部件工作的是（　　）。

A．运算器　　B．鼠标　　C．控制器　　D．存储器

（9）一个字长为 6 位的无符号二进制数能表示的十进制数值范围是（　　）。

A．0～64　　B．0～63　　C．1～64　　D．1～63

（10）Internet 实现了分布在世界各地的各类网络的互联，其最基础和核心的协议是（　　）。

A．HTTP　　B．TCP/IP　　C．HTML　　D．FTP

（11）十进制整数 100 转换成无符号二进制整数是（　　）。

A．01100110　　B．01101000　　C．01100010　　D．01100100

（12）下列各选项中，不属于 Internet 应用的是（　　）。

A．新闻组　　B．远程登录　　C．网络协议　　D．搜索引擎

（13）计算机操作系统的主要功能是（　　）。

A．管理计算机系统的软硬件资源，以充分发挥计算机资源的效率，并为其他软件提供良好的运行环境

B．把高级语言和汇编语言编写的程序翻译成计算机硬件可以直接执行的目标程序，为用户提供良好的软件开发环境

C．对各类计算机文件进行有效的管理，并提交计算机硬件高效处理

D．让用户更方便地操作和使用计算机

（14）ROM 是指（　　）。

A．随机存储器　　B．只读存储器　　C．外存　　D．辅助存储器

（15）下列叙述中，正确的是（　　）。

A．一个字符的标准 ASCII 码占一个字节的存储量，其最高位二进制总为 0

B．大写英文字母的 ASCII 码值大于小写英文字母的 ASCII 码值

C．同一个英文字母（如 A）的 ASCII 码和它在汉字系统下的全角内码是相同的

D．标准 ASCII 码表的每一个 ASCII 码都能在屏幕上显示成一个相应的字符

（16）写邮件时，除了发件人地址之外，另一项必须填写的是（　　）。

A．信件内容　　B．收件人地址　　C．主题　　D．抄送

（17）根据域名代码的规定，表示政府部门网站的域名代码是（　　）。

A．NET　　B．COM　　C．GOV　　D．ORG

（18）如果删除一个非零无符号二进制偶整数后的两个 0，则此数的值为原数（　　）。

A．4 倍　　B．2 倍　　C．1/2　　D．1/4

（19）除硬盘容量大小外，下列也属于硬盘技术指标的是（　　）。

A．转速　　B．平均访问时间

C．传输速率　　D．以上全部

（20）用 8 位二进制数表示的最大的无符号整数等于十进制整数（　　）。

A．255　　B．256　　C．128　　D．127

2．基本操作题

（1）将考生文件夹下“FENG\WANG”文件夹中的“BOOK.PRG”文件移动到考生文件夹下“CHANG”文件夹中，并改名为“TEXT.PRG”。

（2）将考生文件夹下“CHU”文件夹中的“JIANG.TMP”文件删除。

（3）将考生文件夹下“REI”文件夹中的“SONG.FOR”文件复制到考生文件夹下“CHENG”文件夹中。

（4）在考生文件夹下“MAO”文件夹中新建一个名为“YANG”的文件夹。

（5）将考生文件夹下“ZHOU\DENG”文件夹中的“OWER.DBF”文件设置成隐藏属性。

3．WPS 文字题

请用 WPS Office 打开考生文件夹下的“wps.docx”文件，按照要求完成下列操作并保存。

（1）将文中所有“方按”替换为“方案”；将标题段文字“假日改革方案再征民意”设置为小二号、黑体、红色、加粗、居中，并添加黄色底纹作为突出显示。

（2）将正文文字“全国假日办……更集中。”设置为小四号、仿宋，1.5 倍行距，各段落文本之前缩进 0.5 字符；设置纸张大小为大 16 开。

（3）将正文第 1 段“全国假日办……关注和热议。”设置首字下沉，字体隶书，下沉行数 2，距正文 7 毫米；将正文第 2 至 7 段“方案一……时间更集中。”格式设置为首行缩进 2 字符。

（4）将文中后 6 行文字“网站……800425”转换为一个 6 行 8 列的表格，文字分隔位置为制表符；设置表格列宽为 55 磅，行高为固定值 7 毫米。

（5）将表格中所有单元格文字设置为小五号，内容设置为靠下居中对齐；设置表格整体居中；计算 3 个方案的合计值。

4．WPS 表格题

请用 WPS Office 打开考生文件夹下的“Book.xlsx”文件，按照要求完成下列操作并保存。

（1）将 A1 单元格中的标题文字“初二年级第一学期期末成绩单”在 A1:L1 区域内合并居中，为合并后的单元格填充“深蓝”色，并将文字设置为黑体、橙色、16 磅；在 A 列和 B 列之间插入一列，在 B3 单元格中输入列标题“序号”，自单元格 B4 向下填充 1、2、3……直至单元格 B21。

（2）将数据区域 A3:M21 的外边框线及内部框线均设置为单实线，第 A:M 列的列宽设置为 9 字符，第 3 至 21 行的行高设置为 20 磅；将数据区域 E4:M21 的数字格式设置为数值，保留 2 位小数；将 B 列中序号的数字格式设置为文本。

（3）运用公式或函数分别计算出每个人的总分和平均分，填入“总分”和“平均分”列中；将编排计算完成的工作表“成绩单”复制一份副本，并将副本工作表名称更改为“分类汇总”。

（4）在新工作表“分类汇总”中，首先按照“班级”为主要关键字升序、“总分”为次要关键字降序对数据区域进行排序，然后通过分类汇总功能求出每个班各科的平均分，其中分类字段为“班级”，汇总方式为“平均值”，汇总项分别为 7 门课程，并将汇总结果显示在数据下方。

5．WPS 演示题

请用 WPS Office 打开考生文件夹下的“ys.pptx”文件，按照要求完成下列操作并保存。

（1）将第 1 张幻灯片版式改为“竖版”；将第 3 张幻灯片版式改为“两栏内容”；将第 2 张幻灯片的标题“江汉湖群的环境演变和未来发展趋势”设置为隶书、加粗、54 磅，将第 2 张幻灯片移动到最上面的位置，作为演示文稿的第 1 张幻灯片。

（2）将第 5 张幻灯片文本的动画效果自定义为“进入”/“盒状”；为整个演示文稿应用一种适当的设计模板；全部幻灯片的切换方式均设置为“推出”，效果选项为“向下”。

（3）将考生文件夹下的“ziran.png”图片插入到第 3 张幻灯片的图片位置中，并设置图片尺寸高度为 9 厘米，锁定纵横比，图片位置设置为水平 13 厘米、垂直 5 厘米（相对于均为“左上角”）。

6. 上网题

（1）某模拟网站的主页地址为“HTTP://LOCALHOST/index.html”，打开此主页，浏览“杜甫”页面，查找“代表作”的页面内容并将它以文本文件的格式保存到考生文件夹下，命名为“DFDBZ.txt”。

（2）向“wanglie@mail.neea.edu.cn”发送邮件，并抄送“jxms@mail.neea.edu.cn”，邮件内容为“王老师：根据学校要求，请按照附件表格要求统计学院教师任课信息，并于 3 日内返回，谢谢！”，同时将考生文件夹下的“统计.xlsx”文件作为附件一并发送。将收件人“wanglie@mail.neea.edu.cn”保存至通讯簿，联系人“姓名”栏填写“王列”。

精选历年真题试卷（五）

1. 选择题

（1）世界上公认的第一台电子计算机诞生的年代是（　　）。

A. 20 世纪 30 年代　　B. 20 世纪 40 年代

C. 20 世纪 80 年代　　D. 20 世纪 90 年代

（2）十进制数 29 转换成无符号二进制数等于（　　）。

A. 11111　　B. 11101　　C. 11001　　D. 11011

（3）能直接与 CPU 交换信息的存储器是（　　）。

A. 硬盘存储器　　B. CD-ROM　　C. 内存储器　　D. 软盘存储器

（4）下列叙述中，错误的是（　　）。

A. 把数据从内存传输到硬盘的操作称为写盘

B. WPS Office 2010 属于系统软件

C. 将高级语言源程序转换为等价的机器语言目标程序的过程叫编译

D. 计算机内部对数据的传输、存储和处理都使用二进制

（5）在下列字符中，其 ASCII 码值最大的一个是（　　）。

A. Z　　B. 9　　C. 空格字符　　D. a

（6）计算机感染病毒的可能途径之一是（　　）。

A．从键盘上输入数据

B．随意运行外来的、未经杀病毒软件严格审查的 U 盘上的软件

C．所使用的光盘表面不清洁

D．电源不稳定

（7）下列关于电子邮件的说法，不正确的是（　　）。

A．电子邮件的英文简称是 E-mail

B．加入因特网的每个用户通过申请都可以得到一个电子信箱

C．在一台计算机上申请的电子信箱，以后只有通过这台计算机上网才能收信

D．一个人可以申请多个电子信箱

（8）计算机硬件系统中最核心的部件是（　　）。

A．输入/输出设备　　B．内存储器

C．硬盘　　D．CPU

（9）1 KB 的准确数值是（　　）。

A．1 024 Byte　　B．1 000 Byte

C．1 024 bit　　D．1 000 bit

（10）“计算机集成制造系统”英文简写是（　　）。

A．CAD　　B．CAM　　C．CIMS　　D．ERP

（11）目前有许多不同的音频文件格式，下列不是数字音频文件格式的是（　　）。

A．WAV　　B．GIF　　C．MP3　　D．MID

（12）存储一个 48×48 点阵的汉字字形码需要的字节个数是（　　）。

A．256　　B．384　　C．144　　D．288

（13）CPU 的主要技术性能指标是（　　）。

A．字长、运算速度和时钟主频　　B．可靠性和精度

C．耗电量和效率　　D．冷却效率

（14）防火墙用于将 Internet 和内部网络隔离，因此它是（　　）。

A．防止 Internet 火灾的硬件设施

B．抗电磁干扰的硬件设施

C．保护网线不受破坏的软件和硬件设施

D．网络安全和信息安全的软件和硬件设施

（15）一般来说，数字化声音的质量越高，则要求（　　）。

A．量化位数越少、采样频率越低

B．量化位数越多、采样频率越高

C．量化位数越少、采样频率越高

D．量化位数越多、采样频率越低

（16）CPU 的中文名称是（　　）。

A．控制器　　B．不间断电源

C．算术逻辑部件　　D．中央处理器

（17）高级语言的特点是（　　）。

A．高级语言数据结构丰富

B．高级语言与具体的机器结构密切相关

C．高级语言接近算法语言不易掌握

D．用高级语言编写的程序计算机可立即执行

（18）计算机的系统总线是计算机各部件间传递信息的公共通道，它分为（　　）。

A．数据总线和控制总线

B．地址总线和数据总线

C．数据总线、控制总线和地址总线

D．地址总线和控制总线

（19）计算机上广泛使用的 Windows 是（　　）。

A．分时操作系统　　B．单用户操作系统

C．实时操作系统　　D．批处理操作系统

（20）在 ASCII 码表中，下列关于字符大小关系的说法正确的是（　　）。

A．空格>a>A　　B．空格>A>a

C．a>A>空格　　D．A>a>空格

2．基本操作题

（1）在考生文件夹下“CCTVA”文件夹中新建一个名为“LEDER”的文件夹。

（2）将考生文件夹下“HIGER\YION”文件夹中的“ARIP.BAT”文件重命名为“FAN.BAT”。

（3）将考生文件夹下“GOREST\TREE”文件夹中的“LEAF.MAP”文件设置成只读属性。

（4）将考生文件夹下“BOP\YIN”文件夹中的“FILE.WRI”文件复制到考生文件夹下“SHEET”文件夹中。

（5）将考生文件夹下“XEN\FISHER”文件夹中的“EAT-A”文件夹删除。

3．WPS 文字题

请用 WPS Office 打开考生文件夹下的“wps.docx”文件，按照要求完成下列操作并保存。

（1）将纸张大小设置为 16 开，上边距 50 毫米，下、左、右页边距均为 20 毫米。插入两行页眉，第 1 行内容为“中国人事科学研究院”，设置为红色、华文中宋、小初号、分散对齐；第 2 行内容为“人科函〔2013〕55 号”，设置为四号、右对齐。在页眉下方插入一条单实线的页眉横线。

（2）将标题文字“关于‘政府人才管理职能研究课题成果评审交流会’的邀请函”设置为深蓝色、黑体、小二号，居中对齐；从“课题成果”之后另起一段，将标题分为两段显示。将所有正文段“为进一步……org.cn/”设置为小四号，段前间距 0.5 行，1.5 倍行距。

（3）设置正文第 1 段“为进一步……通知如下：”首行缩进 2 字符，为正文第 2 至 7 段“会议主题……org.cn/”添加形如菱形“◆”的项目符号，且文本之前缩进 2 字符；将落款“中国人事科学研究院”和日期行右对齐。

（4）将表格中所有文字设置为小五号，第 1 列文字文本之前缩进 1 字符；将第 4 行单元格合并，文字加粗且水平居中；将右下角单元格中的文字“单位盖章”设置为水平、垂直均居中。

（5）将倒数第 3 行（空行）删除；将该表格的外框线设置为深蓝色、双实线、0.5 磅，内框线设置为蓝色、单实线、0.75 磅；第 4 行以浅绿色填充。将表格整体居中显示。

4．WPS 表格题

请用 WPS Office 打开考生文件夹下的“Book.xlsx”文件，按照要求完成下列操作并保存。

（1）将 A1 单元格中的标题文字“全国纳税户数变化状况分析——按所在地区划分正常营业户分布情况表”在 A1:G1 单元格区域内合并居中，为合并后的单元格填充“巧克力黄，着色 2”，并将其中的文字设置为黑体、绿色、16 磅；将表格的第 4 至 8 行行高改为 25 磅。

（2）在 D 列和 E 列之间插入一列，在 E4 单元格中输入列标题“合计户数”；将数据区域 A4:H8 的外边框线设置为双实线，内部框线设置为单实线；将数据区域 B5:E8 的数字格式设置为数值，保留 0 位小数，使用千位分隔符；将占比所在区域 F5:H8 的数字格式设置为百分比，保留 2 位小数。

（3）分别运用公式和函数进行下列计算：

① 运用 SUM 函数计算区域 E5:E8 中每年的纳税合计户数；

② 运用公式“某年某地区占比=某年本地区纳税户数/某年合计纳税户数”，分别计算每年东、中、西部地区纳税户数所占比例，结果填入 F5:H8 区域的相应单元格中。

（4）基于数据区域 A4:D8 创建一个“簇状柱形图”，以年度为分类 X 轴标题，图表标题为“近四年分地区营业户数比较”，将图例显示在柱形图的底部；移动并适当调整图表大小将其放置在 B10:G26 单元格区域内。

5．WPS 演示题

请用 WPS Office 打开考生文件夹下的“ys.pptx”文件，按照要求完成下列操作并保存。

（1）设置第 1 张幻灯片的主标题“实验室管理制度”文字为进入时“百叶窗”动画，副标题“物理化学实验室”文字为进入时“飞入”动画。

（2）对第 2 张幻灯片的“实验室管理细则”“实验室环境与安全制度”和“物理化学实验物品管理”文本进行艺术字设置，文本填充选择“钢蓝，着色 1”，文本效果选择“阴影”/“右下斜偏移”。

（3）将第 3 张幻灯片的标题字号设置为 54 磅；文本部分设置为黑体、20 磅，首行缩进 2 字符。

（4）在第 4 张幻灯片的右侧插入考生文件夹下的“安全标志.jpg”图片。

（5）将第 5 张幻灯片左侧一栏中的有关“化学药品……定期检查”的 5 条内容移到右侧一栏，并将两栏内容的字号都设置为 28 磅。

6．上网题

（1）某模拟网站的主页地址为“HTTP://LOCALHOST/index.htm”，打开此主页，找到参加最强大脑的“报名方式”页面，将报名方式的内容作为 Word 文档的内容，并将此 Word 文档保存到考生文件夹下，命名为“baoming.docx”。

（2）接收并阅读来自同事小张的邮件（zhangqiang@ncre.com），主题为“值班表”。将邮件中的附件“值班表.docx”保存到考生文件夹下，并回复该邮件，回复内容为“值班表已收到，会按时值班，谢谢！”。

精选历年真题试卷（六）

1．选择题

（1）计算机系统软件中，最基本、最核心的软件是（　　）。

A．操作系统　　B．数据库系统

C．程序语言处理系统　　D．系统维护工具

（2）要在 Web 浏览器中查看某一电子商务公司的主页，应知道（　　）。

A．该公司的电子邮件地址　　B．该公司法人的电子邮箱

C．该公司的 WWW 地址　　D．该公司法人的 QQ 号

（3）电子计算机最早的应用领域是（　　）。

A．数据处理　　B．科学计算　　C．工业控制　　D．文字处理

（4）计算机软件的确切含义是（　　）。

A．计算机程序、数据与相应文档的总称

B．系统软件与应用软件的总和

C．操作系统、数据库管理软件与应用软件的总和

D．各类应用软件的总称

（5）一个完整的计算机系统组成部分的确切提法应该是（　　）。

A．计算机主机、键盘、显示器和软件

B．计算机硬件和应用软件

C．计算机硬件和系统软件

D．计算机硬件和软件

（6）一个字符的标准 ASCII 码码长是（　　）。

A．8 bit　　B．7 bit　　C．16 bit　　D．6 bit

（7）下列叙述中，正确的是（　　）。

A．内存中存放的只有程序代码

B．内存中存放的只有数据

C．内存中存放的既有程序代码又有数据

D．外存中存放的是当前正在执行的程序代码和所需的数据

（8）Internet 最初创建时的应用领域是（　　）。

A．经济　　B．军事　　C．教育　　D．外交

（9）移动硬盘或 U 盘连接计算机所使用的接口通常是（　　）。

A．RS-232C 接口　　B．并行接口

C．USB　　D．UBS

（10）DVD-ROM 属于（　　）。

A．大容量可读可写外存储器　　B．大容量只读外存储器

C．CPU 可直接存取的存储器　　D．只读内存储器

（11）计算机字长是（　　）。

A．处理器处理数据的宽度　　B．存储一个字符的位数

C．屏幕一行显示字符的个数　　D．存储一个汉字的位数

（12）现代计算机中所采用的电子器件是（　　）。

A．电子管　　B．晶体管

C．小规模集成电路　　D．大规模和超大规模集成电路

（13）下列选项不属于“计算机安全设置”的是（　　）。

A．定期备份重要数据　　B．不下载来路不明的软件及程序

C．停掉 Guest 账号　　D．安装杀毒软件

（14）CAI 表示（　　）。

A．计算机辅助教育　　B．计算机辅助制造

C．计算机集成制造系统　　D．计算机辅助设计

（15）将目标程序转换成可执行文件的程序称为（　　）。

A．编辑程序　　B．编译程序　　C．链接程序　　D．汇编程序

（16）根据汉字国标 GB 2312—80 的规定，一个汉字的内码码长为（　　）。

A．8 bit　　B．12 bit　　C．16 bit　　D．24 bit

（17）下列属于计算机程序设计语言的是（　　）。

A．ACDSee　　B．Visual Basic　　C．Wave Edit　　D．WinZip

（18）在标准 ASCII 编码表中，数字、小写英文字母和大写英文字母的前后次序是（　　）。

A．数字、小写英文字母、大写英文字母

B．小写英文字母、大写英文字母、数字

C．数字、大写英文字母、小写英文字母

D．大写英文字母、小写英文字母、数字

（19）无线移动网络最突出的优点是（　　）。

A．资源共享和快速传输信息　　B．提供随时随地的网络服务

C．文献检索和网上聊天　　D．共享文件和收发邮件

（20）计算机网络分为局域网、城域网和广域网，下列属于局域网的是（　　）。

A．ChinaDDN 网　　B．Novell 网

C．Chinanet 网　　D．Internet 网

2．基本操作题

（1）将考生文件夹下“COFF\JIN”文件夹中的“MONEY.TXT”文件设置成只读和隐藏属性。

（2）将考生文件夹下“DOSION”文件夹中的“HDLS.SEL”文件复制到同一文件夹中，并命名为“AEUT.SEL”。

（3）在考生文件夹下“SORRY”文件夹中新建一个名为“WINBJ”的文件夹。

（4）将考生文件夹下“WORD2”文件夹中的“A-EXCEL.MAP”文件删除。

（5）将考生文件夹下“STORY”文件夹中的“ENGLISH”文件夹重命名为“CHUN”。

3．WPS 文字题

请用 WPS Office 打开考生文件夹下的“wps.docx”文件，按照要求完成下列操作并保存。

为了更好地完成公司下半年所制定的业务任务，总经理助理小许拟定了一份公司上半年总结表彰大会文档。请按照如下需求，协助小许完成文档外观与格式的制作工作。

（1）调整文档纸张上、下页边距为 2.8 厘米，左、右页边距为 3.5 厘米。

（2）将文档的第 1 行文字内容设置为居中格式，字体为黑体，字号为 36 磅，字体的颜色为红色，字符间距加宽为 0.2 厘米。

（3）将标题一至六的文本设置为楷体、三号。

（4）将标题一至五下面的内容设置为小四号，首行缩进 2 字符。

（5）将标题六下面的 5 行内容转换成 5 行 4 列的表格，整个表格内容为“水平居中”格式，表格标题行内容设置为隶书、三号，部门标题列下面内容设置为楷体、小四号。

（6）将“凯斯威科技股份有限公司”内容设置为小四号，字符间距加宽 0.05 厘米，右对齐，文本之后缩进 1 个字符。

（7）将“2018 年 7 月 3 日”内容设置为小四号，字符间距加宽 0.05 厘米，右对齐，文本之后缩进 3.5 字符，段前间距 1 行。

注：编辑排版后的效果参照考生文件夹下的“WPS 样张.jpg”图片。

4．WPS 表格题

请用 WPS Office 打开考生文件夹下的“Book.xlsx”文件，按照要求完成下列操作并保存。

（1）将 A1:K1 单元格内容合并居中，字体为 24 磅、微软雅黑。

（2）将 A2:K2 各列标题居中，字体为 16 磅、黑体、加粗。

（3）使用函数计算 J3:J114 各位同学的平均成绩，保留 1 位小数，平均分大于等于 88 分的其平均分单元格底纹设置成红色。

（4）使用函数计算 K3:K114 各位同学的总成绩。

（5）为 A2:K114 区域添加外框线为粗实线，内框线为单实线的边框。

（6）在 J115 单元格计算年级的平均成绩，保留 1 位小数；在 K115 单元格计算年级的总成绩平均值，保留 0 位小数。

（7）在 P12 单元格使用数据透视表统计高二各班的男女生人数。

（8）在 O20:V36 区域中，根据数据透视表统计出的各班男女生人数，使用簇状柱形图（样式 12）显示各班级男女生人数。注：完成后的局部效果参照考生文件夹下的“ET 样张.jpg”图片。

5．WPS 演示题

请用 WPS Office 打开考生文件夹下的“ys.pptx”文件，按照要求完成下列操作并保存。

请制作一份宣传咖啡因知识科普的演示文稿，该演示文稿共包含 7 页，制作过程中请不要新增、删减幻灯片，或更改幻灯片的顺序。

（1）在母版视图中设置主题为“角度”，对幻灯片母版进行设置：

① 标题占位符设置为微软雅黑、40 磅、加粗，文字颜色为“茶色，着色 5，深色 50%”；

② 内容占位符文字颜色为“茶色，着色 5，深色 25%”，其他不作修改；

③ 插入考生文件夹下的“咖啡杯.png”图片，设置其位置为水平 25 厘米，垂直 10 厘米，均相对于左上角。

（2）设置幻灯片页面背景：

① 将全部幻灯片背景设置为“编织纹理”填充，透明度为 90%；

② 为除标题幻灯片以外所有的幻灯片添加幻灯片编号和自动更新的日期。

（3）将第 5 张幻灯片版式改为“两栏内容”并进行如下设置：

① 在右侧占位符中插入考生文件夹下的“咖啡豆.jpg”图片，将图片裁剪为圆角矩形，使其相对于幻灯片水平和垂直居中对齐；

② 在图片下方插入样式为“填充-茶色，着色 5，轮廓背景 1，清晰阴影-着色 5”的艺术字，内容为“咖啡豆”，设置字号为 40 磅，文本效果为“紧密倒影，接触”。

（4）为第 3 张幻灯片中的图片添加“翻转式由远及近”动画，开始方式为“之前”，速度为“非常快”。

（5）为所有幻灯片添加“擦除”切换方式，效果选项为“向左”，启用并设置自动换片时间 5 秒。

（6）设置幻灯片放映类型为“展台自动循环放映（全屏幕）”。

6．上网题

（1）某模拟网站的主页地址为“HTTP://LOCALHOST/index.html”，打开此主页，浏览“节目介绍”页面，将页面中的图片保存到考生文件夹下，命名为“JIEMU.jpg”。

（2）接收并阅读由“xuexq@mail.neea.edu.cn”发来的 E-mail，将随信发来的附件以文件名“shenbao.doc”保存到考生文件夹下，并回复该邮件，主题为“工作答复”，正文内容为“你好，我们一定会认真审核并推荐，谢谢！”

精选历年真题试卷（七）

1．选择题

（1）在计算机指令中，规定其所执行操作功能的部分称为（　　）。

A．地址码　　B．源操作数　　C．操作数　　D．操作码

（2）计算机之所以能按人们的意图自动进行工作，最直接的原因是采用了（　　）。

A．二进制　　B．高速电子元件

C．程序设计语言　　D．存储程序控制

（3）下列关于编译程序的说法，正确的是（　　）。

A．编译程序属于计算机应用软件，所有用户都需要编译程序

B．编译程序不会生成目标程序，而是直接执行源程序

C．编译程序完成高级语言程序到低级语言程序的等价翻译

D．编译程序构造比较复杂，一般不进行出错处理

（4）下列叙述中，正确的是（　　）。

A．计算机病毒只在可执行文件中传染

B．计算机病毒主要通过读/写移动存储器或 Internet 网络进行传播

C．只要删除所有感染了病毒的文件就可以彻底消除病毒

D．计算机杀病毒软件可以查出和清除任意已知的和未知的计算机病毒

（5）一个完整的计算机系统应该包括（　　）。

A．主机、显示器、键盘和音箱等外部设备

B．硬件系统和软件系统

C．主机、鼠标、键盘和显示器

D．系统软件和应用软件

（6）下列设备组中，完全属于输入设备的一组是（　　）。

A．CD-ROM 驱动器、键盘、显示器

B．绘图仪、键盘、鼠标

C．键盘、鼠标、扫描仪

D．打印机、硬盘、条码阅读器

（7）按计算机应用的分类，铁路联网售票系统属于（　　）。

A．科学计算　　B．辅助设计　　C．实时控制　　D．信息处理

（8）拥有计算机并以拨号方式接入 Internet 网的用户需要使用（　　）。

A．CD-ROM　　B．鼠标　　C．软盘　　D．Modem

（9）运算器的完整功能是进行（　　）。

A．逻辑运算　　B．算术运算和逻辑运算

C．算术运算　　D．逻辑运算和微积分运算

（10）下列不属于计算机特点的是（　　）。

A．具有逻辑推理和判断能力　　B．存储程序控制，工作自动化

C．处理速度快、存储量大　　D．不可靠、故障率高

（11）一般而言，Internet 环境中的防火墙建立在（　　）。

A．每个子网的内部　　B．内部子网之间

C．内部网络与外部网络的交叉点　　D．以上 3 个都不对

（12）下列度量单位中，用来度量 CPU 时钟主频的是（　　）。

A．MB/s　　B．MIPS　　C．GHz　　D．MB

（13）当电源关闭后，下列关于存储器的说法中，正确的是（　　）。

A．存储在 RAM 中的数据不会丢失

B．存储在 ROM 中的数据不会丢失

C．存储在软盘中的数据会全部丢失

D．存储在硬盘中的数据会丢失

（14）下列关于指令系统的描述，正确的是（　　）。

A．指令的操作数部分是不可缺少的

B．指令的操作码部分描述了完成指令所需要的操作数类型

C．指令由操作码和控制码两部分组成

D．指令的操作数部分可能是操作数据，也可能是操作数据的内存单元地址

（15）若对音频信号以 10 kHz 采样率、16 位量化精度进行数字化，则每分钟的双声道数字化声音信号产生的数据量约为（　　）。

A．1.2 MB　　B．1.6 MB　　C．2.4 MB　　D．4.8 MB

（16）下列各项中，两个软件均属于系统软件的是（　　）。

A．MIS 和 UNIX　　B．WPS 和 UNIX

C．DOS 和 UNIX　　D．MIS 和 WPS

（17）将汇编语言源程序翻译成目标程序的程序称为（　　）。

A．编辑程序　　B．编译程序

C．链接程序　　D．汇编程序

（18）十进制整数 127 转换为二进制整数等于（　　）。

A．1010000　　B．0001000

C．1111111　　D．1011000

（19）下列叙述中，错误的是（　　）。

A．计算机系统由硬件系统和软件系统组成

B．计算机软件由各类应用软件组成

C．CPU 主要由运算器和控制器组成

D．计算机主机由 CPU 和内存储器组成

（20）英文缩写 ROM 的中文译名是（　　）。

A．高速缓冲存储器　　B．只读存储器

C．随机存储器　　D．U 盘

2．基本操作题

（1）将考生文件夹下“TURO”文件夹中的“POWER.DOC”文件删除。

（2）在考生文件夹下“KIU”文件夹中新建一个名为“MING”的文件夹。

（3）将考生文件夹下“INDE”文件夹中的“GONG.TXT”文件设置成只读和隐藏属性。

（4）将考生文件夹下“SOUP\HYR”文件夹中的“ASER.FOR”文件复制到考生文件夹下“PEAG”文件夹中。

（5）搜索考生文件夹中的“READ.EXE”文件，为其建立一个名为“READ”的快捷方式，放在考生文件夹下。

3．WPS 文字题

请用 WPS Office 打开考生文件夹下的“wps.docx”文件，按照要求完成下列操作并保存。

（1）把文中“黄岳”全部替换为“黄山”。

（2）将文档的第 1 行文字内容设置为居中，字体为微软雅黑，字号为小二号，段后间距 1 行，添加“文字效果”中的“渐变填充-钢蓝”艺术字效果。

（3）将前 3 段文字“黄山雄踞……人类的瑰宝。”设置为仿宋、小四号，并设置首行缩进 2 字符。

（4）在正文第 1 段的右上角插入考生文件夹下的“黄山云海.jpg”图片，设置其高度为 3.6 厘米、宽度为 5.44 厘米，文字环绕方式为四周型。

（5）把最后 4 段文本转换成 4 行 2 列的表格，选择制表符作为文字分隔位置。转换后的表格其第 1 列列宽设置为 3.5 厘米，第 2 列列宽设置为 11.5 厘米。

（6）将表格的第 1 列文字设置为隶书、初号，第 2 列文字设置为楷体、小四号。

（7）为文档设置页码，在页码对话框中选择：样式为“第 1 页”，位置为“底端居右”，起始页码为 1。

注：编辑排版后的效果参照考生文件夹下的“WPS 样张.jpg”图片。

4．WPS 表格题

请用 WPS Office 打开考生文件夹下的“Book.xlsx”文件，按照要求完成下列操作并

保存。

小张负责整理公司的报关资料文档，为了保证报关数据准确、格式规范，请你协助小张完善这份资料文档。

（1）在“基础数据”工作表中，将 A1:G1 设置“加粗”“自动换行”，字号设置为“14”，单元格填充色为“白色，背景 1，深色 5%”，设置外侧框线；对 B 列应用“最适合的列宽”。

（2）在“基础数据”工作表中，按下述要求对指定的单元格区域设置格式：

① 将 G2:G30 的数据格式设置为“数值”，小数位数为 1 位，勾选“使用千位分隔符”；

② 利用条件格式将纳税人名称所在列、内容为“昆山科技开发公司”的单元格，字体颜色显示为“钢蓝，着色 5”；

③ 在 F32 单元格中输入内容“公式计算结果：”，将 F32:F33 设置“合并单元格”，对 F 列应用“最适合的列宽”。

（3）在“基础数据”工作表中，筛选指定日期的数据，按下述要求计算：

① 在 G32 单元格中使用 SUBTOTAL 函数，统计出 G2:G30 中的最大值；

② 在 G33 单元格中使用 COUNTIF 函数，统计出 G2:G30 中大于 1 的单元格数目；

③ 将 A1:G30 应用自动筛选，点击 D1 单元格的自动筛选按钮，仅筛选“2009 年”这一项。

（4）在“上月数据”工作表中，对 A31:P58 的图表做以下调整：

① 更改图表类型为“堆积折线图”，图表标题的字体以粗体显示；

② 整个图表的“填充颜色”设置为主题颜色的“灰色-25%，背景 2”，水平轴的文本颜色设置为主题颜色的“巧克力黄，着色 2”，垂直轴的文本颜色设置为主题颜色的“橙色，着色 4，深色 25%”；

③ 添加图表元素“图例”，显示在“顶部”。

（5）在“上月数据”工作表中，对 A2:C28 单元格区域的“表格”进行数据整理：

① 在 A 列左侧插入一列，在 A3 单元格输入“1”，向下拖动填充到 A28 单元格；

② 选择 B2 单元格，在表格工具选项卡中选择“调整表格大小”，设置为“$A$2:$D$28”，并在 A2 单元格中输入内容“ID”；

③ 点击 D2（表格中 D1 是空白单元格）单元格的自动筛选按钮，筛选高于平均值。

（6）选择“上月数据”工作表，进行页面设置：

① 设置打印区域为 A2:D28；

② 页边距的居中方式设置为水平，上边距设置为 2 厘米，下边距设置为 5 厘米。

5．WPS 演示题

请用 WPS Office 打开考生文件夹下的“ys.pptx”文件，按照要求完成下列操作并保存。

（1）在演示文稿的开始处插入 1 张幻灯片版式并设置为“标题幻灯片”，作为演示文稿的第 1 张幻灯片，主标题键入“美国亿万富翁筹划私人火星游”，并设置为华文琥珀、加粗、40 磅、红色（自定义颜色：红 255、绿 0、蓝 0）。

（2）将第 4 张幻灯片版式改为“两栏内容”，将文本部分的文字格式设置为隶书、24 磅；将考生文件夹下的“火星.jpg”图片插入到第 4 张幻灯片中的图片位置。

（3）将第 3 张幻灯片文本部分的动画效果自定义为“进入”/“飞入”；为整个演示文稿应用一种适当的设计模板；全部幻灯片的切换方式均设置为“棋盘”，效果选项为“横向”；将第 7 张幻灯片的表格样式设置为“主题样式 1-强调 5”。

（4）为第 2 张幻灯片中的“太空发射系统”和“探测记录”添加链接到本文档中相关页面的超链接。

6．上网题

（1）某模拟网站的主页地址为“HTTP://LOCALHOST/index.htm”，打开此主页，找到此网站的首页并将首页上所有最强选手的姓名作为 Word 文档的内容，每个姓名之间用逗号分开，并将此 Word 文档保存到考生文件夹下，命名为“Allnames.docx”。

（2）向科研组成员发一封讨论项目进度的通知邮件，并抄送部门经理汪某某。具体如下：

【收件人】panwd@ncre.cn

【抄送】wangjl@ncre.cn

【主题】通知

【函件内容】各位成员：定于本月 3 日在本公司大楼五层会议室召开 AC-2 项目有关进度的讨论会，请全体出席。

精选历年真题试卷（八）

1．选择题

（1）面向对象的程序设计语言是（　　）。

A．汇编语言　　B．机器语言　　C．高级语言　　D．形式语言

（2）下列各软件中，不是系统软件的是（　　）。

A．操作系统　　B．语言处理系统

C．指挥信息系统　　D．数据库管理系统

（3）通常所说的计算机的主机是指（　　）。

A．CPU 和内存　　B．CPU 和硬盘

C．CPU、内存和硬盘　　D．CPU、内存与 CD-ROM

（4）计算机中，负责指挥计算机各个部件自动、协调地进行工作的部件是（　　）。

A．运算器　　B．控制器　　C．存储器　　D．总线

（5）对一个图形来说，通常用位图格式文件存储比用矢量格式文件存储所占用的空间（　　）。

A．更小　　B．更大　　C．相同　　D．无法确定

（6）在下列字符中，其 ASCII 码值最大的一个是（　　）。

A．9　　B．Q　　C．d　　D．F

（7）假设邮件服务器的地址是 email.bj163.com，则用户正确的电子邮箱地址的格式是（　　）。

A．用户名#email.bj163.com　　B．用户名@email.bj163.com

C．用户名 email.bj163.com　　D．用户名$email.bj163.com

（8）能保存网页地址的文件夹是（　　）。

A．收件箱　　B．公文包　　C．我的文档　　D．收藏夹

（9）在各类程序设计语言中，相比较而言，执行效率最高的是（　　）。

A．高级语言编写的程序　　B．汇编语言编写的程序

C．机器语言编写的程序　　D．面向对象的语言编写的程序

（10）目前许多消费电子产品（数码相机、数字电视机等）中都使用了不同功能的微处理器来完成特定的处理任务，计算机的这种应用属于（　　）。

A．科学计算　　B．实时控制　　C．嵌入式系统　　D．辅助设计

（11）10 GB 的硬盘表示其存储容量为（　　）。

A．一万个字节　　B．一千万个字节

C．一亿个字节　　D．一百亿个字节

（12）下列各组软件中，全部属于应用软件的是（　　）。

A．Windows XP 和管理信息系统　　B．UNIX 和文字处理程序

C．Linux 和视频播放系统　　D．Office 2003 和军事指挥程序

（13）在计算机的配置中常看到“P4 2.4 G”字样，其中数字“2.4 G”表示（　　）。

A．处理器的时钟频率是 2.4 GHz

B．处理器的运算速度是 2.4 GIPS

C．处理器是 Pentium4 第 2.4 代

D．处理器与内存间的数据交换速率是 2.4 GB/S

（14）下列叙述中，错误的是（　　）。

A．硬磁盘可以与 CPU 直接交换数据

B．硬磁盘在主机箱内，可以存放大量文件

C．硬磁盘是外存储器之一

D．硬磁盘的技术指标之一是每分钟的转速 rpm

（15）计算机网络最突出的优点是（　　）。

A．精度高　　B．共享资源　　C．运算速度快　　D．容量大

（16）计算机操作系统通常具有的 5 大功能是（　　）。

A．CPU 管理、显示器管理、键盘管理、打印机管理和鼠标管理

B．硬盘管理、U 盘管理、CPU 管理、显示器管理和键盘管理

C．CPU 管理、存储管理、文件管理、设备管理和作业管理

D．启动、打印、显示、文件存取和关机

（17）一个字长为 7 位的无符号二进制数能表示的十进制数值范围是（　　）。
A．0～128　　B．0～255　　C．0～127　　D．1～127

（18）组成一个计算机系统的两大部分是（　　）。
A．系统软件和应用软件　　B．主机和外部设备
C．硬件系统和软件系统　　D．主机和输入/输出设备

（19）与高级语言相比，汇编语言编写的程序通常（　　）。
A．执行效率更高　　B．代码更短
C．可读性更好　　D．可移植性更好

（20）计算机的硬件系统中最核心的部件是（　　）。
A．内存储器　　B．CPU　　C．硬盘　　D．输入/输出设备

2．基本操作题

（1）将考生文件夹下“EDIT\POPE”文件夹中的“CENT.PAS”文件设置成隐藏属性。

（2）将考生文件夹下“BROAD\BAND”文件夹中的“GRASS.FOR”文件删除。

（3）在考生文件夹下“COMP”文件夹中新建一个名为“COAL”的文件夹。

（4）将考生文件夹下“STUD\TEST”文件夹中的“SAM”文件夹复制到考生文件夹下“KIDS\CARD”文件夹中，并改名为“HALL”。

（5）将考生文件夹下“CALIN\SUN”文件夹中的“MOON”文件夹移动到考生文件夹下“LION”文件夹中。

3．WPS 文字题

请用 WPS Office 打开考生文件夹下的“wps.docx”文件，按照要求完成下列操作并保存。

（1）删除文档中所有的空段，将文档中的“北京礼品”一词替换为“北京礼物”。

（2）将标题“北京礼物 Beijing Gifs”设置为小二号、红色，居中对齐，将其中的中文“北京礼物”设置为黑体，英文“Beijing Gifts”设置为西文字体“Times New Roman”，并仅为英文加圆点型着重号。将考生文件夹下的“gift.jpg”图片插入到标题文字左侧。

（3）将正文段“来到北京……中国礼物。”的字体格式设置为蓝色、小四号，首行缩进 2 字符，段前间距 0.5 行，1.5 倍行距。

（4）将“‘北京礼物’连锁店一览表”作为表格标题，并将其居中，设置为小三号、楷体、红色。将表格标题下面的以制表符分隔的文本“编号…65288866”转换为一个表格，将该表格的外框线设置为蓝色、双实线、0.5 磅，内框线设置为蓝色、单实线、0.75 磅，为第 1 行和第 1 列填充浅绿色。

（5）将表格 4 列列宽依次设置为 15 毫米、45 毫米、95 毫米、20 毫米，所有行高均设置为固定值 8 毫米，表格内容整体居中。将表格的第 1 行文字设置为加粗、靠下居中对齐，第 1 列中的编号“1、2……15”设置为水平、垂直均居中。

4．WPS 表格题

请用 WPS Office 打开考生文件夹下的“Book.xlsx”文件，按照要求完成下列操作并保存。

期末考试结束后，6 个班级学生的各科成绩已录入到“成绩”工作表中，现需要对学生成绩进行分析和处理。请按下列要求实现相应操作。

（1）在“成绩”工作表中，完成以下计算：

① 在 J3:J272 区域计算每个学生的“总分”；

② 在 K3:K272 区域计算每个学生的“平均分”。

（2）对“成绩”工作表进行以下格式调整（调整结果参照考生文件夹下的“样张 1.jpg”图片）：

① 将 K3:K272 区域的数值格式设置为保留 2 位小数；

② 对数据区域应用表格样式“表样式浅色 18”；

③ 将 A:K 列的列宽统一设置为 10 字符，且设置 A:D 列数据水平居中对齐；

④ 将 A1 单元格中的表格名称“高一年级考试成绩表”居于表格中央，且设置为隶书、18 磅；

⑤ 将标题行（即“学号、姓名……平均分”）设置为加粗、水平居中对齐。

（3）对于“成绩”工作表，将所有单科成绩在 60 分以下的数值显示为红色、粗体。

（4）为了更好地打印输出学生成绩，请根据以下要求对“成绩”工作表进行打印设置：

① “横向”打印输出；

② 每一页都需要打印表格的名称“高一年级考试成绩表”，以及标题行内容。

（5）利用数据透视表统计各班级的数学平均分（要求保留 2 位小数），放置数据透视表的位置为“数学成绩统计”工作表的 A1 单元格，行标题信息为“数学平均分”。注：数据透视表的显示效果参照考生文件夹下的“样张 2.jpg”图片。

5．WPS 演示题

请用 WPS Office 打开考生文件夹下的“ys.pptx”文件，按照要求完成下列操作并保存。

请制作一份“不忘初心牢记使命”主题教育活动的演示文稿，该演示文稿共包含 14 页，制作过程中请不要新增、删减幻灯片，或更改幻灯片的顺序。

（1）请按照要求，对演示文稿的幻灯片母版进行以下设计：

① 将幻灯片母版的名称从“Office 主题”重命名为“不忘初心牢记使命”，并对幻灯片母版进行“保护母版”；

② 将“标题幻灯片”版式的标题占位符，设置字号为 24 磅，字体颜色为“珊瑚红-着色 5”；副标题占位符设置字号为 36 磅，文本艺术效果为“渐变填充-番茄红”；

③ 使用考生文件夹下的“目录.png”图片作为“仅标题”版式的背景图片，并对标题占位符设置文字颜色“标准色-深红”。

（2）为演示文稿的所有幻灯片在右下角添加幻灯片编号，并给第 4 张幻灯片设置固定日期 2021-6-10。

（3）对第 6 张幻灯片进行版面设计：

① 更改幻灯片版式为“两栏内容”；

② 选中标题占位符，设置文字方向为“横排”；

③ 在左侧内容占位符插入一个 3 行 1 列的表格，并将 3 个文本框中的文本分别剪切粘贴到表格的每一行中，确保不要有空行，设置表格样式为“中度样式 2-强调 6”，并设置所有单元格中的文本对齐方式为“居中”；

④ 将考生文件夹下的“宣传片.mp4”视频，插入到右侧内容占位符中。

（4）对第 8 张幻灯片中内容设置自定义动画：

① 对文本占位符设置“飞入”/“进入”动画，对右侧图片设置“强调”/“跷跷板”动画；

② 放映时动画播放顺序为：播放完文本占位符动画后图片自动播放。

（5）对演示文稿的任意幻灯片设置幻灯片切换方式为“形状”，速度为 1 秒，并选择“应用到全部”。

（6）为演示文稿进行以下输出设置：

① 在自定义放映新建“自定义放映 1”，包含第 3 至 8 张幻灯片；

② 在“设置放映方式”中，“放映幻灯片”选择“自定义放映 1”；

③ 确认上述操作均保存后，将演示文稿打包成压缩文件“ys.zip”输出到考生文件夹。

6．上网题

（1）某模拟网站的主页地址为“HTTP://LOCALHOST/index.html”，打开此主页，浏览“绍兴名人”页面，查找介绍秋瑾的页面内容，将页面中秋瑾的图片保存到考生文件夹下，命名为“QIUJIN.jpg”，并将此页面内容以文本文件的格式保存到考生文件夹下，命名为“QIUJIN.txt”。

（2）接收并阅读由“xiaoqiang@mail.ncre.edu.cn”发来的 E-mail，将此邮件地址保存到通讯录中，姓名输入“小强”，并新建一个联系人分组，分组名字为“小学同学”，将小强加入此分组中。

精选历年真题试卷（九）

1．选择题

（1）下列关于 ASCII 编码的叙述中，正确的是（　　）。

A．一个字符的标准 ASCII 码占一个字节，其最高二进制位总为 1

B．所有大写英文字母的 ASCII 码值都小于小写英文字母“a”的 ASCII 码值

C．所有大写英文字母的 ASCII 码值都大于小写英文字母“a”的 ASCII 码值

D．标准 ASCII 码表有 256 个不同的字符编码

（2）在 CD 光盘上标记有“CD-RW”字样，“RW”标记表明该光盘是（　　）。

A．可多次擦除型光盘

B．RW 是 Read and Write 的缩写

C．只能读出，不能写入的只读光盘

D．只能写入一次，可以反复读出的一次性写入光盘

（3）十进制数 18 转换成二进制数是（　　）。

A．010101　　B．101000　　C．010010　　D．001010

（4）下列关于计算机病毒的叙述中，错误的是（　　）。

A．计算机病毒具有潜伏性

B．计算机病毒具有传染性

C．感染过计算机病毒的计算机具有对该病毒的免疫性

D．计算机病毒是一个特殊的寄生程序

（5）下列设备中，可以作为计算机输入设备的是（　　）。

A．打印机　　B．显示器　　C．鼠标　　D．绘图仪

（6）操作系统对磁盘进行读/写操作的单位是（　　）。

A．磁道　　B．字节　　C．扇区　　D．KB

（7）下列描述中，正确的是（　　）。

A．光盘驱动器属于主机，而光盘属于外部设备

B．摄像头属于输入设备，而投影仪属于输出设备

C．U 盘既可以用作外存，也可以用作内存

D．硬盘是辅助存储器，不属于外部设备

（8）下列描述中，错误的是（　　）。

A．汇编语言是一种依赖于计算机的低级程序设计语言

B．计算机可以直接执行机器语言程序

C．高级语言通常都具有执行效率高的特点

D．为提高开发效率，开发软件时应尽量采用高级语言

（9）下列选项中，完整描述计算机操作系统作用的是（　　）。

A．它是用户与计算机的界面

B．它对用户存储的文件进行管理，方便用户使用

C．它执行用户键入的各类命令

D．它管理计算机系统的全部软硬件资源，合理组织计算机的工作流程，以达到充分发挥计算机资源的效率，为用户提供使用计算机的友好界面

（10）调制解调器（Modem）的功能是（　　）。

A．将计算机的数字信号转换成模拟信号

B．将模拟信号转换成计算机的数字信号

C．将数字信号与模拟信号互相转换

D．为了上网与接电话两不误

（11）计算机网络是一个（　　）。

A. 管理信息系统　　B. 编译系统

C. 在协议控制下的多机互联系统　　D. 网上购物系统

（12）下列各组软件中，全部属于应用软件的是（　　）。

A. 音频播放系统、语言处理系统、数据库管理系统

B. 文字处理程序、军事指挥程序、UNIX

C. 导弹飞行系统、军事信息系统、航天信息系统

D. Word 2010、Photoshop、Windows 7

（13）计算机系统软件中最核心的是（　　）。

A. 诊断程序　　B. 数据库管理系统

C. 操作系统　　D. 语言处理系统

（14）办公自动化（OA）是计算机的一大应用领域，按计算机应用的分类，它属于（　　）。

A. 科学计算　　B. 计算机辅助设计

C. 过程控制　　D. 数据处理

（15）下列说法错误的是（　　）。

A. 计算机可以直接执行机器语言编写的程序

B. 光盘是一种存储介质

C. 操作系统是应用软件

D. 计算机速度用 MIPS 表示

（16）世界上第一台计算机是 1946 年美国研制成功的，该计算机的英文缩写名为（　　）。

A. MARK-II　　B. ENIAC　　C. EDSAC　　D. EDVAC

（17）在计算机内部，对汉字进行传输、处理和存储时使用汉字的（　　）。

A. 国标码　　B. 字形码　　C. 输入码　　D. 机内码

（18）操作系统中的文件管理系统为用户提供的功能是（　　）。

A. 按文件作者存取文件　　B. 按文件名管理文件

C. 按文件创建日期存取文件　　D. 按文件大小存取文件

（19）组成计算机系统的两大部分是（　　）。

A. 硬件系统和软件系统　　B. 主机和外部设备

C. 系统软件和应用软件　　D. 输入设备和输出设备

（20）在计算机中，I/O 设备是指（　　）。

A. 输入设备　　B. 输出设备　　C. 控制设备　　D. 输入/输出设备

2. 基本操作题

（1）将考生文件夹下“TIUIN”文件夹中的“ZHUCE.BAS”文件删除。

（2）将考生文件夹下“VOTUNA”文件夹中的“BOYABLE.DOC”文件复制到同一文件夹中，并命名为“SYAD.DOC”。

（3）在考生文件夹下“SHEART”文件夹中新建一个名为“RESTICK”的文件夹。

（4）将考生文件夹下“BENA”文件夹中的“PRODUCT.WRI”文件设置成只读属性，并撤销该文件的存档属性。

（5）将考生文件夹下“HWAST”文件夹中的“XIAN.FPT”文件重命名为“YANG.FPT”。

3. WPS 文字题

请用 WPS Office 打开考生文件夹下的“wps.docx”文件，按照要求完成下列操作并保存。

（1）设置文档的页面布局：

① 纸张方向为横向，纸张大小为 16 开；

② 设置页面上、下页边距为 2 厘米，左、右页边距为 3 厘米；

③ 设置页面背景颜色为主题颜色“灰色-25%，背景 2”。

（2）开启“显示段落标记”，将文中所有的“手动换行符”全部替换为“段落标记”，并删除所有的无内容段落。

（3）将文档标题“邀请函”按以下格式设置：

① 中文字体为黑体，字号为 56 磅，字符间距缩放为 170%；

② 对齐方式为居中对齐，段落间距为段前 0 行、段后 1 行；

③ 设置文本效果：艺术字样式为“渐变填充-亮石板灰”，阴影效果为“内部右下角”，发光效果为“灰色-50%，5 pt 发光，着色 3”。

（4）将文档标题“邀请函”以外的所有内容进行以下格式设置：

① 中文字体为楷体，四号；

② 将“尊敬的”至“先生”中间的空白区域，设置下划线；

③ 将“昂首是春……”所在的段落，设置为首行缩进 2 字符，1.5 倍行距；

④ 在“昂首是春……”所在的段落后插入一个空白段落。

（5）文档最后两行为时间和地点（以空格分隔），请将它们转换为 2 行 2 列的表格，并对表格进行以下操作：

① 将表格尺寸设置为指定宽度 18 厘米，表格的对齐方式为左对齐，并将左缩进设置为 1 厘米；

② 将“表格选项”中的“默认单元格边距”设置为上、下 0.1 厘米，左 1 厘米，右 0.2 厘米；

③ 将表格边框设置为单波浪线，主题颜色“灰色-25%，背景 2，深色 50%”，宽度 1.5 磅，并将表格边框设置为不显示内部竖框线；

④ 将表格的第 1 列设置为指定宽度 4 厘米。

（6）为文档添加页脚，在页脚处插入考生文件夹下的“页脚.png”图片，并按以下要求设置图片：

① 取消图片的“锁定纵横比”设置，将图片大小设置为高度 10 厘米，宽度 10 厘米；

② 将图片的文字环绕方式由默认的“嵌入型”修改为“衬于文字下方”；

③ 将图片固定在页面上的特定位置：水平方向，对齐方式为右对齐，相对于页面；垂直方向，对齐方式为下对齐，相对于页面。

4. WPS 表格题

请用 WPS Office 打开考生文件夹下的“Book.xlsx”文件，按照要求完成下列操作并保存。

小丽是公司 HR，近期需要整理一下公司员工信息，为了保证员工信息的准确性，请协助小丽完成文档整理。

（1）“Sheet1”工作表中的员工信息比较杂乱，请根据下述要求进行数据整理：

① 将“Sheet1”工作表重命名为“员工信息表”；

② 在“员工信息表”工作表中，设置 A1:K1 单元格区域文本内容为居中对齐，字体加粗，单元格背景颜色设置为主题颜色“黑色，文本 1”，字体颜色设置为主题颜色“白色、背景 1”，行高设置为 25 磅；

③ 员工信息表中存在 10 条重复项，请选择 A2:K31 单元格区域“删除重复项”，将重复的员工信息删除，并将剩余员工信息按照“部门名称”进行升序排序。

（2）在“员工信息表”工作表中，利用条件格式将“工资”所在列高于平均值的单元格设置为“浅红填充色深红色文本”，低于平均值的单元格设置为“绿填充色深绿色文本”；利用条件格式将“当前状态”所在列内容为“离职”的单元格设置为“黄填充色深黄色文本”。

（3）在“员工信息表”工作表中汇总信息，需要计算几个关键数据，计算结果记录在以下关键数据的右侧空白单元格中：

① 员工总数：使用 COUNT 函数计算公司员工总数；

② 工资总额：使用 SUM 函数计算所有员工的工资总额；

③ 平均薪资：计算所有员工的“平均薪资”。

（4）小丽希望了解各部门人员的离职情况，请根据下述要求完成操作：

① 将 A1:K21 单元格区域生成数据透视表，放置在“统计表”工作表中；

② 利用透视表统计各部门员工当前状态的人数分布情况，要求“值”区域按“当前状态”计数，结果参考下图；

部门名称	离职	在职	总计
XX1部	XX	XX	XX
XX2部	XX	XX	XX
XX3部	XX	XX	XX
XX4部	XX	XX	XX
总计	XX	XX	XX

③ 透视表中的“部门名称”列按降序排序，排序依据为“计数项：当前状态”。

（5）对“员工信息表”工作表进行打印页面设置：

① 将“员工信息表”工作表设置为横向，缩放比例为 120%，打印在 A5 纸上；

② 将 A1:K21 单元格区域设置为打印区域。

（6）为了美化“员工信息表”工作表的显示效果，选中 A1:K21 单元格区域插入表格，表格样式修改为“中等-表样式中等深浅 4”。

（7）为了确保员工信息的安全，请根据下述要求完成操作：

① 在“员工信息表”工作表中，隐藏“联系电话”所在列，并将当前工作表设置成默认禁止编辑（注：这是考试环节，请不要输入“保护密码”，密码为空）；

② 隐藏“统计表”工作表。

5．WPS 演示题

请用 WPS Office 打开考生文件夹下的“ys.pptx”文件，按照要求完成下列操作并保存。

李奇制作了介绍海棠的演示文稿，但需要进行调整，请按要求帮他完成相应操作，调整过程中不要新增或删减幻灯片，也不要更改幻灯片的顺序。

（1）将第 2 张幻灯片的版式修改为“图片与标题”，在左侧插入考生文件夹下的“海棠 1.jpg”图片，并对该图片进行以下调整：

① 在“锁定纵横比”前提下，将图片的缩放比设置为 85%；

② 图片位置相对于“左上角”，水平为 2 厘米，垂直为 4.8 厘米。

（2）为了达到更好的呈现效果，需对“标题幻灯片”版式之外的其他版式进行调整，将“标题样式”的格式设置为隶书、44 磅，“文本样式”的格式设置为楷体、28 磅。

（3）对第 5 张幻灯片中的表格进行以下调整：

① 行高统一为 2 厘米，第 1 列的列宽为 6 厘米，第 2 列的列宽为 18 厘米；

② 表格中内容的字号为 24 磅，且中文字体为“仿宋”，西文字体为“Times New Roman”；

③ 表格位置相对于“左上角”，水平为 5 厘米，垂直为 4.2 厘米。

（4）设置以下动画效果：

① 为第 2 张幻灯片中的图片设置“扇形展开”进入效果，且速度为“慢速（3 秒）”；

② 为第 5 张幻灯片中的表格设置“圆形扩展”进入效果，且速度为“非常慢（5 秒）”。

（5）将“海棠 2.jpg”设置为所有幻灯片的背景，且透明度为 70%。

6．上网题

（1）某模拟网站的主页地址为“HTTP://LOCALHOST/index.htm”，打开此主页，找到关于最强选手“王峰”的页面，将此页面另存到考生文件夹下，命名为“WangFeng”，保存类型为“网页,仅 HTML(*.html;*.htm)”，再将该页面上有王峰人像的图像另存到考生文件夹下，命名为“Photo”，保存类型为“(JPG,JPEG)(*.jpg)”。

（2）接收并阅读来自朋友小赵的邮件（zhaoyu@ncre.com），主题为“生日快乐”。将邮件中的附件“生日贺卡.jpg”保存到考生文件夹下，并回复该邮件，回复内容为“贺卡已收到，谢谢你的祝福，也祝你天天幸福快乐！”。

精选历年真题试卷（十）

1．选择题

（1）在计算机中，西文字符所采用的编码是（　　）。

A．EBCDIC 码　　B．ASCII 码　　C．国标码　　D．BCD 码

（2）一个字长为 6 位的无符号二进制数能表示的十进制数值范围是（　　）。

A．0～64　　B．1～64　　C．1～63　　D．0～63

（3）下列各类计算机程序语言中，不属于高级语言的是（　　）。

A．Visual Basic 语言　　B．FORTRAN 语言

C．Pascal 语言　　D．汇编语言

（4）有一域名为 bit.edu.cn，根据域名代码的规定，此域名表示（　　）。

A．政府机关　　B．商业组织　　C．军事部门　　D．教育机构

（5）以“.jpg”为扩展名的文件通常是（　　）。

A．文本文件　　B．音频信号文件

C．图像文件　　D．视频信号文件

（6）用来存储当前正在运行的应用程序和其相应数据的存储器是（　　）。

A．RAM　　B．硬盘　　C．ROM　　D．CD-ROM

（7）组成计算机指令的两部分是（　　）。

A．数据和字符　　B．操作码和地址码

C．运算符和运算数　　D．运算符和运算结果

（8）电子计算机最早的应用领域是（　　）。

A．数据处理　　B．数值计算　　C．工业控制　　D．文字处理

（9）影响一台计算机性能的关键部件是（　　）。

A．CD-ROM　　B．硬盘　　C．CPU　　D．显示器

（10）计算机的硬件主要包括中央处理器（CPU）、存储器、输出设备和（　　）。

A．键盘　　B．鼠标　　C．输入设备　　D．显示器

（11）编译程序属于（　　）。

A．系统软件　　B．应用软件　　C．操作系统　　D．数据库管理系统

（12）下列说法正确的是（　　）。

A．一个进程会伴随着其程序执行的结束而消亡

B．一段程序会伴随着其进程的结束而消亡

C．任何进程在执行未结束时不允许被强行终止

D．任何进程在执行未结束时都可以被强行终止

（13）计算机的主频指的是（　　）。

A．软盘读写速度，用 Hz 表示　　B．显示器输出速度，用 MHz 表示

C．时钟频率，用 MHz 表示　　D．硬盘读写速度，用 Hz 表示

（14）显示器的参数“1 024×768”表示（　　）。

A．显示器分辨率　　B．显示器颜色指标

C．显示器屏幕大小　　D．显示每个字符的列数和行数

（15）为了提高软件开发效率，开发软件时应尽量采用（　　）。

A．汇编语言　　B．机器语言　　C．指令系统　　D．高级语言

（16）在一个非零无符号二进制整数之后添加一个 0，则此数的值为原数的（　　）。

A．1/2 倍　　B．1/4 倍　　C．4 倍　　D．2 倍

（17）按电子计算机传统的分代方法，第 1 代至第 4 代计算机依次是（　　）。

A．机械计算机，电子管计算机，晶体管计算机，集成电路计算机

B．晶体管计算机，集成电路计算机，大规模集成电路计算机，光器件计算机

C．电子管计算机，晶体管计算机，中小规模集成电路计算机，大规模及超大规模集成电路计算机

D．手摇机械计算机，电动机械计算机，电子管计算机，晶体管计算机

（18）解释程序的功能是（　　）。

A．解释执行汇编语言程序

B．解释执行高级语言程序

C．将汇编语言程序解释成目标程序

D．将高级语言程序解释成目标程序

（19）计算机病毒的危害表现为（　　）。

A．能造成计算机芯片的永久性失效

B．使磁盘霉变

C．影响程序运行，破坏计算机系统的数据与程序

D．切断计算机系统电源

（20）在外部设备中，扫描仪属于（　　）。

A．输出设备　　B．存储设备　　C．输入设备　　D．特殊设备

2．基本操作题

（1）在考生文件夹下“GPOP\PUT”文件夹中新建一个名为“HUX”的文件夹。

（2）将考生文件夹下“MICRO”文件夹中的“XSAK.BAS”文件删除。

（3）将考生文件夹下“COOK\FEW”文件夹中的“ARAD.WPS”文件复制到考生文件夹下“ZUME”文件夹中。

（4）将考生文件夹下“ZOOM”文件夹中的“MACRO.OLD”文件设置成隐藏属性。

（5）将考生文件夹下“BEI”文件夹中的“SOFT.BAS”文件重命名为“BUAA.BAS”。

3．WPS 文字题

请用 WPS Office 打开考生文件夹下的“wps.docx”文件，按照要求完成下列操作并保存。

小王正在编辑“中华世纪坛”的相关内容，文档由标题“中华世纪坛”和正文两部

分组成。现在还有一些问题，需要编辑修改，请按如下要求帮他完成相应操作。

（1）对文章标题“中华世纪坛”进行以下设置：

① 字体为幼圆、小三号、加粗，且居中显示；

② 字符间距为加宽，且加宽值为 0.2 厘米；

③ 段前、段后间距均为 0.5 行。

（2）对正文（文章标题以外的文本）进行以下格式设置：

① 字体为楷体、小四；

② 段落首行缩进 2 字符，且行距为固定值 22 磅。

（3）为正文中所有的“世纪坛”一词添加圆点“•”形式的着重号（不包含文章标题中的“世纪坛”）。

（4）为文档添加页眉“中华世纪坛概览”，并将其设置为五号、隶书、居中显示，且下方有 0.75 磅的实线。

（5）在页脚中间插入页码，且页码样式为“第 1 页 共×页”。

（6）对文档页面进行以下设置：

① 页面背景为“纸纹 2”纹理；

② 上、下页边距为 2.5 厘米，左、右页边距为 3 厘米，且装订线位置为左，装订线宽为 0.5 厘米。

（7）在文档首页插入考生文件夹下的“全景.jpg”图片，图片格式要求如下：

① 在“锁定纵横比”的情况下，将图片大小调整为“相对原始图片大小”的 30%；

② 文字环绕方式为“紧密型”；

③ 水平方向的绝对位置为页面右侧 12.5 厘米，垂直方向的绝对位置为页面下侧 6 厘米。

4. WPS 表格题

请用 WPS Office 打开考生文件夹下的“Book.xlsx”文件，按照要求完成下列操作并保存。

凯恩科技有限公司人事需对本企业员工的工资、各部门员工人数等基本情况进行统计分析，请协助人事完成下列操作。

（1）将 A1:G1 单元格内容合并居中，字体设置为 24 磅、黑体。

（2）将 A2:G2 列标题设置为居中，字体设置为 12 磅、加粗。

（3）员工的总酬金每年都以 4%的增长率递增，计算各员工的总酬金，保留 2 位小数。（注：入职年限为 1 的即当年入职员工其总酬金不递增）

（4）在 G54 单元格中计算企业职工的酬金平均值（保留 0 位小数）。

（5）在 G55 单元格中计算企业职工的总酬金（保留 0 位小数）。

（6）在 J8 单元格使用数据透视表计算企业各部门的员工人数。

（7）在 J17:P34 区域中，根据数据透视表统计出的各部门员工人数，使用饼图来显示各部门员工所占百分比的汇总图，图表标题在图表上方，其标题名称为“凯恩公司各部门员工百分比汇总图”，数据标签以百分比形式显示在数据标签内，图例显示在右边。

注：完成后的局部效果参照考生文件夹下的“ET 样张.jpg”图片。

5．WPS 演示题

请用 WPS Office 打开考生文件夹下的“ys.pptx”文件，按照要求完成下列操作并保存。

（1）为整个演示文稿应用考生文件夹下的“plan.potx”模板。

（2）将第 1 张幻灯片版式设置为“标题幻灯片”；主标题为“秋季养生保健”，副标题为“社区卫生服务中心”，副标题字体设置为黑体、28 磅。

（3）将第 2 张幻灯片内容区文字设置为 24 磅，内容区文本框的高度和宽度分别设置为 11 厘米和 30 厘米，文本框的填充颜色为“巧克力黄，着色 1，浅色 40%”，形状效果为柔化边缘 25 磅。

（4）将第 3 张幻灯片的版式设置为“两栏内容”；将考生文件夹下的“图片 1.jpg”图片插入到第 3 张幻灯片右侧的内容区，将图片按照椭圆形状进行裁剪，图片效果为“发光-发光变体-巧克力黄，8 pt 发光，着色 1”；为左侧文本添加“进入”/“字幕式”动画，右侧图片添加“强调”/“陀螺旋”动画、速度“快速”“逆时针”“旋转两周”。

（5）在第 4 张幻灯片的内容区插入 7 行 2 列的表格，设置一个合适的表格样式，第 1 列列宽为 3 厘米，第 2 列列宽为 26 厘米。在第 1 行第 1、2 列依次填入“鱼名”和“功效”内容，参考考生文件夹下“SC.docx”文档的内容，按鲫鱼、带鱼、青鱼、鲤鱼、草鱼、泥鳅的顺序从上到下将内容填入表格其余 6 行，并将表格文字全部设置为水平及垂直居中对齐。

（6）将第 7 张幻灯片版式设置为“空白”，插入预设样式为“填充-海洋绿，着色 5，轮廓-背景 1，清晰阴影着色 5”的艺术字“祝身体安康”，艺术字形状效果设置为“阴影”/“透视”/“靠下”；为艺术字添加“进入”/“回旋”动画；将该页幻灯片的背景设置为“金山纹理”填充。

（7）设置幻灯片放映类型为“展台自动循环放映（全屏幕）”；幻灯片的切换方式全部设置为“抽出”，效果选项为“从右下”。

6．上网题

（1）某模拟网站的主页地址为“HTTP://LOCALHOST/index.htm”，打开此主页，找到关于最强评审“宁静”的页面，将此页面另存到考生文件夹下，命名为“NingJing”，保存类型为“网页,仅 HTML(*.html;*.htm)”，再将该页面上有宁静人像的图像另存到考生文件夹下，命名为“Photo”，保存类型为“(JPG,JPEG)(*.jpg)”。

（2）向同事张富仁先生发一封 E-mail，并将考生文件夹下的“布达拉宫.jpg”图片作为附件一起发出。具体如下：

【收件人】Zhangfr@ncre.cn

【主题】风景图片

【函件内容】张先生：近期去西藏旅游了，现把在西藏旅游时照的一幅风景图片寄给你，请欣赏。

第三部分

精编模拟试卷

精编模拟试卷（一）

1. 选择题

（1）CPU 的主要技术性能指标是（　　）。

A. 发热量和冷却效率　　B. 耗电量和效率

C. 字长和时钟主频　　D. 可靠性

（2）计算机技术中，下列英文缩写和中文名字的对照中，正确的是（　　）。

A. CAM——计算机辅助教育　　B. CAD——计算机辅助制造

C. CAT——计算机辅助测试　　D. CAI——计算机辅助设计

（3）硬盘属于（　　）。

A. 输出设备　　B. 外部存储器　　C. 内部存储器　　D. 只读存储器

（4）在下列字符中，其 ASCII 码值最小的一个是（　　）。

A. 9　　B. p　　C. Z　　D. a

（5）下列关于操作系统的叙述中，正确的是（　　）。

A. 操作系统的 5 大功能是启动、打印、显示、文件存取和关机

B. 操作系统属于应用软件

C. 操作系统是计算机软件系统中的核心软件

D. Windows 是 PC 机唯一的操作系统

（6）Internet 提供的最常用、便捷的通信服务是（　　）。

A. 万维网（WWW）　　B. 文件传输协议（FTP）

C. 电子邮件（E-mail）　　D. 远程登录（Telnet）

（7）Modem 是计算机通过电话线接入 Internet 时所必需的硬件，它的功能是（　　）。

A. 只将数字信号转换为模拟信号　　B. 只将模拟信号转换为数字信号

C. 为了在上网的同时能打电话　　D. 将模拟信号和数字信号互相转换

（8）一个完整的计算机系统应该包括（　　）。

A. 主机、鼠标、键盘和显示器

B. 系统软件和应用软件

C. 主机、显示器、键盘和音箱等外部设备

D. 硬件系统和软件系统

（9）下列关于世界上第一台电子计算机 ENIAC 的叙述中，错误的是（　　）。

A. 它是 1946 年在美国诞生的

B. 它主要采用电子管和继电器

C. 它是首次采用存储程序概念的计算机

D. 它主要用于弹道计算

（10）度量计算机运算速度常用的单位是（　　）。

A．MIPS　　B．MHz　　C．MB　　D．Mbps

（11）计算机技术应用广泛，下列属于科学计算方面的是（　　）。

A．视频信息处理　　B．火箭轨道计算

C．图像信息处理　　D．信息检索

（12）在 Internet 上浏览时，浏览器和 WWW 服务器之间传输网页使用的协议是（　　）。

A．IP　　B．SMTP　　C．FTP　　D．HTTP

（13）下列叙述中，错误的是（　　）。

A．硬盘与 CPU 之间不能直接交换数据

B．硬盘属于外部存储器

C．硬盘驱动器既可作为输入设备又可作为输出设备

D．硬盘在主机箱内，它是主机的组成部分

（14）在标准 ASCII 码表中，已知英文字母 A 的 ASCII 码是 01000001，英文字母 D 的 ASCII 码是（　　）。

A．01000101　　B．01000110　　C．01000100　　D．01000011

（15）下列叙述中，错误的是（　　）。

A．内存储器一般由 ROM 和 RAM 组成

B．RAM 中存储的数据一旦断电就全部丢失

C．CPU 可以直接存取硬盘中的数据

D．存储在 ROM 中的数据断电后不会丢失

（16）Windows 是计算机系统中的（　　）。

A．系统软件　　B．主要硬件　　C．应用软件　　D．工具软件

（17）下列叙述中，正确的是（　　）。

A．不同型号的 CPU 具有相同的机器语言

B．计算机能直接识别、执行用汇编语言编写的程序

C．机器语言编写的程序执行效率最低

D．用高级语言编写的程序称为源程序

（18）为防止计算机感染病毒，应该做到（　　）。

A．U 盘中不要存放可执行程序

B．无病毒的 U 盘不要与来历不明的 U 盘放在一起

C．不要复制来历不明 U 盘中的程序

D．长时间不用的 U 盘要经常格式化

（19）字长是 CPU 的主要技术性能指标之一，它表示的是（　　）。

A．CPU 能表示的十进制整数的位数

B．CPU 一次能处理二进制数据的位数

C．CPU 能表示的最大的有效数字的位数

D．CPU 计算结果的有效数字长度

（20）区位码输入法的最大优点是（　　）。

A．只用数码输入，方法简单、容易记忆

B．编码有规律，不易忘记

C．一字一码，无重码

D．易记易用

2．基本操作题

（1）在考生文件夹下“GOOD”文件夹中新建一个名为“FOOT”的文件夹。

（2）将考生文件夹下“JIAO\SHOU”文件夹中的“LONG.DOCX”文件重命名为“DUA.DOCX”。

（3）搜索考生文件夹中的“DIAN.EXE”文件，然后将其删除。

（4）将考生文件夹下“CLOCK\SEC”文件夹中的“ZHA”文件夹复制到考生文件夹下。

（5）为考生文件夹下的“TABLE”文件夹建立一个名为“IT”的快捷方式，存放在考生文件夹下“MOON”文件夹中。

3．WPS 文字题

请用 WPS Office 打开考生文件夹下的“wps.docx”文件，按照要求完成下列操作并保存。

（1）将文中所有“统计技术资格”一词替换为“统计专业技术资格”，将页面的上、下、左、右页边距均设置为 20 毫米。

（2）将正标题文字“关于 2021 年度全国统计技术资格考试工作安排的通知”设置为红色、黑体、小二号，居中对齐；将副标题文字“中国统计学会 2021/06/24 11:09”设置为四号，居中对齐。

（3）将除“二、考试时间和考试科目”下面的内容“考试级别……上午 9:00—12:00”以外的所有正文段设置为小四号，首行缩进 2 字符，段前间距 0.5 行。

（4）将“二、考试时间和考试科目”下面的以制表符分隔的文本“考试级别……上午 9:00—12:00”转换为一个表格，为该表格套用表格样式“主题样式 1-强调 3”。将表格三个列的列宽均设置为 50 毫米，表格整体居中。

（5）将表格中所有文字设置为小五号，第 1 行文字加粗、水平居中；分别将第 1 列第 2、3 个单元格和第 4、5 个单元格合并，合并后的两个单元格文字均中部两端对齐。

4．WPS 表格题

请用 WPS Office 打开考生文件夹下的“Book.xlsx”文件，按照要求完成下列操作并保存。

（1）将 A1 单元格中的标题文字“近十年国家财政各项税收情况统计”在 A1:K1 区域内合并居中，为合并后的单元格填充“紫色”，并将其中字体设置为黑体、黄色、20 磅；将数据列表按年度由低到高（2002 年、2003 年、2004 年……）排序，注意平均值和合计值不能参加排序。

（2）为排序后的数据区域 A4:K18 应用表格样式“表样式中等深浅 6”；将数据区域 B5:J18 的数字格式设置为数值，保留 2 位小数，使用千位分隔符；将增长率所在区域 K5:K14 的数字格式设置为百分比，保留 2 位小数。

（3）分别运用公式和函数进行下列计算：

① 计算每年各项税收总额的合计值，结果填入 I5:I14 区域的相应单元格中；

② 计算各个税种的历年平均值和合计值，结果填入 B17:I18 区域的相应单元格中；

③ 运用公式“比上年增长值=本年度税收总额−上年度税收总额”，分别计算 2003 年至 2011 年的税收总额逐年增长值，填入 J 例相应单元格中；

④ 运用公式“比上年增长率=比上年增长值/上年度税收总额”，分别计算 2003 年至 2011 年的税收总额逐年增长率，填入 K 列相应单元格中。

（4）基于数据区域 A4:H14 创建一个“堆积柱形图”，以年度为分类 X 轴，图表标题为“近十年各项税收比较”，移动并适当调整图表大小将其放置在 A20:K48 单元格区域内。

5. WPS 演示题

请用 WPS Office 打开考生文件夹下的“ys.pptx”文件，按照要求完成下列操作并保存。

（1）将第 1、2 张幻灯片位置互换。在最后插入 1 张版式为“空白”的幻灯片，在其中插入艺术字，艺术字样式任选，艺术字内容为“欢迎新同事”、字体为隶书、字号为 96 磅。

（2）将第 3 张幻灯片的版式设置为“两栏内容”，将考生文件夹下的“pic.png”图片插入到右侧的内容框中，并为该图片设置“进入”/“飞入”动画。

（3）将第 4 张幻灯片的标题改为“员工须知”，将其版式更改为“两栏内容”，并将“工资制度”后面的文本内容（不含“工资制度”）移动到右侧的文本框中，为右侧文本框设置“进入”/“展开”动画。

（4）将演示文稿中所有幻灯片的切换方式均设置为向左“插入”，为整个演示文稿应用一种适当的设计模板。

6. 上网题

（1）某模拟网站的主页地址为“HTTP://LOCALHOST:65531/ExamWeb/Index.htm”，打开此主页，浏览“航空知识”页面，查找“轰-6 轰炸机”的页面内容，并将它以文本文件的格式保存到考生文件夹下，命名为“h6hzj”。

（2）接收并阅读由“xuexq@mail.neea.edu.cn”发来的 E-mail，并将附件保存到考生文件夹下，命名为“附件.zip”。

精编模拟试卷（二）

1．选择题

（1）下列不属于 TCP/IP 参考模型中的层次的是（　　）。

A．应用层　　B．传输层　　C．会话层　　D．互联层

（2）CAI 表示（　　）。

A．计算机辅助设计　　B．计算机辅助制造

C．计算机集成制造系统　　D．计算机辅助教育

（3）“32 位微型计算机”中的“32 位”指的是（　　）。

A．计算机型号　　B．内存容量　　C．存储单位　　D．机器字长

（4）传播计算机病毒的一大可能途径是（　　）。

A．通过键盘输入数据时传入　　B．通过使用表面不清洁的光盘传入

C．通过 Internet 网络传播　　D．通过电源线传播

（5）下列说法正确的是（　　）。

A．编译程序的功能是将高级语言源程序编译成目标程序

B．解释程序的功能是解释执行汇编语言程序

C．Intel 8086 指令不能在 Intel P4 上执行

D．C++语言和 Visual Basic 语言都是高级语言，它们的执行效率相同

（6）20 GB 的硬盘表示其存储容量约为（　　）。

A．20 亿个字节　　B．20 亿个二进制位

C．200 亿个字节　　D．200 亿个二进制位

（7）摄像头属于（　　）。

A．控制设备　　B．存储设备　　C．输出设备　　D．输入设备

（8）计算机有多种技术性能指标，其中主频是指（　　）。

A．CPU 内核工作的时钟频率　　B．系统时钟频率，也叫外频

C．总线频率　　D．内存的时钟频率

（9）下列关于操作系统的描述，正确的是（　　）。

A．操作系统中只有程序没有数据

B．操作系统提供的人机交互接口其他软件无法使用

C．操作系统是一种重要的应用软件

D．一台计算机可以安装多个操作系统

（10）在计算机内部用来传送、存储、加工处理的数据或指令所采用的形式是（　　）。

A．十进制码　　B．二进制码　　C．八进制码　　D．十六进制码

（11）计算机运算部件一次能同时处理的二进制数据的位数称为（　　）。

A．位　　B．字节　　C．字长　　D．波特

（12）在下列字符中，其 ASCII 码值最大的一个是（　　）。

A．9　　B．Z　　C．d　　D．X

（13）为实现以 ADSL 方式接入 Internet，至少需要在计算机中内置或外置的一个关键硬件设备是（　　）。

A．路由器　　B．集线器

C．服务器　　D．调制解调器（Modem）

（14）下列各组软件中，全部属于应用软件的是（　　）。

A．语言处理系统、数据库管理系统、财务处理软件

B．文字处理程序、编辑程序、UNIX

C．管理信息系统、办公自动化系统、电子商务软件

D．Word 2010、Windows XP、指挥信息系统

（15）配置 Cache 是为了解决（　　）。

A．主机与外部设备之间速度不匹配问题

B．内存与外存之间速度不匹配问题

C．CPU 与外存之间速度不匹配问题

D．CPU 与内存之间速度不匹配问题

（16）计算机硬件系统主要包括中央处理器（CPU）、存储器和（　　）。

A．显示器和键盘　　B．打印机和键盘

C．显示器和鼠标　　D．输入/输出设备

（17）下列关于域名的说法正确的是（　　）。

A．域名就是 IP 地址

B．域名的使用对象仅限于服务器

C．域名完全由用户自行定义

D．域名系统按地理域或机构域分层，采用层次结构

（18）在下列计算机应用项目中，属于科学计算应用领域的是（　　）。

A．数控机床　　B．民航联网订票系统

C．气象预报　　D．人机对弈

（19）上网需要在计算机上安装（　　）。

A．数据库管理软件　　B．视频播放软件

C．浏览器软件　　D．网络游戏软件

（20）下列叙述中，错误的是（　　）。

A．把数据从内存传输到硬盘的操作称为写盘

B．Windows 属于应用软件

C．把高级语言编写的程序转换为机器语言目标程序的过程叫编译

D．计算机内部对数据的传输、存储和处理都使用二进制

2．基本操作题

（1）在考生文件夹下“HUOW”文件夹中新建一个名为“DBP8.txt”的文件，并设

置成只读属性。

（2）将考生文件夹下“JPNEQ”文件夹中的“AEPH.BAK”文件复制到考生文件夹下“MAXD”文件夹中，并命名为“MAHF.BAK”。

（3）为考生文件夹下“MPEG”文件夹中的“DEVAL.EXE”文件创建一个名为“KDEV”的快捷方式，并存放在考生文件夹下。

（4）将考生文件夹下“ERPO”文件夹中的“SGACYL.DAT”文件移动到考生文件夹下，并改名为“ADMICR.DAT”。

（5）搜索考生文件夹中的“ANEMP.FOR”文件，然后将其删除。

3．WPS 文字题

请用 WPS Office 打开考生文件夹下的“wps.docx”文件，按照要求完成下列操作并保存。

（1）将文中的“[微博]”一词全部删除，删除文中的所有空段，将整个文档的上、下、左、右页边距均设置为 20 毫米。

（2）将正标题“女排世锦赛资格赛中国 3-0 新西兰 25-4 创最大分差”设置为红色、黑体、三号，居中对齐，并为其中的文字“25-4 创最大分差”加双波浪形下划线；将副标题“2013 年 09 月 28 日”设置为四号，居中对齐。

（3）为正文第 1 段设置首字下沉效果，下沉字体为华文行楷，下沉 2 行，距正文 4 毫米；将除第 1 段以外的其他正文段“首局……休战一天。”设置为小四号，首行缩进 2 字符，段后间距 0.5 行，1.5 倍行距。

（4）设置表格第 1、2 列列宽为 30 毫米，第 3 列列宽为 100 毫米，表格整体居中；将表格中的所有文字设置为小五号，水平、垂直均居中。

（5）在表格第 1 行上方插入一行，合并该行的所有单元格，将表格标题“2014 年女排世锦赛亚洲区资格赛 B 组”移动到合并后的单元格中（注意，要将移动过程中出现的空行删除），将该标题文字设置为五号、红色、加粗，水平、垂直均居中，并以浅绿色填充该合并行。

4．WPS 表格题

请用 WPS Office 打开考生文件夹下的“Book.xlsx”文件，按照要求完成下列操作并保存。

（1）将 A1 单元格中的标题文字“鼎达科技公司 2023 年度销售情况表”在 A1:H1 区域内合并居中，设置为华文中宋、22 磅，并为合并后的单元格填充“浅绿”色；在单元格区域 B4:E4 中填充季度序列“第 1 季度、第 2 季度、第 3 季度、第 4 季度”。

（2）将数据区域 B5:F10 的数字格式设置为会计专用，保留 2 位小数，不使用货币符号；将“年销售额占比”所在列 G5:G10 的数字格式设置为百分比，保留 2 位小数。设置第 4 至 10 行行高为 22 磅，数据区域 A4:H10 的上框线为单实线，下框线为双实线。

（3）分别运用公式和函数进行下列计算：

① 运用求和函数计算各地区的全年销售额，结果填入 F 列的相应单元格中；

② 运用公式或函数计算各地区的季度销售额合计，结果填入 B10:F10 区域的相应单元格中，其中在 F10 单元格中显示该公司的全年销售额合计；

③ 运用公式“年销售额占比=某地区的全年销售额/公司的全年销售额”计算每个地区销售额在公司全年销售额中所占的比重，结果填入 G 列相应单元格中；公式中要求绝对引用 F10 单元格中的全年销售额；

④ 运用函数 RANK 统计出各地区全年销售额从高到低的排名情况，结果填入 H 列的相应单元格中。

（4）基于数据区域中的 A 列和 G 列（不包含合计行），创建一个“饼图”，图表标题为“各地区销售额所占比例”，移动并适当调整图表大小将其放置在 A12:H28 单元格区域内。

5．WPS 演示题

请用 WPS Office 打开考生文件夹下的“ys.pptx”文件，按照要求完成下列操作并保存。

（1）为第 1 张幻灯片的标题和文本设置“擦除”动画。将考生文件夹下的“picl.jpg”图片插入到第 2 张标题幻灯片的右下角，并将该图片的动画效果自定义为“强调”/“陀螺旋”。最后将第 1、2 张幻灯片位置互换。

（2）将第 5 张幻灯片的版式设置为“标题和内容”，将其中表格的动画效果自定义为“进入”/“棋盘”。在第 6 张幻灯片中，为后 4 段列示的 4 种灭火方式应用编号“① ② ③”，并向右增加一级缩进量。最后将第 7 张幻灯片删除。

（3）将演示文稿中所有幻灯片的切换方式均设置为“形状”，效果选项为“盒状展开”；为整个演示文稿应用一种适当的设计模板。

6．上网题

（1）某模拟网站的主页地址为“HTTP://LOCALHOST:65531/ExamWeb/Index.htm”，打开此主页，浏览“天文小知识”页面，查找“水星”的页面内容，并将它以文本文件的格式保存到考生文件夹下，命名为“shuixing.txt”。

（2）接收并阅读“lifei@mail.neea.edu.cn”发来的 E-mail，并将随信发来的附件以文件名“dqsi.txt”保存到考生文件夹下。

精编模拟试卷（三）

1．选择题

（1）将多种媒体信息有机地组织在一起，指的是多媒体技术的（　　）特点。

A．数字化　　B．集成性　　C．交互性　　D．组合性

（2）下列说法正确的是（　　）。

A．CPU 可直接处理外存上的信息

B．计算机可以直接执行高级语言编写的程序

C．计算机可以直接执行机器语言编写的程序

D．系统软件是买来的软件，应用软件是自己编写的软件

（3）随着 Internet 的发展，越来越多的计算机感染病毒的可能途径之一是（　　）。

A．通过电源线传播

B．通过使用表面不清洁的光盘传入

C．通过键盘输入数据时传入

D．通过 Internet 的 E-mail，附着在电子邮件的信息中

（4）下列选项中不属于计算机特点的是（　　）。

A．高速、精确的运算能力　　B．科学计算

C．准确的逻辑判断能力　　D．自动功能

（5）对 CD-ROM 可以进行的操作是（　　）。

A．读或写　　B．能存不能取

C．只能写不能读　　D．只能读不能写

（6）Internet 中，用于实现域名和 IP 地址转换的是（　　）。

A．SMTP　　B．FTP　　C．DNS　　D．HTTP

（7）下列程序设计语言中，属于低级语言的是（　　）。

A．FORTRAN 语言　　B．C++语言

C．Visual Basic 语言　　D．80×86 汇编语言

（8）下列描述正确的是（　　）。

A．计算机不能直接执行高级语言源程序，但可以直接执行汇编语言源程序

B．高级语言与 CPU 型号无关，但汇编语言与 CPU 型号相关

C．高级语言程序不如汇编语言程序的可读性好

D．高级语言程序不如汇编语言程序的可移植性好

（9）用来控制、指挥和协调计算机各部件工作的是（　　）。

A．控制器　　B．鼠标　　C．运算器　　D．存储器

（10）下列关于计算机病毒的叙述中，错误的是（　　）。

A．计算机病毒具有隐蔽性

B．计算机病毒具有潜伏性

C．计算机病毒是一个特殊的寄生程序

D．感染过计算机病毒的计算机具有对该病毒的免疫性

（11）一个完整的计算机系统的组成部分的确切提法应该是（　　）。

A．计算机硬件和软件

B．计算机硬件和应用软件

C．计算机硬件和系统软件

D．计算机主机、键盘、显示器和软件

（12）计算机技术中，英文缩写 CPU 的中文译名是（　　）。

A．运算器　　B．中央处理器　　C．控制器　　D．寄存器

（13）操作系统管理用户数据的单位是（　　）。

A．文件夹　　B．文件　　C．磁道　　D．扇区

（14）Internet 实现了分布在世界各地的各类网络的互联，其最基础和核心的协议是（　　）。

A．HTTP　　B．HTML　　C．TCP/IP　　D．ISP

（15）CPU 中，除了内部总线和必要的寄存器外，主要的两大部件分别是运算器和（　　）。

A．控制器　　B．存储器　　C．Cache　　D．编辑器

（16）在下列字符中，其 ASCII 码值最小的一个是（　　）。

A．空格字符　　B．0　　C．A　　D．a

（17）以“.avi”为扩展名的文件通常是（　　）。

A．图像文件　　B．视频文件　　C．文本文件　　D．音频文件

（18）显示器的主要技术指标之一是（　　）。

A．重量　　B．价格　　C．分辨率　　D．耗电量

（19）存储一个 24×24 点阵的汉字字形码需要（　　）。

A．32 字节　　B．48 字节　　C．64 字节　　D．72 字节

（20）计算机网络中常用的有线传输介质有（　　）。

A．双绞线、红外线、同轴电缆　　B．激光、光缆、同轴电缆

C．双绞线、光缆、同轴电缆　　D．光缆、同轴电缆、微波

2．基本操作题

（1）将考生文件夹下“QIU\LONG”文件夹中的“WATER.FOX”文件设置成只读属性。

（2）将考生文件夹下“PENG”文件夹中的“BLUE.WPS”文件移动到考生文件夹下“ZHU”文件夹中，并改名为“RED.WPS”。

（3）在考生文件夹下“YE”文件夹中新建一个名为“PDMA”的文件夹。

（4）将考生文件夹下“HAI\XIE”文件夹中的“BOMP.IDE”文件复制到考生文件夹下“YING”文件夹中。

（5）将考生文件夹下“TAN\WEN”文件夹中的“TANG”文件夹删除。

3．WPS 文字题

请用 WPS Office 打开考生文件夹下的“wps.docx”文件，按照要求完成下列操作并保存。

（1）将文中所有“教学”替换为“教育”；将标题段文字“首批 18 位中小学正高级教师名单公示”设置为三号、楷体、红色、加粗、居中，并添加黄色底纹作为突出显示。

（2）将正文文字“昨天……事业的发展。”设置为小四号、隶书；各段落文本之前缩进 0.5 字符，段前间距 0.5 行，行距为固定值 18 磅；设置纸张大小为大 16 开。

（3）将正文第 1 段“昨天……60 岁之间。”设置为首字下沉，字体为华文琥珀，下沉行数为 3，距正文 4 毫米。

（4）将文中后 6 行文字“首批名单……物理”转换为一个 6 行 6 列的表格，文字分隔位置为空格；设置表格列宽为 24 毫米，行高为固定值 40 磅。

（5）将表格第 1 行合并为一个单元格，内容居中；将表格中其余各行、各列单元格内容设置为靠上居中对齐；设置表格整体居中；设置表格样式为“主题样式 1-强调 5”。

4．WPS 表格题

请用 WPS Office 打开考生文件夹下的“Book.xlsx”文件，按照要求完成下列操作并保存。

（1）将“Sheet1”工作表的 A1:E1 单元格合并居中；计算各种设备的销售额（销售额=单价*数量），以及销售额的总计值；将销售额及销售额总计值（D3:D7）的数字格式设置为货币，货币符号为¥，小数点位数为 0。

（2）在“销售额占比”列按公式（销售额占比=销售额/总计）计算各种设备的销售额占比，将单元格（E3:E6）数字格式设置为百分比，保留 2 位小数。

（3）按主要关键字“销售额”对表格（总计行除外）进行降序排序；将“Sheet1”工作表命名为“设备销售情况表”。

（4）选取“设备名称”列（A2:A6）和“销售额”列（D2:D6）的单元格内容（总计行除外），建立“簇状柱形图”，X 轴为设备名称，标题为“设备销售情况图”，不显示图例，主轴主要水平和主轴主要垂直都显示网格线，移动并适当调整图表大小将其放置在 A9:F22 单元格区域内。

5．WPS 演示题

请用 WPS Office 打开考生文件夹下的“ys.pptx”文件，按照要求完成下列操作并保存。

（1）在演示文稿的开始处插入 1 张幻灯片，版式设置为“标题幻灯片”，作为演示文稿的第 1 张幻灯片，标题键入“我爱祖国我爱北京”，并设置字体为幼圆、加粗、48 磅。

（2）将第 5 张幻灯片标题和文本的动画方案设置为“向内溶解”；将第 3 张幻灯片版式改为“两栏内容”；为整个演示文稿应用一种适当的设计模板；全部幻灯片的切换方式均设置为“形状”，效果选项为“盒状展开”。

（3）将考生文件夹下的“yrl.jpg”图片插入到第 3 张幻灯片的图片区中，并设置图片高度为 10.16 厘米，锁定纵横比，图片位置设置为水平 15 厘米、垂直 3 厘米（均相对于“左上角”）。

6．上网题

（1）某模拟网站的主页地址为“HTTP://LOCALHOST:65531/ExamWeb/Index.htm”，

打开此主页，浏览“中国地理”页面，将“中国的自然地理数据”的页面内容以文本文件的格式保存到考生文件夹下，命名为“zgdl.txt”。

（2）向部门经理发一封 E-mail，并将考生文件夹下的“Sell.docx”文档作为附件一起发送，同时抄送给总经理。具体如下：

【收件人】zhangdeli@126.com

【抄送】wenjiangzhou@126.com

【主题】销售计划演示

【函件内容】发去全年季度销售计划文档，在附件中，请审阅。

精编模拟试卷（四）

1．选择题

（1）一个字长为 5 位的无符号二进制数能表示的十进制数值范围是（　　）。

A．1～32　　B．0～31　　C．1～31　　D．0～32

（2）计算机病毒是指能够侵入计算机系统并在计算机系统中潜伏、传播，破坏系统正常工作的一种具有繁殖能力的（　　）。

A．流行性感冒病毒　　B．特殊小程序

C．特殊微生物　　D．源程序

（3）计算机网络中传输介质传输速率的单位是 bps，其含义是（　　）。

A．字节/秒　　B．字/秒　　C．字段/秒　　D．二进制位/秒

（4）域名 MH.BIT.EDU.CN 中主机名是（　　）。

A．MH　　B．EDU　　C．CN　　D．BIT

（5）在标准 ASCII 码表中，已知英文字母 A 的 ASCII 码是 01000001，则英文字母 E 的 ASCII 码是（　　）。

A．01000011　　B．01000101　　C．01000100　　D．01000010

（6）下列关于计算机病毒的描述，正确的是（　　）。

A．正版软件不会受到计算机病毒的攻击

B．光盘上的软件不可能携带计算机病毒

C．计算机病毒是一种特殊的计算机程序，因此数据文件中不可能携带病毒

D．计算机病毒只有在程序运行时才具有传染性

（7）下列关于汇编语言程序的描述，正确的是（　　）。

A．相对于高级语言程序而言，汇编语言程序具有良好的可移植性

B．相对于高级语言程序而言，汇编语言程序具有良好的可读性

C．相对于机器语言程序而言，汇编语言程序具有良好的可移植性

D．相对于机器语言程序而言，汇编语言程序具有较高的执行效率

（8）下列英文缩写和中文名字的对照中，错误的是（　　）。

A．CAD——计算机辅助设计　　B．CIMS——计算机集成管理系统

C．CAI——计算机辅助教育　　D．CAM——计算机辅助制造

（9）用助记符号代替操作码、地址符号代替操作数的面向机器的语言是（　　）。

A．汇编语言　　B．FORTRAN 语言

C．机器语言　　D．高级语言

（10）下列关于电子邮件的说法，正确的是（　　）。

A．发件人必须知道收件人住址的邮政编码

B．发件人和收件人都必须有 E-mail 地址

C．收件人必须有 E-mail 地址，发件人可以没有 E-mail 地址

D．发件人必须有 E-mail 地址，收件人可以没有 E-mail 地址

（11）在计算机中，每个存储单元都有一个连续的编号，此编号称为（　　）。

A．地址　　B．位置号　　C．门牌号　　D．房号

（12）下列设备组中，完全属于计算机输出设备的一组是（　　）。

A．喷墨打印机、显示器、键盘　　B．激光打印机、键盘、鼠标

C．键盘、鼠标、扫描仪　　D．打印机、绘图仪、显示器

（13）操作系统是（　　）。

A．主机与外设的接口　　B．用户与计算机的接口

C．系统软件与应用软件的接口　　D．高级语言与汇编语言的接口

（14）下列各项中，非法的 Internet 的 IP 地址是（　　）。

A．202.96.12.14　　B．202.196.72.140

C．112.256.23.8　　D．201.124.38.79

（15）在下列字符中，其 ASCII 码值最小的一个是（　　）。

A．空格字符　　B．9　　C．A　　D．b

（16）用汇编语言或高级语言编写的程序称为（　　）。

A．目标程序　　B．源程序　　C．翻译程序　　D．编译程序

（17）以“.wav”为扩展名的文件通常是（　　）。

A．音频文件　　B．文本文件

C．图像文件　　D．视频文件

（18）按照数的进位制概念，下列各个数中正确的八进制数是（　　）。

A．1109　　B．1101　　C．7081　　D．B03A

（19）把内存中数据传送到计算机的硬盘上去的操作称为（　　）。

A．显示　　B．写盘　　C．输入　　D．读盘

（20）用高级语言编写的程序（　　）。

A．计算机能直接执行　　B．具有良好的可读性和可移植性

C．执行效率高但可读性差　　D．依赖于具体机器，可移植性差

2. 基本操作题

（1）在考生文件夹下“QI\XI”文件夹中新建一个名为“THOUT”的文件夹。

（2）将考生文件夹下“HOU\QU”文件夹中的“DUMP.WRI”文件移动到考生文件夹下“TANG”文件夹中，并将该文件改名为“WAMP.WRI”。

（3）将考生文件夹下“JIA”文件夹中的“ZHEN.SIN”文件复制到考生文件夹下“XUE”文件夹中。

（4）将考生文件夹下“SHU\MU”文件夹中的“EDIT.DAT”文件删除。

（5）将考生文件夹下“CHUI”文件夹中的“ZHAO.PRG”文件设置成隐藏属性。

3. WPS 文字题

请用 WPS Office 打开考生文件夹下的“wps.docx”文件，按照要求完成下列操作并保存。

（1）设置页面的左、右页边距分别为 2.5 厘米和 3.5 厘米，装订线位于左侧 0.1 厘米处；在页面底端居中插入“第一页”样式页码；为文档添加文字水印，水印内容为“中国电子商务”，字体为仿宋，颜色为红色，倾斜版式，透明度为 90%。

（2）将文中所有“电商”替换为“电子商务”；将标题段文字“中国电子商务行业发展现状及趋势分析”设置为小二号、深红、黑体、加粗、居中，文字间距加宽 2 磅，段后间距 1 行；为标题段文字添加蓝色双波浪下划线，并设置文字阴影效果为“外部”/“向右偏移”。

（3）设置正文各段落“近年来……增长 10.1%。”首行缩进 2 字符、1.25 倍行距，字体为微软雅黑；表头文字“表 1：中国电子商务交易规模”设置为四号、居中，段后间距 0.5 行。

（4）将文中最后 8 行文字转换为 8 行 3 列的表格；设置表格中第 1 行和第 1 列的单元格内容“水平居中”，其余单元格内容“中部右对齐”；设置表格第 1 列列宽为 3 厘米，第 2、3 列列宽为 5 厘米，所有行高为 0.8 厘米；设置表格单元格的左边距为 0.1 厘米，右边距为 0.2 厘米。

（5）设置表格对齐方式为居中；设置表格外框线为蓝色 1.5 磅单实线，内框线为蓝色 0.5 磅单实线。

4. WPS 表格题

请用 WPS Office 打开考生文件夹下的“Book.xlsx”文件，按照要求完成下列操作并保存。

（1）将“Sheet1”工作表的 A1:J1 单元格合并居中；设置 A2:J17 单元格的内容水平居中，垂直靠上；设置 A:J 列的列宽为 65 磅。

（2）利用求和公式计算“上半年总销售数量”，计算“上半年销售额合计”（上半年销售额合计=上半年总销售数量*单价），将工作表命名为“手机销售统计表”。

（3）设置 J3:J17 区域的单元格数字格式为货币（¥），保留 0 位小数；设置表格

A1:J17 的外框线为双实线，内框线为单实线；设置 A1:J17 区域的单元格底纹填充为浅蓝色。

（4）选取“型号”列（A2:A17）和“上半年销售额合计”列（J2:J17）的单元格内容，建立“簇状柱形图”，系列产生在“列”，图表标题为“上半年销售额”，移动并适当调整图表大小将其放置在 A19:J33 单元格区域内。

5．WPS 演示题

请用 WPS Office 打开考生文件夹下的“ys.pptx”文件，按照要求完成下列操作并保存。

（1）设置幻灯片背景颜色为渐变色推荐中的“深蓝-午夜蓝渐变”，透明度设置为 90%，应用到所有幻灯片。

（2）将第 1 张幻灯片的主标题“桅杆疏影缀浦江　船艇浮动靓申城”的字体大小设置为 44 磅，副标题“记第 17 届中国国际船艇及其技术设备展览会”的字体设置为方正舒体、24 磅。

（3）将第 2 张幻灯片的正文内容首行缩进 2 字符，字体设置为华文行楷、24 磅，文字进入动画设置为“百叶窗”。

（4）将第 3 张幻灯片的正文字号设置为 28 磅。

（5）将第 4 张幻灯片的左侧文本内容首行缩进 2 字符，行距为 1.5 倍，字体设置为华文隶书、20 磅，文字进入动画设置为“十字形扩展”。将考生文件夹下的“游艇.jpg”图片插入到右侧内容文本框中，进入动画设置为“百叶窗”。

（6）在第 5 张幻灯片中输入“谢谢”，并设置字体为微软雅黑、60 磅。

6．上网题

（1）某模拟网站的主页地址为“HTTP://LOCALHOST:65531/ExamWeb/Index.htm”，打开此主页，浏览“高手速成”页面，查找“彩色摄影拍摄要点提示”页面内容，并将它以文本文件的格式保存到考生文件夹下，命名为“彩色摄影拍摄要点提示.txt”。

（2）接收并阅读由“luoyingjie@cuc.edu.cn”发来的 E-mail，并立即回复，回复内容为“您需要的资料已经寄出，请注意查收！”。

精编模拟试卷（五）

1．选择题

（1）英文缩写 CAD 的中文意思是（　　）。

A．计算机辅助设计　　B．计算机辅助制造

C．计算机辅助教育　　D．计算机辅助测试

（2）数码相机里的照片可以利用计算机软件进行处理，计算机的这种应用属于（　　）。

A．辅助设计　　B．图像处理　　C．嵌入式系统　　D．实时控制

（3）计算机技术中，下列度量存储容量的单位中，最大的单位是（　　）。

A．KB　　B．MB　　C．Byte　　D．GB

（4）一个汉字的国标码需用 2 字节存储，其每个字节的最高二进制位的值分别为（　　）。

A．0，0　　B．1，0　　C．0，1　　D．1，1

（5）若网络的各个结点均连接到同一条通信线路上，且线路两端有防止信号反射的装置，这种拓扑结构称为（　　）。

A．树形拓扑　　B．总线型拓扑　　C．星形拓扑　　D．环形拓扑

（6）控制器的功能是（　　）。

A．指挥、协调计算机各相关硬件工作

B．指挥、协调计算机各相关软件工作

C．指挥、协调计算机各相关硬件和软件工作

D．控制数据的输入和输出

（7）用来存储当前正在运行的应用程序及相应数据的存储器是（　　）。

A．CD-ROM　　B．内存　　C．U 盘　　D．硬盘

（8）以下名称是手机中的常用软件，属于系统软件的是（　　）。

A．手机 QQ　　B．Android　　C．Skype　　D．微信

（9）一台计算机性能的好坏，主要取决于（　　）。

A．内存的容量大小　　B．CPU 的性能

C．显示器的分辨率高低　　D．硬盘的容量

（10）在下列设备中，不能作为计算机输出设备的是（　　）。

A．打印机　　B．显示器　　C．鼠标　　D．绘图仪

（11）下列软件中，属于应用软件的是（　　）。

A．操作系统　　B．数据库管理系统

C．程序设计语言处理系统　　D．管理信息系统

（12）下列关于硬盘的叙述中，错误的是（　　）。

A．硬盘中的数据断电后不会丢失

B．每台计算机主机有且只能有一块硬盘

C．硬盘可以进行格式化处理

D．CPU 不能够直接访问硬盘中的数据

（13）把硬盘上的数据传送到计算机内存中去的操作称为（　　）。

A．读盘　　B．写盘　　C．输出　　D．存盘

（14）计算机病毒破坏的主要对象是（　　）。

A．U 盘　　B．磁盘驱动器　　C．CPU　　D．程序和数据

（15）把用高级语言编写的程序转换成等价的可执行程序，必须经过（　　）。

A．汇编和解释　B．编辑和链接　C．编译和链接　D．解释和编译

（16）计算机的字长是 4 个字节，这意味着（　　）。

A．能处理的字符串最多由 4 个字符组成

B．能处理的最大数值为 4 位十进制数 9999

C．在 CPU 中作为一个整体加以传送处理的为 32 位二进制代码

D．在 CPU 中运算的最大结果为 2 的 32 次方

（17）计算机主要技术指标通常是指（　　）。

A．所配备的系统软件的版本

B．显示器的分辨率和打印机的配置

C．硬盘容量的大小

D．CPU 的时钟频率、运算速度、字长和存储容量

（18）操作系统的作用是（　　）。

A．管理计算机硬件系统　　B．管理计算机系统的所有资源

C．管理计算机软件系统　　D．用户操作规范

（19）下列叙述中，错误的是（　　）。

A．内存储器一般由 ROM 和 RAM 组成

B．存储在 ROM 中的数据断电后不会丢失

C．CPU 不能访问内存储器

D．RAM 中存储的数据一旦断电就全部丢失

（20）在下列网络的传输介质中，抗干扰能力最强的一个是（　　）。

A．光缆　B．同轴电缆　C．双绞线　D．电话线

2．基本操作题

（1）将考生文件夹下“MUNLO”文件夹中的“KUB.docx”文件删除。

（2）在考生文件夹下“LOICE”文件夹中新建一个名为“WENHUA”的文件夹。

（3）将考生文件夹下“JIE”文件夹中的“BMP.BAS”文件设置成只读属性。

（4）将考生文件夹下“MICRO”文件夹中的“GUIST.WPS”文件移动到考生文件夹下“MING”文件夹中。

（5）将考生文件夹下“HYR”文件夹中的“MOUNT.pptx”文件在同一文件夹下再复制一份，并将新复制的文件改名为“BASE.pptx”。

3．WPS 文字题

请用 WPS Office 打开考生文件夹下的“wps.docx”文件，按照要求完成下列操作并保存。

（1）将标题段“模型变量构建”的文本效果设置为艺术字“填充-钢蓝，着色 1，阴影”，阴影效果为“内部右上角”；将标题段文字设置为二号、微软雅黑、加粗、居中，文字间距加宽 2.2 磅。

（2）将正文各段文字“基于图 3.1……如表 3.1 所示：”设置为小四号、宋体，段落格式设置为 1.26 倍行距，段前间距 0.3 行，首行缩进 2 字符；为正文第 3、4、5 段“个人认知……进行分析。”添加新定义的项目符号“✈”（Wingdings 字体中）；在第 6 段“综上……如图 3.2 所示：”后插入考生文件夹下的“图 3.2.jpg”图片，设置图片大小缩放为高度 75%、宽度 75%，文字环绕方式为“上下型”。

（3）为文档设置页码，样式为“-1-、-2-、-3-、…”，位置为“底端居右”，起始页码为 5；为文档添加页眉“学位论文”，字号为五号；为页面添加文字水印“传阅”。

（4）将文中最后 12 行文字转换成一个 12 行 4 列的表格；合并第 1 列的第 2 至 6 行、7 至 9 行、10 至 12 行的单元格；第 1 行所有文字设置为华文新魏，内容水平居中；设置表格整体居中，表格中第 1 列、第 4 列内容水平居中；设置表格第 4 列列宽为 2.2 厘米。

（5）设置表格外框线为红色 1.5 磅单实线，内框线为红色 0.75 磅单实线；为表格填充底纹“橙色，着色 4，浅色 80%”。

4．WPS 表格题

请用 WPS Office 打开考生文件夹下的“Book.xlsx”文件，按照要求完成下列操作并保存。

（1）将 A1 单元格中的标题文字“春城商场 9 月份电器产品分类销售情况表”在 A1:E1 单元格区域内合并居中，将“Sheet1”工作表更名为“产品销售情况表”。

（2）计算各种产品的销售额（销售额=单价*销售数量，单元格格式数字分类为货币，货币符号为¥，小数点位数为 2），在 D25 单元格中计算“销售额（万元）”列的总计（单元格格式数字分类为货币，货币符号为¥，小数点位数为 2）。

（3）使用 RANK 函数依据“销售额（万元）”数量计算“销售额排名”（总计行除外），按主要关键字“销售额排名”对表格（总计行除外）进行升序排序。

（4）选取“产品名称”列（A2:A24）和“销售额（万元）”列（D2:D24）的单元格内容（总计行除外），建立“簇状柱形图”，X 轴为产品名称，标题为“产品销售情况图”，不显示图例，网格线分类（X）轴和数值（Y）轴显示主要网格线，移动并适当调整图表大小将其放置在 A26:H40 单元格区域内。

5．WPS 演示题

请用 WPS Office 打开考生文件夹下的“ys.pptx”文件，按照要求完成下列操作并保存。

（1）将第 1 张幻灯片中的主标题设置为“古诗词欣赏”，字体设置为华文隶书、60 磅、深红色；副标题设置为“李白篇”，字体设置为幼圆、36 磅、加粗。

（2）将第 2 张幻灯片第 2 段文本中的“黄鹤楼送孟浩然之广陵”与第 3 张幻灯片建立超链接，“早发白帝城”与第 4 张幻灯片建立超链接。

（3）在第 3 张幻灯片中插入考生文件夹下的“黄鹤楼送孟浩然之广陵.jpg”图片，设置图片大小的缩放比例为 45%，水平位置为 1.5 厘米，相对于左上角，垂直位置为

1.5 厘米，相对于左上角；将图片的动画效果设置为“进入”/“轮子”。

（4）在第 4 张幻灯片右侧的图片占位符中插入“早发白帝城.png”图片，设置图片效果为“发光”/“钢蓝，5 pt 发光，着色 5”。

（5）将全部幻灯片背景设置为“方格布”填充，透明度为 70%。

（6）将所有幻灯片的切换方式设置为“棋盘”、效果为“纵向”、换片方式为单击鼠标时。

6．上网题

（1）某模拟网站的主页地址为“HTTP://LOCALHOST:65531/ExamWeb/Index.htm”，打开此主页，浏览“中国卫星”页面，查找“导航卫星”的页面内容，并将它以文本文件的格式保存到考生文件夹下，命名为“dhwx.txt”。

（2）向课题组成员小赵和小李分别发一封 E-mail，主题为“紧急通知”，具体内容为“本周二下午一点，在学院会议室进行课题讨论，请勿迟到缺席！”，发送地址分别为“zhaoguoli@cuc.edu.cn”和“lijianguo@cuc.edu.cn”。

精编模拟试卷（六）

1．选择题

（1）计算机按照处理数据的类型可以分为（　　）。

A．巨型机、大型机、微型机、工作站、服务器

B．286 机、386 机、486 机、Pentium 机

C．专用计算机、通用计算机

D．数字计算机、模拟计算机、混合计算机

（2）下列文件格式中，（　　）是视频文件的扩展名。

A．.avi　　B．.bmp　　C．.wav　　D．.mid

（3）计算机中信息存储的基本单位是（　　）。

A．十进制数　　B．字节　　C．二进制数　　D．字

（4）编译程序将高级语言程序翻译成与之等价的机器语言程序，该机器语言程序称为（　　）。

A．工作程序　　B．机器程序　　C．临时程序　　D．目标程序

（5）CPU 的指令系统又称为（　　）。

A．机器语言　　B．符号语言　　C．汇编语言　　D．程序设计语言

（6）下列选项中，不属于显示器主要技术指标的是（　　）。

A．像素的点距　　B．显示器的尺寸

C．分辨率　　D．重量

（7）Cache 的中文译名是（　　）。

A．高速缓冲存储器　　B．可编程只读存储器

C．只读存储器　　D．缓冲器

（8）通常网络用户使用的电子邮箱建在（　　）。

A．ISP 的邮件服务器上　　B．发件人的计算机上

C．收件人的计算机上　　D．用户的计算机上

（9）在标准 ASCII 码表中，已知英文字母 K 的十六进制码值是 4B，则二进制 ASCII 码 1001000 对应的字符是（　　）。

A. J　　B. D　　C. I　　D. H

（10）下列有关信息和数据的说法中，错误的是（　　）。

A．数据是信息的载体

B．数值、文字、语言、图形等都是不同形式的数据

C．数据处理之后产生的结果为信息，信息有意义，数据没有意义

D．数据具有针对性、时效性

（11）下列不属于计算机主要性能指标的是（　　）。

A．字长　　B．存储容量

C．软件数量　　D．时钟主频

（12）早期的计算机语言中，所有的指令、数据都用一串二进制数 0 和 1 表示，这种语言称为（　　）。

A．机器语言　　B．汇编语言

C．Visual Basic 语言　　D．Java 语言

（13）下列选项中，既可作为输入设备又可作为输出设备的是（　　）。

A．扫描仪　　B．绘图仪

C．鼠标　　D．磁盘驱动器

（14）组成微型机主机的主要部件是（　　）。

A．CPU、内存和硬盘　　B．CPU、内存、显示器和键盘

C．CPU 和内存　　D．CPU、内存、硬盘、显示器和键盘套

（15）当计算机病毒发作时，主要造成的破坏是（　　）。

A．对 CPU 的损坏

B．对磁盘驱动器的损坏

C．对磁盘片的物理损坏

D．对存储在硬盘上的程序、数据甚至系统的破坏

（16）下列叙述中，正确的是（　　）。

A．用高级语言编写的程序可移植性好

B．用高级语言编写的程序可读性最差

C．用机器语言编写的程序执行效率最低

D．用高级语言编写的程序运行效率最高

（17）随机存储器（RAM）的最大特点是（　　）。

A．存储在其中的信息可以永久保存

B．在计算机中，只是用来存储数据的

C．存储量极大，属于海量存储器

D．一旦断电，存储在其上的信息将全部消失，且无法恢复

（18）用 MIPS 衡量的计算机性能指标是（　　）。

A．运算速度　　B．存储容量　　C．可靠性　　D．处理能力

（19）下列设备组中，完全属于外部设备的一组是（　　）。

A．激光打印机、移动硬盘、鼠标

B．CPU、键盘、显示器

C．SRAM 内存条、CD-ROM 驱动器、扫描仪

D．U 盘、内存储器、硬盘

（20）下列关于 CPU 的叙述中，正确的是（　　）。

A．CPU 能直接与内存储器交换数据

B．CPU 能直接读取硬盘上的数据

C．CPU 主要用来执行算术运算

D．CPU 的主要组成部分是存储器和控制器

2．基本操作题

（1）在考生文件夹下“INSIDE”文件夹中新建一个名为“PENG”的文件夹，并设置成隐藏属性。

（2）将考生文件夹下“JIN”文件夹中的“SUN.C”文件复制到考生文件夹下“MQPA”文件夹中。

（3）将考生文件夹下“HOWA”文件夹中的“GNAEL.DBF”文件删除。

（4）为考生文件夹下“HEIBEI”文件夹中的“QUAN.FOR”文件建立一个名为“QUAN”的快捷方式，并存放在考生文件夹下。

（5）将考生文件夹下“QUTAM”文件夹中的“MAN.DBF”文件移动到考生文件夹下“ABC”文件夹中，并命名为“MAN2.DBF”。

3．WPS 文字题

请用 WPS Office 打开考生文件夹下的“wps.docx”文件，按照要求完成下列操作并保存。

（1）将文中所有错词“中朝”替换为“中超”；设置页面纸张大小为 16 开，页面左、右边距均为 30 毫米；为页面添加 1 磅、深红色、方框型边框；在页面顶部居中位置插入页眉，并输入页眉内容“体育新闻”。

（2）将标题段文字“中超第 27 轮前瞻”设置为小二号、蓝色、黑体、加粗、居中对齐，并添加浅绿色底纹；设置标题段段前、段后间距均为 0.5 行。

（3）设置正文各段落“北京时间……目标。”文本之前和文本之后各缩进 1 字符，

段前间距 0.5 行；设置正文第 1 段“北京时间……产生。”首字下沉 2 行，距正文 5 毫米，正文第 2 段和第 3 段“6 日下午……目标。”首行缩进 2 字符；将正文第 3 段“5 日下午……目标。”分为等宽两栏，并添加栏间分隔线。

（4）将文中最后 8 行文字转换成一个 8 行 6 列的表格，设置表格第 1、第 3 至 6 列列宽为 15 毫米，第 2 列列宽为 30 毫米，所有行高均为固定值 7 毫米；设置表格整体居中，表格中所有文字水平、垂直均居中对齐。

（5）设置表格外框线为 0.75 磅红色双实线，内框线为 0.5 磅红色单实线；为表格第 1 行添加“白色，背景 1，深色 25%”底纹；在表格第 4、5 行之间插入一行，并输入各列内容分别为“4”“贵州人和”“10”“11”“5”“41”。

4. WPS 表格题

请用 WPS Office 打开考生文件夹下的“Book.xlsx”文件，按照要求完成下列操作并保存。

某商贸公司 2021 年 9 月份的销售明细数据已录入到“销售数据”工作表中，现需要对 9 月份销售数据进行处理和分析，请按要求实现相应操作。

（1）计算“销售数据”表中的“销售金额”。

（2）对“销售数据”表进行格式调整：

① 将“销售金额”列的数值格式设置为保留 2 位小数；

② 将 A 列“销售日期”的格式设置为“3 月 7 日”类型；

③ 将数据区域（A2:H191）的字体设置为仿宋、16 磅；

④ 将 A:H 列的列宽设置为“最适合的列宽”；

⑤ 为数据区域（A2:H191）设置边框线，其外框线为双实线，内框线为单实线；

⑥ 将标题行“销售日期、销售人员……销售金额”设置为加粗，水平居中对齐；

⑦ 将 A1 单元格中的表格名称“2021 年 9 月份销售明细表”居于表格中央，并设置为楷体、20 磅；

⑧ 将第 1 行的行高设置为“最适合的行高”。

（3）将“销售数量”在 100 以上（含 100）的所有数值显示为“蓝色，粗体”。

（4）为了更好地打印输出，请根据以下要求进行设置：

① 设置“页面”，将其调整为“将所有列打印在一页”；

② 每一页都需要打印“顶端标题行”为表格名称和标题行内容。

（5）利用数据透视表统计“各部门、不同商品的销售数量总计值”，且将数据透视表放置在名称为“透视表”的工作表中。注：数据透视表的局部效果参照考生文件夹下的“样张.jpg”图片。

5. WPS 演示题

请用 WPS Office 打开考生文件夹下的“ys.pptx”文件，按照要求完成下列操作并保存。

（1）将第 1 张幻灯片的版式改为“两栏内容”，文本设置为 23 磅，将第 4 张幻灯片的上方图片移到第 1 张幻灯片的内容区域。

（2）在第 1 张幻灯片前插入 1 张新幻灯片，幻灯片版式为“标题幻灯片”，主标题区域输入“‘红旗-7’防空导弹”，副标题区域输入“防范对奥运会的干扰和破坏”，主、副标题均居中对齐。

（3）将第 3 张幻灯片版式改为“竖版”，文本动画设置为“进入”/“盒状”；将第 4 张幻灯片版式改为“两栏内容”，并将第 5 张幻灯片的图片移到第 4 张幻灯片右侧内容区；为第 2 张幻灯片的文本“红旗-7”设置超链接，链接到本文档的第 4 张幻灯片；删除第 5 张幻灯片。

6．上网题

（1）某模拟网站的主页地址为“HTTP://LOCALHOST:65531/ExamWeb/Index.htm”，打开此主页，找到汽车品牌“奥迪”的介绍，在考生文件夹下新建文本文件“奥迪.txt”，并将网页中关于奥迪汽车的介绍内容复制到文件“奥迪.txt”中并保存。

（2）接收来自班主任的邮件，主题为“关于期末考试的通知”，转发给同学彬彬，她的 E-mail 地址为“binbin8802-11@163.com”。

精编模拟试卷（七）

1．选择题

（1）在计算机的硬件技术中，构成存储器的最小单位是（　　）。

A．二进制位（bit）　　B．双字（Double Word）
C．字（Word）　　D．字节（Byte）

（2）将发送端数字脉冲信号转换成模拟信号的过程称为（　　）。

A．链路传输　　B．调制　　C．解调　　D．数字信道传输

（3）在 ASCII 码表中，根据码值由大到小的排列顺序是（　　）。

A．小写英文字母、大写英文字母、数字符、空格字符
B．数字符、空格字符、大写英文字母、小写英文字母
C．大写英文字母、小写英文字母、数字符、空格字符
D．数字符、大写英文字母、小写英文字母、空格字符

（4）用 C 语言编写的程序被称为（　　）。

A．可执行程序　　B．源程序　　C．目标程序　　D．编译程序

（5）以“.txt”为扩展名的文件通常是（　　）。

A．文本文件　　B．图像文件　　C．视频文件　　D．音频文件

（6）下列软件中，属于系统软件的是（　　）。

A．学籍管理系统　　B．C++编译程序
C．Excel 2003　　D．财务管理系统

（7）假设某台式计算机的内存储器容量为 256 MB，硬盘容量为 40 GB。硬盘的容量是内存容量的（　　）。

A．200 倍　　B．100 倍　　C．120 倍　　D．160 倍

（8）下列说法正确的是（　　）。

A．线程是多个进程的执行过程　　B．进程是一段程序

C．进程是一段程序的执行过程　　D．线程是一段子程序

（9）下列关于指令系统的描述，正确的是（　　）。

A．指令由操作码和控制码两部分组成

B．指令的操作数部分可能是操作数据，也可能是操作数据的内存单元地址

C．指令的操作数部分是不可缺少的

D．指令的操作码部分描述了完成指令所需要的操作数类型

（10）从网上下载软件时，使用的网络服务类型是（　　）。

A．电子邮件　　B．文件传输　　C．远程登录　　D．信息浏览

（11）编译程序属于（　　）。

A．系统软件　　B．操作系统

C．数据库管理软件　　D．应用软件

（12）计算机病毒（　　）。

A．会导致部分计算机操作人员感染致病

B．会导致部分计算机操作人员感染病毒，但不会致病

C．不会对计算机操作人员造成身体损害

D．会导致所有计算机操作人员感染致病

（13）下列度量单位中，用来度量计算机网络数据传输速率（比特率）的是（　　）。

A．MB/s　　B．GHz　　C．Mbps　　D．MIPS

（14）存储 1 024 个 24×24 点阵的汉字字形码需要的字节数是（　　）。

A．7 000 B　　B．720 B　　C．72 KB　　D．7 200 B

（15）下列软件中，不是操作系统的是（　　）。

A．MS Office　　B．Mac OS　　C．Linux　　D．UNIX

（16）下列叙述中，正确的是（　　）。

A．C++程序设计语言是一种高级程序设计语言

B．用 C++程序设计语言编写的程序可以无须经过编译就能直接在机器上运行

C．汇编语言是一种低级程序设计语言，且执行效率很低

D．机器语言和汇编语言是同一种语言的不同名称

（17）无符号二进制整数 111111 转换成十进制数是（　　）。

A．62　　B．65　　C．63　　D．71

（18）通常打印质量最好的打印机是（　　）。

A．针式打印机　　B．点阵式打印机

C．喷墨式打印机　　D．激光打印机

（19）现代计算机中采用二进制数制是因为二进制数的优点是（ ）。

A．代码表示简短，易读

B．物理上容易实现且简单可靠，运算规则简单，适合逻辑运算

C．容易阅读，不易出错

D．只有 0 和 1 两个符号，容易书写

（20）目前广泛使用的 Internet，其前身可追溯到（ ）。

A．DECnet　　B．NOVELL　　C．ARPANET　　D．CHINANET

2．基本操作题

（1）在考生文件夹下新建一个名为“Sss”的文件夹。

（2）将考生文件夹下“Stu”文件夹中的“xx.wri”文件同名复制到考生文件夹下。

（3）将考生文件夹下“ab.dat”文件重新命名为“ppg.dat”。

（4）将考生文件夹下“sxy.txt”文件设置成只读和隐藏属性。

（5）将考生文件夹下“Num”文件夹中的“qwer.txt”文件移动到考生文件夹中。

3．WPS 文字题

请用 WPS Office 打开考生文件夹下的“wps.docx”文件，按照要求完成下列操作并保存。

程序员节快到了，公司为程序员准备了丰富的活动，现需拟一则通知，请协助行政专员丽丽制作活动通知。

（1）将文中所有的错词“程序源”替换为“程序员”。

（2）设置文档的页面布局：

① 纸张方向为横向，纸张大小为 A4，设置页边距上、下为 2.5 厘米，左、右为 3 厘米；

② 设置页面背景颜色为“白色，背景 1，深色 5%”。

（3）分别为文档中的标题和正文进行以下格式设置：

① 为标题内容“活动通知：1024 金山程序员节”添加“文字效果”中的“填充-黑色，文本 1，阴影”艺术字效果；设置字体为微软雅黑，字号小一，加粗，字符间距加宽 0.05 厘米，居中对齐，段前间距 0 磅，段后间距 10 磅；

② 为正文第 2 至 4 段落添加自定义项目符号“«”（字体为 Arial）；

③ 设置正文第 1 至 15 段落：中文字体为黑体，西文字体为 Arial，字号为五号，1.5 倍行距，首行缩进 2 字符；

④ 设置正文第 14 至 15 段落（落款与日期）对齐方式为右对齐。

（4）将正文第 6 至 11 段落转化为一个 6 行 3 列的表格，并进行以下设置：

① 设置表格尺寸为指定宽度 60%，整体表格左对齐，左缩进 1 厘米；行高为固定值，指定高度 0.8 厘米；

② 将第 1 行的 3 个单元格，第 3 列第 3、4 行和 5、6 行单元格分别合并单元格，水平居中对齐；

③ 为表格套用中色系样式“中度样式 2”。

（5）为文档添加页眉和页脚：

① 插入内容为“用户第一/坚持创新/诚信正直/乐观坚韧”的页脚，居中对齐；

② 添加一条单实线的页眉横线，输入内容“金山办公”，居中对齐。

（6）插入考生文件夹下的“金小獴.png”图片并调整图片：

① 设置环绕方式为“浮于文字上方”，取消图片的“锁定纵横比”设置，将图片大小设置为高度 5 厘米、宽度 5 厘米，将图片裁剪为椭圆，移至文档右侧空白处；

② 在图片下方插入一个文本框，输入“节日快乐”，设置为无形状填充与边框。

4．WPS 表格题

请用 WPS Office 打开考生文件夹下的“Book.xlsx”文件，按照要求完成下列操作并保存。

（1）将“班级课程成绩”工作表的 A1:J1 单元格合并为一个单元格，文字居中对齐；利用填充柄将“学号”列填充完整；利用公式或函数计算“平均成绩”列的内容，保留 2 位小数；设置 A1:J40 区域，使其显示“所有框线”，且单元格内容水平居中。

（2）利用“学号”列和“平均成绩”列的内容建立“面积图”，“学号”列作为横坐标，图表无标题，图例在顶部，设置“面积图”的线条为 1 磅宽的实线、颜色为“矢车菊蓝，着色 1，深色 25%”，设置“面积图”的填充颜色为“巧克力黄，着色 2，浅色 40%”；将图表移到当前工作表的 A42:K60 单元格区域内。

（3）选择“班级课程学分”工作表，利用填充柄将表中的“学号”列填充完整；利用公式或函数计算每个学生每门课程“学分”列的内容，条件是该门课程的成绩大于或等于 60 分才可以得到相应的学分，否则学分为 0（每门课程的学分请参考“课程对应学分”工作表）。

（4）计算“班级课程学分”工作表“总学分”列的内容；利用函数计算“学期评价”列的内容，条件是：总学分大于或等于 14 分的学生评价是“合格”，总学分小于 14 分的学生评价是“不合格”。

5．WPS 演示题

请用 WPS Office 打开考生文件夹下的“ys.pptx”文件，按照要求完成下列操作并保存。

（1）为整个演示文稿应用一种适当的设计模板。

（2）将第 1 张幻灯片中的主标题设置为“湖北省博物馆”，字体设置为隶书、60 磅、加粗、蓝色；副标题设置为“越王勾践剑”，字体设置为华文行楷、32 磅、蓝色，文本右对齐。将第 1 张幻灯片中所有标题文本的动画效果设置为“进入”/“轮子”。

（3）在第 2 张幻灯片的右侧插入考生文件夹下的“越王勾践剑.png”图片，设置图片大小的缩放比例为 50%，设置图片效果为“柔化边缘”/“2.5 磅”。设置图片的动画效果为“进入”/“飞入”。

（4）将第 2 张幻灯片中的文本“越王勾践剑特展”与第 3 张幻灯片建立超链接。

（5）设置所有幻灯片的切换方式为“线条”、效果为“水平”、换片方式为单击鼠标时。设置幻灯片放映类型为“演讲者放映（全屏幕）”，放映方式为“循环放映，按 ESC 键终止”，放映内容为全部幻灯片。

6．上网题

（1）某模拟网站的主页地址为“HTTP://LOCALHOST:65531/ExamWeb/Index.htm”，打开此主页，浏览对各个汽车品牌的介绍，找到查看更多汽车品牌介绍的链接，在考生文件夹下新建文本文件“search_address.txt”，复制链接地址到“search_address.txt”文件中并保存。

（2）给同学孙冉发邮件，E-mail 地址为“sunshine9960@gmail.com”，主题为“鲁迅的文章”，正文为“孙冉，你好！你要的两篇鲁迅作品在邮件附件中，请查收。”，将考生文件夹下的“Luxun1.txt”和“luxun2.txt”文件添加到邮件附件中，发送邮件。

精编模拟试卷（八）

1．选择题

（1）标准的 ASCII 码用 7 位二进制位表示，可表示不同的编码个数是（　　）。

A．128　　B．255　　C．127　　D．256

（2）下列软件中，属于应用软件的是（　　）。

A．PowerPoint 2003　　B．Windows XP

C．UNIX　　D．Linux

（3）KB（千字节）是度量存储器容量大小的常用单位之一，1 KB 等于（　　）。

A．1 000 个二进位　　B．1 024 个字

C．1 024 个字节　　D．1 000 个字节

（4）下列不属于计算机特点的是（　　）。

A．处理速度快、存储量大　　B．具有逻辑推理和判断能力

C．不可靠、故障率高　　D．存储程序控制，工作自动化

（5）通常所说的宏病毒感染的文件类型是（　　）。

A．.txt　　B．.exe　　C．.com　　D．.doc

（6）若要将计算机与局域网连接，至少需要具有的硬件是（　　）。

A．集线器　　B．网关　　C．网卡　　D．路由器

（7）下列设备组中，完全属于输入设备的一组是（　　）。

A．打印机、硬盘、条码阅读器　　B．投影仪、键盘、鼠标

C．键盘、鼠标、触摸屏　　D．CD-ROM 驱动器、键盘、显示器

（8）在计算机中，组成一个字节的二进制位位数是（　　）。

A．1　　B．2　　C．4　　D．8

（9）下列关于电子邮件的叙述中，正确的是（　　）。

A．如果收件人的计算机没有打开，发件人发来的电子邮件将退回

B．如果收件人的计算机没有打开，发件人发来的电子邮件将丢失

C．发件人发来的电子邮件保存在收件人的电子邮箱中，收件人可随时接收

D．如果收件人的计算机没有打开，发件人发送的电子邮件保存在发件人的电子邮箱中，当收件人的计算机打开时再重发

（10）下列选项中，正确的 IP 地址是（　　）。

A．202.112.111.1　　B．202.2.2.2.2

C．202.202.1　　D．202.257.14.13

（11）在标准 ASCII 码表中，已知英文字母 A 的十进制码值是 65，英文字母 a 的十进制码值是（　　）。

A．96　　B．97　　C．95　　D．91

（12）在所列出的“① 字处理软件，② Linux，③ UNIX，④ 学籍管理系统，⑤ Windows 7，⑥ Office 2010”这 6 个软件中，属于系统软件的有（　　）。

A．①，②，③　　B．②，③，⑤

C．①，②，③，⑤　　D．全部都不是

（13）设任意一个十进制整数为 D，转换成二进制数为 B。根据数制的概念，下列叙述中正确的是（　　）。

A．数字 B 的位数≤数字 D 的位数

B．数字 B 的位数>数字 D 的位数

C．数字 B 的位数≥数字 D 的位数

D．数字 B 的位数<数字 D 的位数

（14）下列各存储器中，存取速度最快的一种是（　　）。

A．U 盘　　B．内存储器　　C．光盘　　D．固定硬盘

（15）下列关于计算机病毒的叙述中，正确的是（　　）。

A．反病毒软件可以查杀任何种类的病毒

B．计算机病毒是一种被破坏了的程序

C．反病毒软件必须随着新病毒的出现而升级，提高查、杀病毒的功能

D．感染过计算机病毒的计算机具有对该病毒的免疫性

（16）第二代电子计算机所采用的电子元件是（　　）。

A．继电器　　B．晶体管　　C．电子管　　D．集成电路

（17）在操作系统的分类中，UNIX 操作系统是（　　）。

A．批处理操作系统　　B．实时操作系统

C．分时操作系统　　D．单用户操作系统

（18）计算机硬件能直接识别、执行的语言是（　　）。

A．汇编语言　　B．机器语言　　C．高级语言　　D．C++语言

（19）JPEG 是一个用于数字信号压缩的国际标准，其压缩对象是（　　）。

A．音频文件　　B．文本　　C．静态图像　　D．视频文件

（20）计算机网络中，若所有的计算机都连接到一个中心结点上，当一个网络结点需要传输数据时，首先传输到中心结点上，然后由中心结点转发到目的结点，这种连接结构称为（ ）。

A．总线结构 B．星形结构 C．网状结构 D．环形结构

2．基本操作题

（1）将考生文件夹下“PASTE”文件夹中的“FLOPY.BAS”文件复制到考生文件夹下“JUSTY”文件夹中。

（2）将考生文件夹下“PARM”文件夹中的“HOLIER.docx”文件设置成只读属性。

（3）在考生文件夹下“HUN”文件夹中新建一个名为“CALCUT”的文件夹。

（4）将考生文件夹下“SMITH”文件夹中的“COUNTING.WRI”文件移动到考生文件夹下“OFFICE”文件夹中，并改名为“IDEND.WRI”。

（5）将考生文件夹下“SUPPER”文件夹中的“WORD5.pptx”文件删除。

3．WPS 文字题

请用 WPS Office 打开考生文件夹下的“wps.docx”文件，按照要求完成下列操作并保存。

李丽正在编辑“敦煌”的相关内容，文档由标题“敦煌莫高窟”和正文两部分组成。现在还有一些格式上的问题需要调整，请按要求帮她完成相应操作。

（1）对文章标题“敦煌莫高窟”进行以下设置：

① 字体为隶书、小二号、加粗，且居中显示；

② 段前、段后间距均为 0.5 行。

（2）对正文（文章标题以外的文本）进行以下格式设置：

① 字体为仿宋、小四号；

② 段落首行缩进 2 字符，且设置为 1.5 倍行距。

（3）将正文中所有的“敦煌”一词加粗显示，且将其字体颜色设置为标准红色（不包含文章标题中的“敦煌”）。

（4）为文中蓝色、加粗显示的文本行即“历史价值”“艺术价值”“科技价值”设置底纹“白色，背景 1，深色 15%”。

（5）对文档页面进行以下设置：

① 上、下页边距为 2.8 厘米，左、右页边距为 3 厘米；

② 页面边框为“宽度 2.25 磅，颜色为标准绿色”的实线。

（6）以“图片水印”作为页面的背景，“图片水印”所使用的图片为考生文件夹下的“285 窟.jpg”且缩放 200%，其余参数取默认值。

（7）在底端居右位置插入页码，且页码样式为“第 1 页”。

4．WPS 表格题

请用 WPS Office 打开考生文件夹下的“Book.xlsx”文件，按照要求完成下列操作并

保存。

小鸣最近家里正在装修，为了更好地预计和分配费用，小鸣制作了一份装修预算表，请你协助他完成相关表格的整理。

（1）在“Sheet1”工作表中完成以下表格设置和数据填充：

① 将“Sheet1”工作表重命名为“装修预算表”；

② 将 A1:H1 合并单元格并居中，行高设置为 30 磅；将 B 列、C 列和 J 列设置为“最适合列宽”。

（2）在“装修预算表”工作表中完成以下公式和函数计算：

① 在单元格区域 H3:H32，计算“总计”列[总计=数量*(材料+人工)]，并设置单元格格式为人民币货币，保留 2 位小数；

② 在单元格区域 K3:K9，使用 SUMIF 函数计算各个装修类型的费用；

③ 在单元格区域 L3:L9，使用 IF/IFS 函数对各个装修类型的费用进行评估（费用<5000 为"便宜",5000<=费用<10000 为"中等",费用>=10000 为"贵"）。

（3）在“装修预算表”工作表中完成以下条件格式设置：

① 将材料费用中（F3:F32）大于 1000 的单元格文本设置为“浅红填充色深红色文本”，小于 100 的单元格文本设置为“巧克力黄，着色 2”；

② 使用条件格式，在 H3:H32 中设置渐变填充“红色数据条”。

（4）在“家具类别汇总”工作表中生成图表：

① 选择 A2:B5 单元格区域生成簇状条形图置于 A7:G20 单元格区域内；

② 图表标题改为“家具类别汇总”，表格样式为“样式 7”，将数据标签设置为“数据标签内”。

（5）在“家具清单”工作表中完成以下排序和数据汇总表设置：

① 对数据区域进行排序，主要关键字为“类别”，升序排序；次要关键字为“总计（元）”，降序排序；

② 在 A 列前插入一列，在 A1 单元格输入“序号”，在 A2:A31 单元格区域填充序号“A01、A02、A03……A30”；

③ 使用 A1:G31 生成分类汇总表，分类字段为类别，汇总方式为求和，选定汇总项为“总计（元）”，汇总结果显示在数据下方。

（6）对“家具清单”工作表进行打印页面设置：

① 将 A1:G35 区域设置为打印区域；

② 将页边距设置为预设“窄”的页边距，设置表格在打印页面中水平和垂直均居中。

5．WPS 演示题

请用 WPS Office 打开考生文件夹下的“ys.pptx”文件，按照要求完成下列操作并保存。

（1）按以下要求，对演示文稿的“幻灯片母版”进行调整：

① 将“标题幻灯片”版式的“副标题”文本格式设置为微软雅黑、36 磅；

② 对于“标题幻灯片”版式以外的其他版式，将“标题样式”的格式设置为隶书、

48 磅，“文本样式”的格式设置为楷体、20 磅。

（2）第 2 张幻灯片使用了智能图形“垂直框列表”，但需要进行以下调整：

① 在“锁定纵横比”的情况下，图形的大小缩放为 60%；

② 图形相对于“左上角”，水平位置为 7.5 厘米，垂直位置为 5 厘米。

（3）将第 3 张幻灯片的版式改为“图片与标题”，且在左侧图片区域插入考生文件夹下的“植物园.jpg”图片。

（4）第 5 至 9 张幻灯片是对“专类花园”的介绍，但第 6 张幻灯片的排版与其他 4 张幻灯片不一致，请对它使用“比较”版式，并参照其他 4 张幻灯片格式进行调整。

（5）对第 4 张幻灯片中的表格进行以下操作：

① 应用表格样式“中度样式 4”；

② 表格内容设置为楷体、20 磅、居中对齐；

③ 进入动画设置为“飞入”，且飞入方向为“自右下部”，速度为“中速”。

（6）将所有幻灯片的切换方式设置为“抽出”，播放速度为 1 秒。

6．上网题

（1）某模拟网站的主页地址为“HTTP://LOCALHOST:65531/ExamWeb/Index.htm”，打开此主页，浏览“天文小知识”页面，查找“海王星”的页面内容，并将它以文本文件的格式保存到考生文件夹下，命名为“haiwangxing.txt”。

（2）给好友张龙发送一封主题为“购书清单”的邮件，邮件内容为“附件中为购书清单，请查收。”，同时把考生文件夹下的“购书清单.docx”文件作为附件一起发送给对方，张龙的 E-mail 地址为“zhanglong@126.com”。

第四部分

精选历年真题试卷参考答案及解析

精选历年真题试卷（一）参考答案及解析

1．选择题

（1）B【解析】内存也称内存储器或主存储器，用于暂时存放 CPU 中的运算数据，以及与硬盘等外部存储器交换的数据。它是外存与 CPU 进行沟通的桥梁，计算机中所有程序的运行都在内存中进行，故本题正确选项为 B。

（2）C【解析】与 ENIAC 相比，EDVAC 的重要改进主要有两方面：一是采用“二进制”进行编码；二是采用“存储程序”思想。

（3）A【解析】控制器是计算机的心脏，由它指挥计算机各个部件自动、协调地工作。

（4）B【解析】IP 地址是互联网上每台主机在全世界范围内的唯一标识符。

（5）B【解析】已知英文字母 K 的十六进制码值是 4B，将二进制 1001000 转换成十六进制为 48，对应的字符从 K 倒推 3（4B−48）个字母，所以答案为 K 前面的第 3 个字母即 H。

（6）D【解析】无线 AP 一般指无线接入点，是一个无线网络的接入点，俗称“热点”。内置无线网卡的笔记本电脑、部分具有上网功能的手机、部分具有上网功能的平板电脑，都可以利用无线 AP 接入因特网。

（7）C【解析】U 盘通过计算机的 USB 接口即插即用，使用方便。

（8）A【解析】主机包括 CPU 和内存，而硬盘属于外存。

（9）B【解析】输入设备（Input Devices）和输出设备（Output Devices）是计算机硬件系统的组成部分，因此 I/O 是指输入/输出设备。

（10）D【解析】若网络的各个结点通过中继器连接成一个闭合环路，则称这种拓扑结构为环形拓扑。

（11）D【解析】电子邮件地址的格式是固定的：<用户标识>@<主机域名>。地址中间不能有空格或逗号。选项 A 中有空格，所以不正确。

（12）C【解析】十进制整数转换成二进制数的方法是“除 2 取余”法，即将十进制整数除以 2 得一商数和一余数，再将商数除以 2，这样不断地用所得到的商数去除以 2，直到商数为 0 为止。每次所得余数倒序排列即为对应的二进制整数。因此，十进制数 60 转换成二进制数为 0111100。

（13）B【解析】局域网硬件中主要包括工作站、网络适配器、传输介质和交换机。

（14）C【解析】选项 A，DRAM 集成度比 SRAM 高；选项 B，DRAM 中存储的数据要经常刷新；选项 D，SRAM 的存取速度比 DRAM 快。

（15）B【解析】常用的传输介质有双绞线、同轴电缆、光缆、无线电波等，其中传输速率最快的是光缆。

（16）A【解析】选项 A，教育机构的域名为“.edu”；选项 B，商业组织的域名为

“.com”；选项 C，军事部门的域名为“.mil”；选项 D，政府机关的域名为“.gov”。

（17）A【解析】CPU 只能直接访问存储在内存中的数据。硬盘、CD-ROM、软盘均属于外存储器。

（18）C【解析】DVD 是外接设备，ROM 是只读存储器，故合起来就是只读外部存储器。

（19）B【解析】7 位二进制编码，共有 2^7=128 个不同的编码值。

（20）C【解析】Internet 实现了分布在世界各地的各类网络的互联，其最基础和核心的协议是 TCP/IP。HTTP 是超文本传输协议，HTML 是超文本标识语言，FTP 是文件传输协议。

2. 基本操作题

视频解析

（1）步骤：打开考生文件夹下的“MICRO”文件夹，选中“SAK.PAS”文件，按“Delete”键，弹出“删除文件”对话框，单击“是”按钮，将文件删除到回收站。

（2）步骤：打开考生文件夹下的“POP\PUT”文件夹，在菜单栏中选择“文件”/“新建”/“文件夹”选项，或右击鼠标，在弹出的快捷菜单中选择“新建”/“文件夹”选项，即可生成新的文件夹，此时文件夹的名字处呈现蓝色可编辑状态，编辑名称为题目指定的名称“HUM”。

（3）步骤：打开考生文件夹下的“COON\FEW”文件夹，选中“RAD.FOR”文件，在菜单栏中选择“编辑”/“复制”选项，或按“Ctrl+C”快捷键；打开考生文件夹下的“ZUM”文件夹，在菜单栏中选择“编辑”/“粘贴”选项，或按“Ctrl+V”快捷键。

（4）步骤：打开考生文件夹下的“UEM”文件夹，选中“MACRO.NEW”文件，在菜单栏中选择“文件”/“属性”选项，或右击鼠标，在弹出的快捷菜单中选择“属性”选项，即可打开“MACRO.NEW 属性”对话框；在“MACRO.NEW 属性”对话框中勾选“隐藏”和“只读”复选框，单击“确定”按钮。

（5）步骤：打开考生文件夹下的“MEP”文件夹，选中“PGUP.FIP”文件，在菜单栏中选择“编辑”/“剪切”选项，或按“Ctrl+X”快捷键；打开考生文件夹下的“QEEN”文件夹，在菜单栏中选择“编辑”/“粘贴”选项，或按“Ctrl+V”快捷键；选中移动来的文件并按“F2”键，此时文件的名字处呈现蓝色可编辑状态，编辑名称为题目指定的名称“NEPA.FIP”。

3. WPS 文字题

视频解析

（1）步骤 1：打开考生文件夹下的“wps.docx”文件，在“开始”选项卡中单击“查找替换”下拉按钮，在展开的下拉列表中选择“替换”选项，打开“查找和替换”对话框；在“查找内容”编辑框中输入“闭目”，在“替换为”编辑框中输入“闭幕”，单击“全部替换”按钮，在弹出的提示框中单击“确定”按钮，返回“查找和替换”对话框，最后单击“关闭”按钮。

步骤 2：在“页面布局”选项卡中单击“纸张大小”下拉按钮，在展开的下拉列表中选择“其它页面大小”选项，打开“页面设置”对话框；在“纸张”选项卡中，设置“纸张大小”为“A4”；切换到“页边距”选项卡，设置“页边距”组中的“左”“右”均为“35”毫米（或“3.5”厘米），最后单击“确定”按钮。

步骤 3：在“页面布局”选项卡中单击“背景”下拉按钮，在展开的下拉列表中选择“浅绿”选项。

步骤 4：在“插入”选项卡中单击“页眉和页脚”按钮，进入页眉和页脚编辑状态；在页脚处单击，然后单击“插入页码”下拉按钮，在展开的下拉列表中设置“样式”为“I，II，III…”，设置“位置”为“居中”，“应用范围”默认为“整篇文档”，单击“确定”按钮。

步骤 5：单击“重新编号”下拉按钮，在展开的下拉列表中设置“页码编号设为：”为“3”，单击右侧的“☑”按钮，最后单击“页眉和页脚”选项卡中的“关闭”按钮。

（2）步骤 1：选中标题段文字“第十二届全运会闭幕”，在“开始”选项卡中单击“字体”对话框启动器按钮，打开“字体”对话框；在“字体”选项卡中，设置“中文字体”为“黑体”，设置“字号”为“小二”，设置“字体颜色”为“红色”，设置“下划线线型”为“双波浪线”，设置“下划线颜色”为“蓝色”，单击“确定”按钮。

步骤 2：保持标题段文字的选中状态，在“开始”选项卡中单击“段落”对话框启动器按钮，打开“段落”对话框；在“缩进和间距”选项卡的“常规”组中，设置“对齐方式”为“居中对齐”；在“间距”组中，设置“段后”为“0.5”行，单击“确定”按钮。

（3）步骤 1：选中正文各段“新华网……体育项目。”，在“开始”选项卡中单击“段落”对话框启动器按钮，打开“段落”对话框；在“缩进和间距”选项卡的“缩进”组中，设置“文本之前”“文本之后”均为“1”字符；在“间距”组中，设置“段前”为“0.5”行，单击“确定”按钮。

步骤 2：选中正文第 1 段“新华网……渐渐熄灭。”，在“插入”选项卡中单击“首字下沉”按钮，打开“首字下沉”对话框；在“位置”组中选择“下沉”选项，设置“下沉行数”为“2”，设置“距正文”为“2”毫米（或“0.2”厘米），单击“确定”按钮。

步骤 3：选中正文第 2 至 4 段“闭幕式由……体育项目。”，在“开始”选项卡中单击“段落”对话框启动器按钮，打开“段落”对话框；在“缩进和间距”选项卡的“缩进”组中，设置“特殊格式”为“首行缩进”，“度量值”默认为“2”字符，单击“确定”按钮。

步骤 4：选中正文第 4 段“闭幕式仪式……体育项目。”，在“页面布局”选项卡中单击“分栏”下拉按钮，在展开的下拉列表中选择“更多分栏”选项，打开“分栏”对话框；在“预设”组中选择“两栏”选项，默认勾选“栏宽相等”复选框，勾选“分隔线”复选框，最后单击“确定”按钮。

（4）步骤 1：选中文中最后 10 行文字“排名……29”，在“插入”选项卡中单击“表格”下拉按钮，在展开的下拉列表中选择“文本转换成表格”选项，打开“将文字转换成表格”对话框，单击“确定”按钮。

步骤 2：选中表格，右击鼠标，在弹出的快捷菜单中选择“表格属性”选项，打开

“表格属性”对话框；切换到“列”选项卡，默认勾选“指定宽度”复选框，设置“指定宽度”为“20”毫米（或“2”厘米）；切换到“行”选项卡，勾选“指定高度”复选框，设置“指定高度”为“7”毫米（或“0.7”厘米），设置“行高值是”为“固定值”，最后单击“确定”按钮。

步骤 3：保持表格的选中状态，在“开始”选项卡中单击“居中对齐”按钮；在“表格工具”选项卡中单击“对齐方式”下拉按钮，在展开的下拉列表中选择“水平居中”选项。

（5）步骤 1：选中整个表格，右击鼠标，在弹出的快捷菜单中选择“边框和底纹”选项，打开“边框和底纹”对话框；在“边框”选项卡中，选择“设置”组中的“方框”选项，设置“线型”为“双实线”，设置“颜色”为“红色”，设置“宽度”为“1.5 磅”；再选择“设置”组中的“自定义”选项，设置“线型”为“单实线”，设置“颜色”为“红色”，设置“宽度”为“1 磅”，在“预览”组中单击表格中心位置，最后单击“确定”按钮。

步骤 2：选中表格的第 1 行，右击鼠标，在弹出的快捷菜单中选择“边框和底纹”选项，打开“边框和底纹”对话框；切换到“底纹”选项卡，设置“填充”为“橙色”，单击“确定”按钮。

步骤 3：将鼠标指针置于第 2 行第 6 列单元格中，在“表格工具”选项卡中单击“公式”按钮，打开“公式”对话框，在“公式”编辑框中输入公式“=SUM(LEFT)”，单击“确定”按钮；按照同样的操作方法，计算出其他代表团的奖牌总数。

步骤 4：选中最后 1 列中的奖牌数，在“开始”选项卡中设置“字体”为“Arial”。

步骤 5：保存并关闭文档。

4. WPS 表格题

视频解析

（1）步骤 1：打开考生文件夹下的“Book.xlsx”文件，在“Sheet1”工作表中，选中 A1:J1 单元格区域，在“开始”选项卡中单击“合并居中”按钮。

步骤 2：选中 A2:J26 单元格区域，在“开始”选项卡中单击“水平居中”和“垂直居中”按钮。

步骤 3：选中 A:J 列单元格区域，在“开始”选项卡中单击“行和列”下拉按钮，在展开的下拉列表中选择“列宽”选项，打开“列宽”对话框，设置“列宽”为“9”字符，单击“确定”按钮。

（2）步骤 1：在 G3 单元格中输入公式“=SUM(B3:F3)”，并按“Enter”键；选中 G3 单元格，将鼠标指针移到 G3 单元格右下角的填充柄上，待鼠标指针变成小十字形状时，按住鼠标左键向下拖动到 G26 单元格，释放鼠标左键。

步骤 2：在 J3 单元格中输入公式“=G3−H3−I3”，并按“Enter”键；选中 J3 单元格，将鼠标指针移到 J3 单元格右下角的填充柄上，待鼠标指针变成小十字形状时，按住鼠标左键向下拖动到 J26 单元格，释放鼠标左键。

步骤 3：双击“Sheet1”工作表标签进入其编辑状态，然后输入工作表名称“十二月份工资表”，按“Enter”键。

（3）步骤 1：选中 J3:J26 单元格区域，右击鼠标，在弹出的快捷菜单中选择“设置单元格格式”选项，打开“单元格格式”对话框；在“数字”选项卡中，选择“分类”列表框中的“货币”选项，设置“小数位数”为“1”，设置“货币符号”为“¥”，单击“确定”按钮。

步骤 2：选中 A1:J26 单元格区域，右击鼠标，在弹出的快捷菜单中选择“设置单元格格式”选项，打开“单元格格式”对话框；切换到“边框”选项卡，在“样式”列表框中选择“双实线”，单击“预置”组中的“外边框”按钮；再选择“样式”列表框中的“单虚线”，单击“预置”组中的“内部”按钮，单击“确定”按钮。

步骤 3：选中 A2:J2 单元格区域，在“开始”选项卡中单击“填充颜色”下拉按钮，在展开的下拉列表中选择“黄色”选项。

（4）步骤 1：选中 A2:A26 单元格区域，按住“Ctrl”键的同时选中 J2:J26 单元格区域，在“插入”选项卡中单击“全部图表”按钮，打开“插入图表”对话框；在左侧列表框中选择“柱形图”，再在右侧选择“簇状柱形图”，单击“插入”按钮。

步骤 2：选中图表，将图表标题修改为“十二月份工资”；在“图表工具”选项卡中单击“选择数据”按钮，打开“编辑数据源”对话框，设置“系列生成方向”为“每列数据作为一个系列”，单击“确定”按钮。

步骤 3：选中图表，按住鼠标左键拖动图表使其左上角放置在 A28 单元格内，调整图表大小使其置于 A28:J45 单元格区域。

步骤 4：保存并关闭工作簿。

5. WPS 演示题

（1）步骤 1：打开考生文件夹下的“ys.pptx”文件，在第 1 张幻灯片的主标题文本框中输入“第一单元：侵略与反抗”。选中输入的文字，在“文本工具”选项卡中单击“字体”对话框启动器按钮，打开“字体”对话框；设置“中文字体”为“华文中宋”，设置“字号”为“48”；单击“字体颜色”下拉按钮，在展开的下拉列表中选择“更多颜色”选项，打开“颜色”对话框；切换到“自定义”选项卡，设置“红色”为“255”，设置“绿色”为“0”，设置“蓝色”为“0”，单击“确定”按钮，返回“字体”对话框，单击“确定”按钮。

扫码学习

视频解析

步骤 2：选中主标题文本框，按住“Ctrl”键的同时选中副标题文本框，在“动画”选项卡中单击“自定义动画”按钮，打开“自定义动画”任务窗格；单击“添加效果”下拉按钮，在展开的下拉列表中选择“进入”/“温和型”/“升起”选项，最后关闭“自定义动画”任务窗格。

（2）步骤 1：选中第 2 张幻灯片，在“开始”选项卡中单击“版式”下拉按钮，在展开的下拉列表中选择“图片与标题”版式；单击右侧文本框中的“插入图片”按钮，打开“插入图片”对话框，找到并选中考生文件夹下的“圆明园.jpg”图片，单击“打开”按钮。

步骤 2：选中插入的图片，在“动画”选项卡中单击“自定义动画”按钮，打开“自定义动画”任务窗格；单击“添加效果”下拉按钮，在展开的下拉列表中选择“强调”/“基本型”/“陀螺旋”选项，最后关闭“自定义动画”任务窗格。

步骤 3：选中第 3 张幻灯片中“知识点二　鸦片战争”下方的两行内容，在“开始”选项卡中单击“增加缩进量”按钮，然后单击“开始”选项卡中的“编号”下拉按钮，在展开的下拉列表中选择“① ② ③”样式的编号。

步骤 4：选中文字“《南京条约》的主要内容及影响”，右击鼠标，在弹出的快捷菜单中选择“超链接”选项，打开“插入超链接”对话框；在“链接到”组中选中“本文档中的位置”选项，在“请选择文档中的位置”列表框中选中第 5 张幻灯片“5.《南京条约》的主要内容及影响”，单击“确定”按钮。

步骤 5：选中第 5 张幻灯片中的表格，在“动画”选项卡中单击“自定义动画”按钮，打开“自定义动画”任务窗格；单击“添加效果”下拉按钮，在展开的下拉列表中选择“进入”/“基本型”/“菱形”选项，最后关闭“自定义动画”任务窗格。

（3）步骤 1：选中任意一张幻灯片，在“切换”选项卡中单击切换方式列表框右侧的下拉按钮，在展开的下拉列表中选择“新闻快报”选项，单击“应用到全部”按钮。

步骤 2：在“设计”选项卡中单击“导入模板”按钮，打开“应用设计模板”对话框，选择一种需要的模板，单击“打开”按钮，将模板应用到演示文稿中。

步骤 3：保存并关闭演示文稿。

6. 上网题

（1）步骤：通过“答题”菜单启动“Internet Explorer”，打开 IE 浏览器；在地址栏中输入网址“HTTP://LOCALHOST/index.html”并按“Enter”键，在打开的页面中单击“绍兴名人”，在弹出的子页面中单击“绍兴名人”，然后单击“周恩来”；在打开的页面中右击“周恩来”图片，在弹出的快捷菜单中选择“图片另存为”选项，打开“另存为”对话框，将保存路径修改为考生文件夹，在“文件名”编辑框中输入“ZHOUENLAI”，在“保存类型”下拉列表中选择“(JPG,JPEG)(*.jpg)”选项，单击“保存”按钮；选择“文件”/“另存为”选项，打开“另存为”对话框，在“保存类型”下拉列表中选择“文本文件(*.txt)”，在“文件名”编辑框中输入“ZHOUENLAI”，单击“保存”按钮，完成操作。

（2）步骤：通过“答题”菜单启动“Outlook”，打开“Outlook”窗口；单击“发送/接收”按钮，在弹出的提示对话框中单击“确定”按钮，双击接收的邮件，打开“读取邮件”窗口；在附件名处右击鼠标，在弹出的快捷菜单中选择“另存为”选项，打开“另存为”对话框，在“文件名”编辑框中输入“wj.txt”，单击“保存”按钮，在弹出的提示对话框中单击“确定”按钮；单击“答复”按钮，打开“Re:技术资料”窗口，在窗口中央空白的编辑区域输入邮件内容“王军：您好！资料已收到，谢谢。李明”，单击“发送”按钮，在弹出的提示对话框中单击“确定”按钮；选择“工具”/“通讯簿”选项，打开“通讯簿”对话框，单击“新建”下拉按钮，在展开的下拉列表中选择“新建联系人”选项，打开“属性”对话框；在“姓名”编辑框中输入“王军”，在“电子邮箱”编辑框中输入“wj@mail.cumtb.edu.cn”，单击“确定”按钮，完成操作。

精选历年真题试卷（二）参考答案及解析

1．选择题

（1）B【解析】计算机病毒主要通过移动存储介质（如 U 盘、移动硬盘）和计算机网络两大途径进行传播。

（2）B【解析】在标准 ASCII 码表中，大写字母码值按照顺序进行排列，若 D 的 ASCII 码是 68，那么 A 的 ASCII 码就是 68 减 3，即 65。

（3）A【解析】选项 B，汇编语言无法被计算机直接执行，必须将其翻译成机器语言才能被执行；选项 C，汇编语言不能独立于计算机；选项 D，面向问题的程序设计语言是高级语言。

（4）B【解析】软件系统分为系统软件和应用软件两大类。Windows XP 属于系统软件，办公自动化软件、管理信息系统、指挥信息系统属于应用软件。

（5）A【解析】ROM（只读存储器）中的信息由制造厂商在计算机生产过程中写入，用户是无法修改的，即使断电，ROM 中的信息也不会丢失。

（6）A【解析】显示器的主要技术指标之一是分辨率。分辨率是指显示器的水平和垂直方向上有多少像素。分辨率越高，画面包含的像素数就越多，图像也就越细腻、清晰。

（7）A【解析】字长是指 CPU 一次能同时处理的二进制数据的位数。

（8）B【解析】1946 年，世界上第一台电子数字积分计算机 ENIAC 在美国宾夕法尼亚大学研制成功。

（9）C【解析】机器语言是唯一能被计算机硬件系统理解和执行的语言，高级语言要经过编译、链接后才能被执行。用高级语言编写的程序可移植性和可读性都很好。

（10）C【解析】计算机中通常用 KB（千字节）、MB（兆字节）、GB（吉字节）或 TB（太字节）表示存储设备的容量或文件大小。GHz 是主频的单位。

（11）A【解析】电子邮件地址的格式是固定的：<用户标识>@<主机域名>。

（12）D【解析】机器语言和汇编语言属于低级语言。

（13）C【解析】防火墙指的是一个由软件和硬件设备组合而成、在内部网和外部网之间、专用网与公共网之间的界面上构造的保护屏障。它是执行访问控制策略的一组系统，依照特定的规则，允许或限制传输的数据通过。

（14）B【解析】音频文件数据量的计算公式为：音频数据量（B）=采样时间（s）×采样频率（Hz）×量化位数（b）×声道数/8。因此，采样频率越高，音频数据量就会越大。

（15）B【解析】在 48×48 的网格中描绘一个汉字，整个网格分为 48 行 48 列，每个小格用 1 位二进制编码表示，每一行需要 48 个二进制位，占 6 个字节，48 行共占

48×6=288 个字节。

（16）D【解析】调制解调器（Modem）的主要功能是模拟信号与数字信号之间的相互转换。

（17）B【解析】最后位加 0 等于前面所有位都乘以 2 再相加，所以是 2 倍。

（18）B【解析】十进制整数转换成二进制数的方法是“除 2 取余”法，即将十进制整数除以 2 得一商数和一余数，再将商数除以 2，这样不断地用所得到的商数去除以 2，直到商数为 0 为止。每次所得余数倒序排列即为对应的二进制整数。因此，十进制数 59 转换成二进制数为 111011。

（19）D【解析】CPU 主要由控制器和运算器组成。

（20）B【解析】CPU、内存储器不属于外部设备。

2．基本操作题

视频解析

（1）步骤：选中考生文件夹下的“KEEN”文件夹，在菜单栏中选择“文件”/“属性”选项，或右击鼠标，在弹出的快捷菜单中选择“属性”选项，即可打开“KEEN 属性”对话框；在“KEEN 属性”对话框中勾选“隐藏”复选框，单击“确定”按钮。

（2）步骤：选中考生文件夹下的“QEEN”文件夹，在菜单栏中选择“编辑”/“剪切”选项，或按“Ctrl+X”快捷键；打开考生文件夹下的“NEAR”文件夹，在菜单栏中选择“编辑”/“粘贴”选项，或按“Ctrl+V”快捷键；选中移动来的文件夹并按“F2”键，此时文件夹的名字处呈现蓝色可编辑状态，编辑名称为题目指定的名称“SUNE”。

（3）步骤：打开考生文件夹下的“DEER\DAIR”文件夹，选中“TOUR.PAS”文件，在菜单栏中选择“编辑”/“复制”选项，或按“Ctrl+C”快捷键；打开考生文件夹下的“CRY\SUMMER”文件夹，在菜单栏中选择“编辑”/“粘贴”选项，或按“Ctrl+V”快捷键。

（4）步骤：打开考生文件夹下的“CREAM”文件夹，选中“SOUP”文件夹，按“Delete”键，弹出“删除文件夹”对话框，单击“是”按钮，将文件夹删除到回收站。

（5）步骤：打开考生文件夹，在菜单栏中选择“文件”/“新建”/“文件夹”选项，或右击鼠标，在弹出的快捷菜单中选择“新建”/“文件夹”选项，即可生成新的文件夹，此时文件夹的名字处呈现蓝色可编辑状态，编辑名称为题目指定的名称“TESE”。

3．WPS 文字题

视频解析

（1）步骤 1：打开考生文件夹下的“wps.docx”文件，在“开始”选项卡中单击“查找替换”下拉按钮，在展开的下拉列表中选择“替换”选项，打开“查找和替换”对话框；在“查找内容”编辑框中输入“积金”，在“替换为”编辑框中输入“基金”，单击“全部替换”按钮，在弹出的提示框中单击“确定”按钮，返回“查找和替换”对话框，最后单击“关闭”按钮。

步骤 2：选中标题段文字“淘宝网卖基金　货币型最抢手”，在“开始”选项卡中设置“字体”为“隶书”，设置“字号”为“小二”，设置“字体颜色”为“黄色”，单击“加粗”和“居中对齐”按钮，最后单击“突出显示”下拉按钮，在展开的下拉列表中选择“红色”选项。

（2）步骤 1：选中正文文字“首批……排名靠前。”，在“开始”选项卡中设置“字体”为“仿宋”，设置“字号”为“小四”。

步骤 2：保持正文文字的选中状态，在“开始”选项卡中单击“段落”对话框启动器按钮，打开“段落”对话框；在“缩进和间距”选项卡的“缩进”组中，设置“特殊格式”为“首行缩进”，“度量值”默认为“2”字符，设置“文本之后”为“0.5”字符；在“间距”组中，设置“段前”“段后”均为“0.1”行，设置“行距”为“多倍行距”，“设置值”为“1.2”倍，单击“确定”按钮。

步骤 3：在“页面布局”选项卡中单击“纸张大小”下拉按钮，在展开的下拉列表中选择“其它页面大小”选项，打开“页面设置”对话框；在“纸张”选项卡中，设置“纸张大小”为“A4”，单击“确定”按钮。

（3）步骤：选中正文第 1 段“首批……金额限制。”，在“页面布局”选项卡中单击“分栏”下拉按钮，在展开的下拉列表中选择“更多分栏”选项，打开“分栏”对话框；在“预设”组中选择“两栏”选项，默认勾选“栏宽相等”复选框，在“宽度和间距”组中设置“栏 1”的“宽度”为“19”字符，勾选“分隔线”复选框，单击“确定”按钮。

（4）步骤 1：选中文中后 7 行文字“基金……混合型”，在“插入”选项卡中单击“表格”下拉按钮，在展开的下拉列表中选择“文本转换成表格”选项，打开“将文字转换成表格”对话框；在“文字分隔位置”组中选中“制表符”单选按钮，单击“确定”按钮。

步骤 2：选中整个表格，右击鼠标，在弹出的快捷菜单中选择“表格属性”选项，打开“表格属性”对话框；切换到“列”选项卡，默认勾选“指定宽度”复选框，设置“指定宽度”为“80”磅；切换到“行”选项卡，勾选“指定高度”复选框，设置“指定高度”为“28”磅，设置“行高值是”为“固定值”，单击“确定”按钮。

步骤 3：保持表格的选中状态，在“开始”选项卡中设置“字号”为“小五”，设置“字体”为“黑体”。

（5）步骤 1：选中表格第 1 行，右击鼠标，在弹出的快捷菜单中选择“合并单元格”选项。

步骤 2：选中整个表格，在“表格工具”选项卡中单击“对齐方式”下拉按钮，在展开的下拉列表中选择“靠下居中对齐”选项；在“开始”选项卡中单击“居中对齐”按钮。

步骤 3：保存并关闭文档。

视频解析

4．WPS 表格题

（1）步骤 1：打开考生文件夹下的“Book.xlsx”文件，在“Sheet1”工作表中，选中 A1:I1 单元格区域，在“开始”选项卡中单击“合并居中”按钮。

步骤 2：在 H3 单元格中输入公式“=F3*G3”，并按“Enter”键；选中 H3 单元格，将鼠标指针移到 H3 单元格右下角的填充柄上，待鼠标指针变成小十字形状时，按住鼠标左键向下拖动到 H20 单元格，释放鼠标左键。

（2）步骤 1：选中 A2:I20 单元格区域，在“开始”选项卡中单击“水平居中”和“垂直居中”按钮。

步骤 2：选中 A:I 列，在“开始”选项卡中单击“行和列”下拉按钮，在展开的下拉列表中选择“列宽”选项，打开“列宽”对话框，设置“列宽”为“2”厘米，单击“确定”按钮。

步骤 3：双击“Sheet1”工作表标签进入其编辑状态，然后输入工作表名称“销售清单”，按“Enter”键。

（3）步骤 1：选中 H3:H20 单元格区域，右击鼠标，在弹出的快捷菜单中选择“设置单元格格式”选项，打开“单元格格式”对话框；在“数字”选项卡中，选择“分类”列表框中的“货币”选项，设置“小数位数”为“1”，设置“货币符号”为“¥”，单击“确定”按钮。

步骤 2：选中 A2:I20 单元格区域，右击鼠标，在弹出的快捷菜单中选择“设置单元格格式”选项，打开“单元格格式”对话框；切换到“边框”选项卡，在“样式”列表框中选择“双实线”，单击“预置”组中的“外边框”按钮；再选择“样式”列表框中的“单实线”，单击“预置”组中的“内部”按钮，单击“确定”按钮。

步骤 3：选中 A2:I20 单元格区域，在“开始”选项卡中单击“填充颜色”下拉按钮，在展开的下拉列表中选择“浅蓝”选项。

（4）步骤 1：选中 B2:B20 单元格区域，按住“Ctrl”键的同时选中 H2:H20 单元格区域，在“插入”选项卡中单击“全部图表”按钮，打开“插入图表”对话框；在左侧列表框中选择“条形图”，再在右侧选择“簇状条形图”，单击“插入”按钮。

步骤 2：选中图表，将图表标题修改为“电器销售额”；在“图表工具”选项卡中单击“选择数据”按钮，打开“编辑数据源”对话框，设置“系列生成方向”为“每列数据作为一个系列”，单击“确定”按钮；在“图表工具”选项卡中单击“添加元素”下拉按钮，在展开的下拉列表中选择“图例”/“右侧”选项。

步骤 3：选中图表，按住鼠标左键拖动图表使其左上角放置在 A21 单元格内，调整图表大小使其置于 A21:I40 单元格区域。

步骤 4：保存并关闭工作簿。

5．WPS 演示题

（1）步骤 1：打开考生文件夹下的“ys.pptx”文件，在“设计”选项卡中单击“幻灯片大小”下拉按钮，在展开的下拉列表中选择“自定义大小”选项，打开“页面设置”对话框；设置“幻灯片大小”为“35 毫米幻灯片”，单击“确定”按钮，在打开的“页面缩放选项”对话框中单击“确保适合”按钮。

视频解析

步骤 2：在“设计”选项卡中单击“导入模板”按钮，打开“应用设计模板”对话框，选择一种需要的模板，单击“打开”按钮，将模板应用到演示文稿中。

（2）步骤 1：在左侧的“幻灯片”窗格中，单击第 1 张幻灯片之前的空白位置，将出现一条红色单实线，在“开始”选项卡中单击“新建幻灯片”按钮；选中新建的幻灯片，在“开始”选项卡中单击“版式”下拉按钮，在展开的下拉列表中选择“标题幻灯片”版式；在主标题文本框中输入“神奇的章鱼保罗”，在副标题文本框中输入“8 次预测全部正确”。

步骤 2：选中主标题文字“神奇的章鱼保罗”，在“文本工具”选项卡中，设置“字体”为“黑体”，设置“字号”为“48”，设置“字体颜色”为“蓝色”；选中副标题文字，在“文本工具”选项卡中，设置“字体”为“宋体”，设置“字号”为“32”，设置“字体颜色”为“红色”。

（3）步骤 1：选中第 2 张幻灯片，在“开始”选项卡中单击“版式”下拉按钮，在展开的下拉列表中选择“图片与标题”版式，在标题文本框中输入“西班牙队夺冠”。

步骤 2：在第 2 张幻灯片中，单击左侧文本框中“插入图片”按钮，打开“插入图片”对话框，找到并选中考生文件夹下的“图片 1.png”图片，单击“打开”按钮。

步骤 3：选中插入的图片，右击鼠标，在弹出的快捷菜单中选择“设置对象格式”选项，打开“对象属性”任务窗格；在“大小与属性”选项卡中的“大小”组中，取消勾选“锁定纵横比”复选框，设置“高度”为“8 厘米”，设置“宽度”为“10 厘米”；在“位置”组中，设置“水平位置”为“3 厘米”，设置“相对于”为“左上角”，最后关闭“对象属性”任务窗格。

步骤 4：选中插入的图片，在“动画”选项卡中单击“自定义动画”按钮，打开“自定义动画”任务窗格，单击“添加效果”下拉按钮，在展开的下拉列表中选择“进入”/“基本型”/“盒状”选项；选中右侧文本框，单击“添加效果”下拉按钮，在展开的下拉列表中选择“进入”/“基本型”/“阶梯状”选项，最后关闭“自定义动画”任务窗格。

（4）步骤 1：选中第 3 张幻灯片，在“开始”选项卡中单击“版式”下拉按钮，在展开的下拉列表中选择“两栏内容”版式。

步骤 2：单击右侧文本框中的“插入图片”按钮，打开“插入图片”对话框，找到并选中考生文件夹下的“图片 2.png”图片，单击“打开”按钮；选中插入的图片，右击鼠标，在弹出的快捷菜单中选择“设置对象格式”选项，打开“对象属性”任务窗格；在“大小与属性”选项卡中的“大小”组中，勾选“锁定纵横比”复选框，设置“高度”为“7.2 厘米”，最后关闭“对象属性”任务窗格。

步骤 3：选中左侧文本框，在“动画”选项卡中单击“自定义动画”按钮，打开“自定义动画”任务窗格，单击“添加效果”下拉按钮，在展开的下拉列表中选择“进入”/“基本型”/“劈裂”选项；选中右侧的图片，单击“添加效果”下拉按钮，在展开的下拉列表中选择“进入”/“基本型”/“飞入”选项，单击“自定义动画”任务窗格中的“方向”下拉按钮，在展开的下拉列表中选择“自右侧”选项，关闭“自定义动画”任务窗格。

（5）步骤 1：选中第 4 张幻灯片，在“开始”选项卡中单击“版式”下拉按钮，在展开的下拉列表中选择“空白”版式。

步骤 2：选中表格，在“表格样式”选项卡中单击表格样式列表框右侧的下拉按钮，在展开的下拉列表中任选一种表格样式，如选择“主题样式 1-强调 2”，在“表格工具”选项卡中分别单击“居中对齐”和“水平居中”按钮。

（6）步骤 1：选中任意一张幻灯片，在“切换”选项卡中单击切换方式列表框右侧的下拉按钮，在展开的下拉列表中选择“抽出”选项；单击“效果选项”下拉按钮，在展开的下拉列表中选择“从左下”选项，最后单击“应用到全部”按钮。

步骤 2：保存并关闭演示文稿。

6. 上网题

（1）步骤：通过“答题”菜单启动“Internet Explorer”，打开 IE 浏览器；在地址栏中输入网址“HTTP://LOCALHOST/index.htm”并按“Enter”键，打开网站首页；打开考生文件夹，新建一个 Word 文档，并命名为“Allnames.docx”；打开 Word 文档，将网站首页中所有最强评审的姓名逐一复制到该文档中，并按题目要求用逗号将每个姓名隔开，保存并关闭文档。

（2）步骤：通过“答题”菜单启动“Outlook”，打开“Outlook”窗口；单击“创建邮件”按钮，打开“新邮件”窗口，在“收件人”编辑框中输入“Wanfeng@ncre.com”，在“主题”编辑框中输入“操作规范”，在窗口中央空白的编辑区域输入邮件内容“实验室操作规范，具体见附件。”；单击“附件”按钮，在打开的“打开”对话框中找到并选中考生文件夹下的“open.docx”文件，单击“打开”按钮；最后单击“发送”按钮，在弹出的提示对话框中单击“确定”按钮，完成操作。

精选历年真题试卷（三）参考答案及解析

1. 选择题

（1）B【解析】选项 A，硬盘属于外存储器，CPU 不能直接访问外存储器；选项 C，CPU 主要包括运算器和控制器；选项 D，CPU 是整个计算机的核心部件，主要用于控制计算机的操作。

（2）D【解析】绘图仪属于输出设备，扫描仪、手写笔属于输入设备，磁盘驱动器既能将存储在磁盘上的信息读进内存中，又能将内存中的信息写到磁盘上，因此磁盘驱动器既是输入设备，又是输出设备。

（3）C【解析】字节（Byte）是数据处理和数据存储的基本单位，用“B”表示。实际使用中，常用 KB、MB、GB 和 TB 作为数据的存储容量单位。MIPS 是每秒处理的百万级的机器语言指令数，是用于衡量计算机进行数值计算或信息处理快慢程度的指标。

（4）B【解析】十进制整数转换成二进制数的方法是“除 2 取余”法，即将十进制整数除以 2 得一商数和一余数，再将商数除以 2，这样不断地用所得到的商数去除以 2，直到商数为 0 为止。每次所得余数倒序排列即为对应的二进制整数。因此，十进制数 64 转换成二进制数为 1000000。

（5）A【解析】移动硬盘和 U 盘均属于外部存储器，都具有体积小、重量轻、存取速度快、安全性高等特点，但是市面上移动硬盘的容量一般比 U 盘的容量要大。

（6）C【解析】将高级语言源程序翻译成目标程序的软件称为编译程序，这种翻译过程称为编译。编译经过词法分析、语法分析、语义分析、中间代码生成、代码优化、目标代码生成 6 个环节，才能生成对应的目标程序，目标程序还不能直接执行，还需经过链接和定位生成可执行程序后才能执行。

（7）A【解析】每个域名对应一个 IP 地址，且在全球是唯一的。为了避免重名，域名采用层次结构，各层次的子域名之间用圆点“.”隔开，从右向左分别为第一级域名（或称顶级域名）、第二级域名……，直至主机名。

（8）C【解析】路由器是实现局域网和广域网互联的主要设备。

（9）C【解析】无符号二进制数的第一位可为 0，所以当全为 0 时最小值为 0，当全为 1 时，最大值为 $2^8-1=255$。

（10）B【解析】十进制整数转换成二进制数的方法是“除 2 取余”法，即将十进制整数除以 2 得一商数和一余数，再将商数除以 2，这样不断地用所得到的商数去除以 2，直到商数为 0 为止。每次所得余数倒序排列即为对应的二进制整数。因此，十进制数 121 转换成二进制数为 1111001。

（11）C【解析】Windows Vista 是一款视窗操作系统，属于系统软件。航天信息系统、Office 2003、决策支持系统属于应用软件。

（12）D【解析】在进制运算中，B 表示二进制数，D 表示十进制数，O 表示八进制数，H 表示十六进制数。6DH 表示十六进制数 6D，转换为十进制数为 $6\times16^1+13\times16^0=109$（十六进制数中的 D 等于十进制的 13）；71H 表示十六进制数 71，转换为十进制数为 $7\times16^1+1\times16^0=113$，所以 ASCII 码值为 71H 的英文字母是 m 的后 4 位，即 q。

（13）D【解析】计算机的主要技术性能指标包括字长、运算速度、内/外存容量和 CPU 的时钟主频等。

（14）D【解析】计算机的内存储器分为 ROM（只读存储器）和 RAM（随机存储器）。ROM 里面存储的信息一般由计算机制造厂写入并经固化处理，用户是无法修改的；RAM 用于存储正在执行的数据、程序和结果。

（15）B【解析】为提高开机密码的安全级别，可以增加密码的字符长度，同时可设置数字、大小写字母、特殊符号等，安全系数会更高。综合比较 A、B、C、D 4 个选项，选项 B 最安全。

（16）C【解析】在国标码的字符集中，把最常用的 6 763 个汉字分成两级：一级汉字有 3 755 个，二级汉字有 3 008 个。

（17）D【解析】一个完整的计算机系统应该包括硬件系统和软件系统两部分。

（18）C【解析】CPU 是计算机硬件系统中最核心的部件。

（19）A【解析】在 ASCII 码表中，按码值从小到大的排列顺序为：控制符（如空格）、数字、大写英文字母、小写英文字母。

（20）A【解析】以太网是一种计算机局域网技术。按照网络的拓扑结构划分，以太网（Ethernet）属于总线型网络结构。

2．基本操作题

视频解析

（1）步骤：打开考生文件夹下的“LI\QIAN”文件夹，选中“YANG”文件夹，在菜单栏中选择“编辑”/“复制”选项，或按“Ctrl+C”快捷键；打开考生文件夹下的“WANG”文件夹，在菜单栏中选择“编辑”/“粘贴”选项，或按“Ctrl+V”快捷键。

（2）步骤：打开考生文件夹下的“TIAN”文件夹，选中“ARJ.EXP”文件，在菜单栏中选择“文件”/“属性”选项，或右击鼠标，在弹出的快捷菜单中选择“属性”选项，即可打开“ARJ.EXP 属性”对话框；在“ARJ.EXP 属性”对话框中勾选“只读”复选框，单击“确定”按钮。

（3）步骤：打开考生文件夹下的“ZHAO”文件夹，在菜单栏中选择“文件”/“新建”/“文件夹”选项，或右击鼠标，在弹出的快捷菜单中选择“新建”/“文件夹”选项，即可生成新的文件夹，此时文件夹的名字处呈现蓝色可编辑状态，编辑名称为题目指定的名称“GIRL”。

（4）步骤：打开考生文件夹下的“SHEN\KANG”文件夹，选中“BIAN.ARJ”文件，在菜单栏中选择“编辑”/“剪切”选项，或按“Ctrl+X”快捷键；打开考生文件夹下的“HAN”文件夹，在菜单栏中选择“编辑”/“粘贴”选项，或按“Ctrl+V”快捷键；选中移动来的文件并按“F2”键，此时文件的名字处呈现蓝色可编辑状态，编辑名称为题目指定的名称“QULIU.ARJ”。

（5）步骤：选中考生文件夹下的“FANG”文件夹，按“Delete”键，弹出“删除文件夹”对话框，单击“是”按钮，将文件夹删除到回收站。

3．WPS 文字题

视频解析

（1）步骤 1：打开考生文件夹下的“wps.docx”文件，在“开始”选项卡中单击“查找替换”下拉按钮，在展开的下拉列表中选择“替换”选项，打开“查找和替换”对话框；在“查找内容”编辑框中输入“图画”，在“替换为”编辑框中输入“图书”，单击“全部替换”按钮，在弹出的提示框中单击“确定”按钮，返回“查找和替换”对话框，最后单击“关闭”按钮。

步骤 2：选中标题段文字“3G 时代最 IN 的阅读方式：移动手机阅读”，在“开始”选项卡中设置“字体”为“黑体”，设置“字号”为“小三”，设置“字体颜色”为“蓝色”，然后单击“倾斜”和“居中对齐”按钮，最后单击“突出显示”下拉按钮，在展开的下拉列表中选择“黄色”选项。

（2）步骤 1：选中正文各段“近年来……一片乐土。”，在“开始”选项卡中设置“字体”为“楷体”，设置“字号”为“小四”。

步骤 2：保持正文各段的选中状态，在“开始”选项卡中单击“段落”对话框启动器按钮，打开“段落”对话框；在“缩进和间距”选项卡的“缩进”组中设置“特殊格式”为“首行缩进”，“度量值”默认为“2”字符，设置“文本之前”和“文本之后”均为“0.5”字符；在“间距”组中设置“段前”和“段后”均为“0.5”行，设置“行距”为“1.5 倍行距”，单击“确定”按钮。

（3）步骤 1：选中正文第 1 段“近年来……这片蓝海。”，在“插入”选项卡中单击“首字下沉”按钮，打开“首字下沉”对话框；在“位置”组中选择“下沉”选项，设置“字体”为“幼圆”，设置“下沉行数”为“3”，设置“距正文”为“5”毫米（或“0.5”厘米），单击“确定”按钮。

步骤 2：选中正文第 3 段“除了……一片乐土。”，在“页面布局”选项卡中单击“分栏”下拉按钮，在展开的下拉列表中选择“更多分栏”选项，打开“分栏”对话框；在“预设”组中选择“两栏”选项，在“宽度和间距”组中，默认勾选“栏宽相等”复选框，设置栏 1 的“宽度”为“18”字符，勾选“分隔线”复选框，单击“确定”按钮。

（4）步骤：在“插入”选项卡中单击“页眉和页脚”按钮，进入“页眉和页脚”编辑状态，在页眉处输入“3G 时代最 IN 的阅读方式”；选中页眉处输入的文字，在“开始”选项卡中设置“字体”为“隶书”，设置“字号”为“五号”，单击“居中对齐”按钮，最后单击“页眉和页脚”选项卡中的“关闭”按钮。

（5）步骤 1：选中文中后 8 行文字“最受关注的 3G 手机……1899”，在“插入”选项卡中单击“表格”下拉按钮，在展开的下拉列表中选择“文本转换成表格”选项，打开“将文字转换成表格”对话框，单击“确定”按钮。

步骤 2：选中整个表格，右击鼠标，在弹出的快捷菜单中选择“表格属性”选项，打开“表格属性”对话框；切换到“列”选项卡，默认勾选“指定宽度”复选框，设置“指定宽度”为“4”厘米；切换到“行”选项卡，勾选“指定高度”复选框，设置“行高值是”为“固定值”，设置“指定高度”为“30”磅，单击“确定”按钮。

（6）步骤 1：选中表格第 1 行，右击鼠标，在弹出的快捷菜单中选择“合并单元格”选项。

步骤 2：选中表格的第 1 行和第 2 行，在“表格工具”选项卡中单击“对齐方式”下拉按钮，在展开的下拉列表中选择“水平居中”选项；按照同样的操作方法，设置表格第 1 列内容为“水平居中”，设置其余各行、各列单元格内容为“靠上居中对齐”。

步骤 3：选中整个表格，在“开始”选项卡中单击“居中对齐”按钮。

步骤 4：保存并关闭文档。

4．WPS 表格题

（1）步骤 1：打开考生文件夹下的“Book.xlsx”文件，在“Sheet1”工作表中，选中 A1:I1 单元格区域，在“开始”选项卡中单击“合并居中”按钮。

视频解析

步骤 2：在 G3 单元格中输入公式“=SUM(C3:F3)”，并按“Enter”键；选中 G3 单元格，将鼠标指针移到 G3 单元格右下角的填充柄上，待鼠标指针变成小十字形状时，按住鼠标左键向下拖动到 G24 单元格，释放鼠标左键。

步骤 3：在 H3 单元格中输入公式“=AVERAGE(C3:F3)”，并按“Enter”键；选中 H3 单元格，将鼠标指针移到 H3 单元格右下角的填充柄上，待鼠标指针变成小十字形状时，按住鼠标左键向下拖动到 H24 单元格，释放鼠标左键。

步骤 4：在 I3 单元格中输入公式“=RANK(G3,$G$3:$G$24,0)”，并按“Enter”键；选中 I3 单元格，将鼠标指针移到 I3 单元格右下角的填充柄上，待鼠标指针变成小十字形状时，按住鼠标左键向下拖动到 I24 单元格，释放鼠标左键。

（2）步骤 1：选中 A2:I24 单元格区域，在“开始”选项卡中单击“水平居中”和“垂直居中”按钮。

步骤 2：选中 A:I 列，在“开始”选项卡中单击“行和列”下拉按钮，在展开的下拉列表中选择“列宽”选项，打开“列宽”对话框，设置“列宽”为“2”厘米，单击“确定”按钮。

步骤 3：双击“Sheet1”工作表标签进入其编辑状态，然后输入工作表名称“期中考试成绩表”，按“Enter”键。

（3）步骤 1：选中 H3:H24 单元格区域，右击鼠标，在弹出的快捷菜单中选择“设置单元格格式”选项，打开“单元格格式”对话框；在“数字”选项卡中，选择“分类”列表框中的“数值”选项，设置“小数位数”为“2”，单击“确定”按钮。

步骤 2：选中 A1:I24 单元格区域，右击鼠标，在弹出的快捷菜单中选择“设置单元格格式”选项，打开“单元格格式”对话框；切换到“边框”选项卡，在“样式”列表框中选择“双实线”，单击“预置”组中的“外边框”按钮；再选择“样式”列表框中的“单实线”，单击“预置”组中的“内部”按钮，最后单击“确定”按钮。

步骤 3：选中 A1:I24 单元格区域，在“开始”选项卡中单击“填充颜色”下拉按钮，在展开的下拉列表中选择“浅蓝”选项。

（4）步骤 1：选中 B2:B24 单元格区域，按住“Ctrl”键的同时选中 E2:E24 单元格区域，在“插入”选项卡中单击“全部图表”按钮，打开“插入图表”对话框；在左侧列表框中选择“柱形图”，再在右侧选择“簇状柱形图”，单击“插入”按钮，并将图表标题修改为“数据库成绩统计图”。

步骤 2：选中插入的图表，在“图表工具”选项卡中单击“添加元素”下拉按钮，在展开的下拉列表中选择“图例”/“无”选项。

步骤 3：选中图表，按住鼠标左键拖动图表使其左上角放置在 A26 单元格中，调整图表大小使其置于 A26:I42 单元格区域。

步骤 4：保存并关闭工作簿。

5. WPS 演示题

（1）步骤 1：打开考生文件夹下的“ys.pptx”文件，在左侧的“幻灯片”窗格中，单击第 1 张幻灯片之前的空白位置，将出现一条红色单实线，在“开始”选项卡中单击“新建幻灯片”按钮；选中新建的幻灯片，在“开始”选项卡中单击“版式”下拉按钮，在展开的下拉列表中选择“标题幻灯片”版式；在主标题文本框中输入“北京古迹旅游简

视频解析

介”，在副标题文本框中输入“北京市旅游发展委员会”。

步骤 2：选中最后 1 张幻灯片，在“开始”选项卡中单击“版式”下拉按钮，在展开的下拉列表中选择“空白”版式。

步骤 3：选中最后 1 张幻灯片中的文本内容，在“文本工具”选项卡中单击艺术字列表右侧的下拉按钮，在展开的下拉列表中任选一种艺术字样式，如选择“填充-中紫色，着色 2，轮廓-着色 2”；在“文本工具”选项卡中，设置“字体”为“黑体”，设置“字号”为“80”。

（2）步骤 1：选中第 2 张幻灯片中的内容文本框，在“动画”选项卡中单击“自定义动画”按钮，打开“自定义动画”任务窗格；单击“添加效果”下拉按钮，在展开的下拉列表中选择“进入”/“温和型”/“回旋”选项，关闭“自定义动画”任务窗格。

步骤 2：选中第 2 张幻灯片中内容文本框中的文字“天坛”，右击鼠标，在弹出的快捷菜单中选择“超链接”选项，打开“插入超链接”对话框；在“链接到”组中选中“本文档中的位置”选项，在“请选择文档中的位置”列表框中选中第 6 张幻灯片“6.线路 4 之天坛”，单击“确定”按钮。

（3）步骤 1：选中第 3 张幻灯片，在“开始”选项卡中单击“版式”下拉按钮，在展开的下拉列表中选择“两栏内容”版式；单击右侧文本框中“插入图片”按钮，打开“插入图片”对话框，找到并选中考生文件夹下的“gugong.jpg”图片，单击“打开”按钮。

步骤 2：选中插入的图片，在“动画”选项卡中单击“自定义动画”按钮，打开“自定义动画”任务窗格；单击“添加效果”下拉按钮，在展开的下拉列表中选择“进入”/“基本型”/“百叶窗”选项，关闭“自定义动画”任务窗格。

（4）步骤 1：选中任意一张幻灯片，在“切换”选项卡中单击切换方式列表框右侧的下拉按钮，在展开的下拉列表中选择“百叶窗”选项，单击“效果选项”下拉按钮，在展开的下拉列表中选择“水平”选项，最后单击“应用到全部”按钮。

步骤 2：在“设计”选项卡中单击“导入模板”按钮，打开“应用设计模板”对话框，选择一种需要的模板，单击“打开”按钮，将模板应用到演示文稿中。

步骤 3：保存并关闭演示文稿。

6. 上网题

（1）步骤：通过“答题”菜单启动“Internet Explorer”，打开 IE 浏览器；在地址栏中输入网址“HTTP://LOCALHOST/index.html”并按“Enter”键，在打开的页面中单击“盛唐诗韵”，在弹出的子页面中单击“李白”，右击页面中的“李白”图片，在弹出的快捷菜单中选择“图片另存为”选项，打开“另存为”对话框，将保存路径修改为考生文件夹，在“文件名”编辑框中输入“LIBAI”，在“保存类型”下拉列表中选择“(JPG,JPEG)(*.jpg)”选项，单击“保存”按钮；单击“代表作”，选择“文件”/“另存为”选项，打开“另存为”对话框，在“保存类型”下拉列表中选择“文本文件(*.txt)”选项，在“文件名”编辑框中输入“LBDBZ”，单击“保存”按钮，完成操作。

（2）步骤：通过“答题”菜单启动“Outlook”，打开“Outlook”窗口；单击“创建邮件”按钮，打开“新邮件”窗口，在“收件人”编辑框中输入“wj@mail.cumtb.edu.cn”，在“抄送”编辑框中输入“lm@sina.com”，在窗口中央空白的编辑区域输入邮件内容“王军：您好！现将资料发送给您，请查收。赵华”；单击“附件”按钮，在打开的“打开”对话框中找到并选中考生文件夹下的“jsjxkji.txt”文件，单击“打开”按钮；在“主题”编辑框中输入“资料”，单击“发送”按钮，在弹出的提示对话框中单击“确定”按钮，完成操作。

精选历年真题试卷（四）参考答案及解析

1．选择题

（1）B【解析】系统软件主要包括操作系统、语言处理系统、数据库管理系统和系统辅助处理程序等，其中最重要的是操作系统。

（2）A【解析】在计算机内部，指令和数据都是用二进制 0 和 1 来表示的，因此，计算机系统中信息存储、处理也都是以二进制为基础的。声音与视频信息在计算机系统中只是数据的一种表现形式，因此也是以二进制来表示的。

（3）C【解析】计算机病毒是指编制或者在计算机程序中插入的破坏计算机功能或者毁坏数据，影响计算机使用，并能自我复制的一组计算机指令或者程序代码。选项 A，计算机病毒不是生物病毒；选项 B，计算机病毒不能永久性破坏硬件。

（4）C【解析】RAM 有两个特点：一个是可读/写性；另一个是易失性，即断开电源时，RAM 中的内容立即丢失。

（5）C【解析】为了便于管理和配置，将每个 IP 地址分为四段（一个字节为一段），每一段用一个十进制数来表示，段与段之间用圆点隔开。每个段的十进制数范围是 0～255。

（6）B【解析】字长是指 CPU 一次能同时处理的二进制数据的位数，“32 位微型计算机”中的“32”是指 CPU 字长。

（7）B【解析】CD-RW 是可擦除型光盘（也称可擦写型光盘），用户可以多次对其进行读/写。CD-RW 的全称是 CD-Rewritable。

（8）C【解析】控制器是计算机的心脏，由它指挥计算机各个部件自动、协调地工作。

（9）B【解析】无符号二进制数的第一位可为 0，所以当 6 位二进制数全为 0 时最小值为 0，当全为 1 时，十进制数的最大值为 $2^6-1=63$。

（10）B【解析】Internet 实现了分布在世界各地的各类网络的互联，其最基础和核心的协议是 TCP/IP。HTTP 是超文本传输协议，HTML 是超文本标记语言，FTP 是文件传输协议。

（11）D【解析】十进制整数转换成二进制数的方法是“除 2 取余”法，即将十进制整数除以 2 得一商数和一余数，再将商数除以 2，这样不断地用所得到的商数去除以 2，直到商数为 0 为止。每次所得余数倒序排列即为对应的二进制整数。因此，十进制数 100 转换成二进制数为 01100100。

（12）C【解析】网络协议在计算机中是按照结构化的层次方式进行组织。其中，TCP/IP 是当前最流行的商业化协议，被公认为是当前的工业标准或事实标准，不属于 Internet 应用范畴。新闻组、远程登录以及搜索引擎则都属于 Internet 应用。

（13）A【解析】操作系统可以控制所有计算机上运行的程序并管理所有计算机资源，是最底层的软件。操作系统掌握着计算机中一切软硬件资源。操作系统管理的核心就是资源管理，即如何有效地发掘资源、监控资源、分配资源和回收资源。

（14）B【解析】计算机的内存储器分为 ROM（只读存储器）和 RAM（随机存储器）。

（15）A【解析】选项 B，大写英文字母的 ASCII 码值小于小写英文字母的 ASCII 码值；选项 C，一个英文字母的 ASCII 码占一个字节，而它在汉字系统下的全角内码是占两个字节；选项 D，标准 ASCII 码表中除了可以打印的字符外，还有不可打印的字符（如空格、换页等）。

（16）B【解析】邮件必须填写收件人地址才可以发送出去。

（17）C【解析】NET 域名代码表示互联网络、接入网络的信息和运行中心，COM 域名代码表示工商和金融等企业，GOV 域名代码表示国家政府部门，ORG 域名代码表示各社会团体及民间非营利组织。

（18）D【解析】删除偶整数后的两个 0 等于前面所有位都除以 4 再相加，所以是 1/4 倍。

（19）D【解析】硬盘的技术指标主要包括容量、转速、平均访问时间、缓存、传输速率等。

（20）A【解析】无符号二进制数各位都为 1 时值最大，对应的十进制整数为 $2^8-1=255$。

2．基本操作题

视频解析

（1）步骤：打开考生文件夹下的“FENG\WANG”文件夹，选中“BOOK.PRG”文件，在菜单栏中选择“编辑”/“剪切”选项，或按“Ctrl+X”快捷键；打开考生文件夹下的“CHANG”文件夹，在菜单栏中选择“编辑”/“粘贴”选项，或按“Ctrl+V”快捷键；选中移动来的文件并按“F2”键，此时文件的名字处呈现蓝色可编辑状态，编辑名称为题目指定的名称“TEXT.PRG”。

（2）步骤：打开考生文件夹下的“CHU”文件夹，选中“JIANG.TMP”文件，按“Delete”键，弹出“删除文件”对话框，单击“是”按钮，将文件删除到回收站。

（3）步骤：打开考生文件夹下的“REI”文件夹，选中“SONG.FOR”文件，在菜单栏中选择“编辑”/“复制”选项，或按“Ctrl+C”快捷键；打开考生文件夹下的“CHENG”文件夹，在菜单栏中选择“编辑”/“粘贴”选项，或按“Ctrl+V”快捷键。

（4）步骤：打开考生文件夹下的“MAO”文件夹，在菜单栏中选择“文件”/“新建”/“文件夹”选项，或右击鼠标，在弹出的快捷菜单中选择“新建”/“文件夹”选项，即可生成新的文件夹，此时文件夹的名字处呈现蓝色可编辑状态，编辑名称为题目指定的名称“YANG”。

（5）步骤：打开考生文件夹下的“ZHOU\DENG”文件夹，选中“OWER.DBF”文件，在菜单栏中选择“文件”/“属性”选项，或右击鼠标，在弹出的快捷菜单中选择“属性”选项，即可打开“OWER.DBF 属性”对话框；在“OWER.DBF 属性”对话框中勾选“隐藏”复选框，单击“确定”按钮。

3．WPS 文字题

（1）步骤 1：打开考生文件夹下的“wps.docx”文件，在“开始”选项卡中单击“查找替换”下拉按钮，在展开的下拉列表中选择“替换”选项，打开“查找和替换”对话框；在“查找内容”编辑框中输入“方按”，在“替换为”编辑框中输入“方案”，单击“全部替换”按钮，在弹出的提示框中单击“确定”按钮，返回“查找和替换”对话框，最后单击“关闭”按钮。

视频解析

步骤 2：选中标题段文字“假日改革方案再征民意”，在“开始”选项卡中设置“字体”为“黑体”，设置“字号”为“小二”，设置“字体颜色”为“红色”，然后单击“加粗”和“居中对齐”按钮，最后单击“突出显示”下拉按钮，在展开的下拉列表中选择“黄色”选项。

（2）步骤 1：选中正文文字“全国假日办……更集中。”，在“开始”选项卡中设置“字体”为“仿宋”，设置“字号”为“小四”。

步骤 2：保持正文文字的选中状态，在“开始”选项卡中单击“段落”对话框启动器按钮，打开“段落”对话框；在“缩进和间距”选项卡的“缩进”组中，设置“文本之前”为“0.5”字符；在“间距”组中，设置“行距”为“1.5 倍行距”，单击“确定”按钮。

步骤 3：在“页面布局”选项卡中单击“纸张大小”下拉按钮，在展开的下拉列表中选择“其它页面大小”选项，打开“页面设置”对话框；在“纸张”选项卡中，设置“纸张大小”为“大 16 开”，单击“确定”按钮。

（3）步骤 1：选中正文第 1 段“全国假日办……关注和热议。”，在“插入”选项卡中单击“首字下沉”按钮，打开“首字下沉”对话框；在“位置”组中选择“下沉”选项，设置“字体”为“隶书”，设置“下沉行数”为“2”，设置“距正文”为“7”毫米（或“0.7”厘米），单击“确定”按钮。

步骤 2：选中正文第 2 至 7 段“方案一……时间更集中。”，在“开始”选项卡中单击“段落”对话框启动器按钮，打开“段落”对话框；在“缩进和间距”选项卡的“缩进”组中，设置“特殊格式”为“首行缩进”，“度量值”默认为“2”字符，单击“确定”按钮。

（4）步骤 1：选中文中后 6 行文字“网站……800425”，在“插入”选项卡中单击“表格”下拉按钮，在展开的下拉列表中选择“文本转换成表格”选项，打开“将文字转换成表格”对话框，在“文字分隔位置”组中选中“制表符”单选按钮，单击“确

定”按钮。

步骤 2：选中整个表格，右击鼠标，在弹出的快捷菜单中选择“表格属性”选项，打开“表格属性”对话框；切换到“列”选项卡，勾选“指定宽度”复选框，设置“指定宽度”为“55”磅；切换到“行”选项卡，勾选“指定高度”复选框，设置“指定高度”为“7”毫米（或“0.7”厘米），设置“行高值是”为“固定值”，单击“确定”按钮。

（5）步骤 1：选中整个表格，在“表格工具”选项卡中，设置“字号”为“小五”，单击“对齐方式”下拉按钮，在展开的下拉列表中选择“靠下居中对齐”选项；最后在“开始”选项卡中单击“居中对齐”按钮。

步骤 2：单击表格的第 6 行第 2 列单元格，在“表格工具”选项卡中单击“公式”按钮，打开“公式”对话框；在“公式”编辑框中输入公式“=SUM(ABOVE)”，单击“确定”按钮；按照同样的操作方法，计算“方案二”和“方案三”的合计值。

步骤 3：保存并关闭文档。

4．WPS 表格题

（1）步骤 1：打开考生文件夹下的“Book.xlsx”文件，在“成绩单”工作表中，选中 A1:L1 单元格区域，在“开始”选项卡中单击“合并居中”按钮。

视频解析

步骤 2：选中合并后的单元格，在“开始”选项卡中单击“填充颜色”下拉按钮，在展开的下拉列表中选择“深蓝”选项。

步骤 3：选中标题文字，在“开始”选项卡中设置“字体”为“黑体”，设置“字体颜色”为“橙色”，设置“字号”为“16”。

步骤 4：选中 B 列，右击鼠标，在弹出的快捷菜单中选择“插入”选项，设置“列数”为“1”；选中 B3 单元格，输入“序号”，在 B4 单元格中输入数字“1”，将鼠标指针移到 B4 单元格右下角的填充柄上，待鼠标指针变成小十字形状时，按住鼠标左键拖动到 B21 单元格，即可完成对“序号”的填充。

（2）步骤 1：选中 A3:M21 单元格，右击鼠标，在弹出的快捷菜单中选择“设置单元格格式”选项，打开“单元格格式”对话框；切换到“边框”选项卡，在“样式”列表框中选择“单实线”，单击“预置”组中的“外边框”和“内部”按钮，最后单击“确定”按钮。

步骤 2：选中第 A:M 列单元格，在“开始”选项卡中单击“行和列”下拉按钮，在展开的下拉列表中选择“列宽”选项，打开“列宽”对话框，设置“列宽”为“9”字符，单击“确定”按钮。

步骤 3：选中第 3 至 21 行，在“开始”选项卡中单击“行和列”下拉按钮，在展开的下拉列表中选择“行高”选项，打开“行高”对话框，设置“行高”为“20”磅，单击“确定”按钮。

步骤 4：选中 E4:M21 单元格区域，右击鼠标，在弹出的快捷菜单中选择“设置单元格格式”选项，打开“单元格格式”对话框；在“数字”选项卡中，选择“分类”列表框中的“数值”选项，设置“小数位数”为“2”，单击“确定”按钮。

步骤 5：选中 B4:B21 单元格区域，右击鼠标，在弹出的快捷菜单中选择“设置单元格格式”选项，打开“单元格格式”对话框；在“数字”选项卡中，选择“分类”列表框中的“文本”选项，单击“确定”按钮。

（3）步骤 1：在 L4 单元格中输入公式“=SUM(E4:K4)”，并按“Enter”键；选中 L4 单元格，将鼠标指针移到 L4 单元格右下角的填充柄上，待鼠标指针变成小十字形状时，按住鼠标左键向下拖动到 L21 单元格，释放鼠标左键。

步骤 2：在 M4 单元格中输入公式“=AVERAGE(E4:K4)”，并按“Enter”键；选中 M4 单元格，将鼠标指针移到 M4 单元格右下角的填充柄上，待鼠标指针变成小十字形状时，按住鼠标左键向下拖动到 M21 单元格，释放鼠标左键。

步骤 3：右击“成绩单”工作表标签，在弹出的快捷菜单中选中“移动或复制工作表”选项，打开“移动或复制工作表”对话框，勾选“建立副本”复选框，单击“确定”按钮；双击新建立的“成绩单（2）”工作表标签进入其编辑状态，然后输入工作表名称“分类汇总”，按“Enter”键。

（4）步骤 1：单击“分类汇总”工作表数据区域的任意单元格，在“数据”选项卡中单击“排序”按钮，打开“排序”对话框；设置“主要关键字”为“班级”，设置“次序”为“升序”；单击“添加条件”按钮，设置“次要关键字”为“总分”，设置“次序”为“降序”，单击“确定”按钮。

步骤 2：单击数据区域的任意单元格，在“数据”选项卡中单击“分类汇总”按钮，打开“分类汇总”对话框；设置“分类字段”为“班级”，设置“汇总方式”为“平均值”，在“选定汇总项”列表框中勾选 7 门课程的复选框，取消勾选其他复选框，默认勾选“汇总结果显示在数据下方”复选框，单击“确定”按钮。

步骤 3：保存并关闭工作簿。

5. WPS 演示题

（1）步骤 1：打开考生文件夹下的“ys.pptx”文件，选中第 1 张幻灯片，在“开始”选项卡中单击“版式”下拉按钮，在展开的下拉列表中选择“竖版”版式；选中第 3 张幻灯片，在“开始”选项卡中单击“版式”下拉按钮，在展开的下拉列表中选择“两栏内容”版式。

视频解析

步骤 2：选中第 2 张幻灯片的标题文字“江汉湖群的环境演变和未来发展趋势”，在“文本工具”选项卡中单击“字体”对话框启动器按钮，打开“字体”对话框；设置“中文字体”为“隶书”，设置“字形”为“加粗”，设置“字号”为“54”，单击“确定”按钮。

步骤 3：选中第 2 张幻灯片，按住鼠标左键将其拖动到第 1 张幻灯片的上方。

（2）步骤 1：选中第 5 张幻灯片的内容文本框，在“动画”选项卡中单击“自定义动画”按钮，打开“自定义动画”任务窗格；单击“添加效果”下拉按钮，在展开的下拉列表中选择“进入”/“基本型”/“盒状”选项，最后关闭“自定义动画”任务窗格。

步骤 2：在“设计”选项卡中单击“导入模板”按钮，打开“应用设计模板”对话框，选择一种需要的模板，单击“打开”按钮，将模板应用到演示文稿中。

步骤3：选中任意一张幻灯片，在“切换”选项卡中单击切换方式列表框右侧的下拉按钮，在展开的下拉列表中选择“推出”选项，单击“效果选项”下拉按钮，在展开的下拉列表中选择“向下”选项，单击“应用到全部”按钮。

（3）步骤1：在第3张幻灯片中单击右侧内容文本框中的“插入图片”按钮，打开“插入图片”对话框，找到并选中考生文件夹下的“ziran.png”图片，单击“打开”按钮。

步骤2：选中插入的图片，右击鼠标，在弹出的快捷菜单中选择“设置对象格式”选项，打开“对象属性”任务窗格；在“大小与属性”选项卡中的“大小”组中，勾选“锁定纵横比”复选框，设置“高度”为“9厘米”；在“位置”组中，设置“水平位置”为“13厘米”，设置“相对于”为“左上角”，设置“垂直位置”为“5厘米”，设置“相对于”为“左上角”，最后关闭“对象属性”任务窗格。

步骤3：保存并关闭演示文稿。

6．上网题

（1）步骤：通过“答题”菜单启动“Internet Explorer”，打开IE浏览器；在地址栏中输入网址“HTTP://LOCALHOST/index.html”并按“Enter”键，在打开的页面中单击“盛唐诗韵”，在弹出的子页面中单击“杜甫”，然后单击“代表作”；选择“文件”/“另存为”选项，打开“另存为”对话框，将保存路径修改为考生文件夹，在“保存类型”下拉列表中选择“文本文件(*.txt)”选项，在“文件名”编辑框中输入“DFDBZ”，单击“保存”按钮，完成操作。

（2）步骤：通过“答题”菜单启动“Outlook”，打开“Outlook”窗口；单击“创建邮件”按钮，打开“新邮件”窗口，在“收件人”编辑框中输入“wanglie@mail.neea.edu.cn”，在“抄送”编辑框中输入“jxms@mail.neea.edu.cn”，在窗口中央空白的编辑区域输入邮件内容“王老师：根据学校要求，请按照附件表格要求统计学院教师任课信息，并于3日内返回，谢谢！”；单击“附件”按钮，在打开的“打开”对话框中找到并选中考生文件夹下的“统计.xlsx”文件，单击“打开”按钮；单击“发送”按钮，在弹出的提示对话框中单击“确定”按钮；选择“工具”/“通讯簿”选项，打开“通讯簿”窗口，单击“新建”下拉按钮，在展开的下拉列表中选择“新建联系人”选项，打开“属性”对话框；在“姓名”编辑框中输入“王列”，在“电子邮箱”编辑框中输入“wanglie@mail.neea.edu.cn”，单击“确定”按钮，完成操作。

精选历年真题试卷（五）参考答案及解析

1．选择题

（1）B【解析】1946年，世界上第一台电子数字积分计算机ENIAC在美国宾夕法尼亚大学研制成功。

（2）B【解析】十进制整数转换成二进制数的方法是“除2取余”法，即将十进制整数除以 2 得一商数和一余数，再将商数除以 2，这样不断地用所得到的商数去除以 2，直到商数为 0 为止。每次所得余数倒序排列即为对应的二进制整数。因此，十进制数 29 转换成二进制数为 11101。

（3）C【解析】CPU 只能直接访问存储在内存中的数据。硬盘、CD-ROM、软盘均属于外存储器。

（4）B【解析】WPS Office 2010 属于应用软件。

（5）D【解析】ASCII 码编码顺序从小到大为：空格、数字、大写字母、小写字母。其中，ASCII 码用十六进制表示为：空格对应 20，9 对应 39，Z 对应 5A，a 对应 61。

（6）B【解析】计算机病毒主要通过移动存储介质（如 U 盘、移动硬盘）和计算机网络两大途径进行传播。

（7）C【解析】在一台计算机上申请的电子信箱，不必一定要通过这台计算机收信，通过其他的计算机也可以。

（8）D【解析】CPU 是计算机硬件系统中最核心的部件。

（9）A【解析】1 KB=2^{10} Byte=1 024 Byte。

（10）C【解析】计算机辅助设计的简称为 CAD，计算机辅助制造的简称为 CAM，计算机集成制造系统的简称为 CIMS，企业资源计划的简称为 ERP。

（11）B【解析】根据文件扩展名及其含义，WAV、MP3、MID 属于音频文件格式，而 GIF 属于图像文件格式。

（12）D【解析】在 48×48 的网格中描绘一个汉字，整个网格分为 48 行 48 列，每个小格用 1 位二进制编码表示，每一行需要 48 个二进制位，占 6 个字节，48 行共占 48×6=288 个字节。

（13）A【解析】CPU 的主要技术性能指标有字长、时钟主频、运算速度等。

（14）D【解析】防火墙指的是一个由软件和硬件设备组合而成、在内部网和外部网之间、专用网与公共网之间的界面上构造的保护屏障。它是一种获取安全性方法的形象说法，是一种计算机硬件和软件的结合，使 Internet 与内部网络之间建立起一个安全网关（Security Gateway），从而保护内部网免受非法用户的侵入。

（15）B【解析】一般来说，量化位数越多、采样频率越高，数字化声音的质量越高。

（16）D【解析】控制器的简称为 CU，不间断电源的简称为 UPS，算术逻辑部件的简称为 ALU，中央处理器的简称为 CPU。

（17）A【解析】高级语言结构丰富、可读性好、可维护性强、可靠性高、易学易掌握，写出来的程序可移植性好，重用率高，与机器结构没有太强的依赖性，同时高级语言程序不能直接被计算机识别和执行，必须由翻译程序把它翻译成机器语言后才能被执行。

（18）C【解析】系统总线分为三类：数据总线、控制总线、地址总线。

（19）B【解析】Windows 属于单用户操作系统。

（20）C【解析】在 ASCII 码表中，控制符码值<大写英文字母码值<小写英文字母码值，因此选项 C 正确。

2．基本操作题

视频解析

（1）步骤：打开考生文件夹下的“CCTVA”文件夹，在菜单栏中选择“文件”/“新建”/“文件夹”选项，或右击鼠标，在弹出的快捷菜单中选择“新建”/“文件夹”选项，即可生成新的文件夹，此时文件夹的名字处呈现蓝色可编辑状态，编辑名称为题目指定的名称“LEDER”。

（2）步骤：打开考生文件夹下的“HIGER\YION”文件夹，选中“ARIP.BAT”文件，按“F2”键，此时文件的名字处呈现蓝色可编辑状态，编辑名称为题目指定的名称“FAN.BAT”。

（3）步骤：打开考生文件夹下的“GOREST\TREE”文件夹，选中“LEAF.MAP”文件，在菜单栏中选择“文件”/“属性”选项，或右击鼠标，在弹出的快捷菜单中选择“属性”选项，即可打开“LEAF.MAP 属性”对话框；在“LEAF.MAP 属性”对话框中勾选“只读”复选框，单击“确定”按钮。

（4）步骤：打开考生文件夹下的“BOP\YIN”文件夹，选中“FILE.WRI”文件，在菜单栏中选择“编辑”/“复制”选项，或按“Ctrl+C”快捷键；打开考生文件夹下的“SHEET”文件夹，在菜单栏中选择“编辑”/“粘贴”选项，或按“Ctrl+V”快捷键。

（5）步骤：打开考生文件夹下的“XEN\FISHER”文件夹，选中“EAT-A”文件夹，按“Delete”键，弹出“删除文件夹”对话框，单击“是”按钮，将文件夹删除到回收站。

3．WPS 文字题

视频解析

（1）步骤 1：打开考生文件夹下的“wps.docx”文件，在“页面布局”选项卡中单击“纸张大小”下拉按钮，在展开的下拉列表中选择“其它页面大小”选项，打开“页面设置”对话框；在“纸张”选项卡中，设置“纸张大小”为“16 开”；切换到“页边距”选项卡，在“页边距”组中，设置“上”为“50”毫米（或“5”厘米），设置“下”“左”“右”均为“20”毫米（或“2”厘米），单击“确定”按钮。

步骤 2：在“插入”选项卡中单击“页眉和页脚”按钮，进入“页眉和页脚”编辑状态，在页眉处输入“中国人事科学研究院”；选中输入的文字，在“开始”选项卡中设置“字体”为“华文中宋”，设置“字号”为“小初”，设置“字体颜色”为“红色”，最后单击“分散对齐”按钮。

步骤 3：将鼠标指针置于页眉内容的末尾位置，按“Enter”键，在第 2 行输入“人科函〔2013〕55 号”；选中输入的第 2 行文字，在“开始”选项卡中设置“字号”为“四号”，并单击“右对齐”按钮。

步骤 4：在“页眉和页脚”选项卡中单击“页眉横线”下拉按钮，在展开的下拉列表中选择“单实线”，最后单击“关闭”按钮。

（2）步骤 1：选中标题文字“关于‘政府人才管理职能研究课题成果评审交流会’的邀请函”，在“开始”选项卡中设置“字体”为“黑体”，设置“字号”为“小二”，设置“字体颜色”为“深蓝”，最后单击“居中对齐”按钮。

步骤 2：将鼠标指针置于“课题成果”之后，按“Enter”键，将标题段分为两段。

步骤 3：选中所有正文段“为进一步……org.cn/”，在“开始”选项卡中设置“字号”为“小四”；在“开始”选项卡中单击“段落”对话框启动器按钮，打开“段落”对话框；在“缩进和间距”选项卡的“间距”组中，设置“段前”为“0.5”行，设置“行距”为“1.5 倍行距”，单击“确定”按钮。

（3）步骤 1：选中正文第 1 段“为进一步……通知如下：”，在“开始”选项卡中单击“段落”对话框启动器按钮，打开“段落”对话框；在“缩进和间距”选项卡的“缩进”组中，设置“特殊格式”为“首行缩进”，“度量值”默认为“2”字符，单击“确定”按钮。

步骤 2：选中正文第 2 至 7 段“会议主题……org.cn/”，在“开始”选项卡中单击“项目符号”下拉按钮，在展开的下拉列表中选择“带填充效果的钻石菱形项目符号”选项。

步骤 3：保持正文第 2 至 7 段的选中状态，在“开始”选项卡中单击“段落”对话框启动器按钮，打开“段落”对话框；在“缩进和间距”选项卡的“缩进”组中，设置“文本之前”为“2”字符，单击“确定”按钮。

步骤 4：选中落款文字“中国人事科学研究院”和日期行，在“开始”选项卡中单击“右对齐”按钮。

（4）步骤 1：选中表格中的所有文字，在“开始”选项卡中设置“字号”为“小五”。

步骤 2：选中表格的第 1 列文字，在“开始”选项卡中单击“段落”对话框启动器按钮，打开“段落”对话框；在“缩进和间距”选项卡的“缩进”组中，设置“文本之前”为“1”字符，单击“确定”按钮。

步骤 3：选中表格第 4 行的所有单元格，右击鼠标，在弹出的快捷菜单中选择“合并单元格”选项；在“表格工具”选项卡中单击“对齐方式”下拉按钮，在展开的下拉列表中选择“水平居中”选项，最后单击“加粗”按钮。

步骤 4：选中表格右下角单元格中的文字“单位盖章”，在“表格工具”选项卡中，单击“对齐方式”下拉按钮，在展开的下拉列表中选择“水平居中”选项。

（5）步骤 1：选中表格的倒数第 3 行（空行），右击鼠标，在弹出的快捷菜单中选择“删除行”选项。

步骤 2：选中整个表格，右击鼠标，在弹出的快捷菜单中选择“边框和底纹”选项，打开“边框和底纹”对话框；在“边框”选项卡中，选择“设置”组中的“方框”选项，设置“线型”为“双实线”，设置“颜色”为“深蓝”，设置“宽度”为“0.5 磅”；再选择“设置”组中的“自定义”选项，设置“线型”为“单实线”，设置“颜色”为“蓝色”，设置“宽度”为“0.75 磅”，在“预览”组中单击表格中心位置，单击“确定”按钮。

步骤 3：选中表格第 4 行，右击鼠标，在弹出的快捷菜单中选择“边框和底纹”选项，打开“边框和底纹”对话框；切换到“底纹”选项卡，设置“填充”为“浅绿”，单击“确定”按钮。

步骤 4：选中整个表格，在“开始”选项卡中单击“居中对齐”按钮。

步骤 5：保存并关闭文档。

4．WPS 表格题

（1）步骤 1：打开考生文件夹下的“Book.xlsx”文件，选中 A1:G1 单元格区域，在“开始”选项卡中单击“合并居中”按钮；选中合并后的单元格，在“开始”选项卡中单击“填充颜色”下拉按钮，在展开的下拉列表中选择“巧克力黄，着色 2”选项。

视频解析

步骤 2：选中标题文字“全国纳税户数变化状况分析——按所在地区划分正常营业户分布情况表”，在“开始”选项卡中设置“字体”为“黑体”，设置“字号”为“16”，设置“字体颜色”为“绿色”。

步骤 3：选中表格的第 4 至 8 行，在“开始”选项卡中单击“行和列”下拉按钮，在展开的下拉列表中选择“行高”选项，打开“行高”对话框，设置“行高”为“25”磅，单击“确定”按钮。

（2）步骤 1：选中 E 列，右击鼠标，在弹出的快捷菜单中选择“插入”选项，设置“列数”为“1”，在 E4 单元格中输入“合计户数”。

步骤 2：选中 A4:H8 单元格区域，右击鼠标，在弹出的快捷菜单中选择“设置单元格格式”选项，打开“单元格格式”对话框；切换到“边框”选项卡，在“样式”列表框中选择“双实线”，单击“预置”组中的“外边框”按钮；再选择“样式”列表框中的“单实线”，单击“预置”组中的“内部”按钮，单击“确定”按钮。

步骤 3：选中 B5:E8 单元格区域，右击鼠标，在弹出的快捷菜单中选择“设置单元格格式”选项，打开“单元格格式”对话框；在“数字”选项卡中，选择“分类”列表框中的“数值”选项，设置“小数位数”为“0”，勾选“使用千位分隔符”复选框，单击“确定”按钮。

步骤 4：按照同样的操作方法，设置 F5:H8 单元格区域的数字格式为“百分比”，小数位数为“2”。

（3）步骤 1：在 E5 单元格中输入公式“=SUM(B5:D5)”，并按“Enter”键；选中 E5 单元格，将鼠标指针移到 E5 单元格右下角的填充柄上，待鼠标指针变成小十字形状时，按住鼠标左键向下拖动到 E8 单元格，释放鼠标左键，单击右下角的“自动填充选项”下拉按钮，在展开的下拉列表中选择“不带格式填充”选项。

步骤 2：在 F5 单元格中输入公式“=B5/E5”，并按“Enter”键；选中 F5 单元格，将鼠标指针移到 F5 单元格右下角的填充柄上，待鼠标指针变成小十字形状时，按住鼠标左键向下拖动到 F8 单元格，释放鼠标左键，单击右下角的“自动填充选项”下拉按钮，在展开的下拉列表中选择“不带格式填充”选项。

步骤 3：在 G5 单元格中输入公式“=C5/E5”，并按“Enter”键；选中 G5 单元格，将鼠标指针移到 G5 单元格右下角的填充柄上，待鼠标指针变成小十字形状时，按住鼠标左键向下拖动到 G8 单元格，释放鼠标左键，单击右下角的“自动填充选项”下拉按钮，在展开的下拉列表中选择“不带格式填充”选项。

步骤 4：在 H5 单元格中输入公式“=D5/E5”，并按“Enter”键；选中 H5 单元格，将鼠标指针移到 H5 单元格右下角的填充柄上，待鼠标指针变成小十字形状时，按住鼠标左键向下拖动到 H8 单元格，释放鼠标左键，单击右下角的“自动填充选项”下拉按钮，在展开的下拉列表中选择“不带格式填充”选项。

（4）步骤 1：选中 A4:D8 单元格区域，在“插入”选项卡中单击“全部图表”按钮，打开“插入图表”对话框；在左侧列表框中选择“柱形图”，再在右侧选择“簇状柱形图”，单击“插入”按钮。

步骤 2：选中图表，在“图表工具”选项卡中单击“添加元素”下拉按钮，在展开的下拉列表中选择“图例”/“底部”选项；再在“添加元素”下拉列表中选择“轴标题”/“主要横向坐标轴”选项，将坐标轴标题修改为“年度”，修改图表标题为“近四年分地区营业户数比较”。

步骤 3：选中图表，按住鼠标左键拖动图表使其左上角放置在 B10 单元格内，调整图表大小使其置于 B10:G26 单元格区域。

步骤 4：保存并关闭工作簿。

5．WPS 演示题

视频解析

（1）步骤 1：打开考生文件夹下的“ys.pptx”文件，选中第 1 张幻灯片的主标题“实验室管理制度”，在“动画”选项卡中单击“自定义动画”按钮，打开“自定义动画”任务窗格；单击“添加效果”下拉按钮，在展开的下拉列表中选择“进入”/“基本型”/“百叶窗”选项。

步骤 2：选中第 1 张幻灯片的副标题“物理化学实验室”，在“自定义动画”窗格中单击“添加效果”下拉按钮，在展开的下拉列表中选择“进入”/“基本型”/“飞入”选项，关闭“自定义动画”任务窗格。

（2）步骤 1：选中第 2 张幻灯片中的“实验室管理细则”，按住“Ctrl”键的同时选中“实验室环境与安全制度”和“物理化学实验物品管理”，在“文本工具”选项卡中单击“文本填充”下拉按钮，在展开的下拉列表中选择“钢蓝，着色 1”选项。

步骤 2：单击“文本效果”下拉按钮，在展开的下拉列表中选择“阴影”/“外部”/“右下斜偏移”选项。

（3）步骤 1：选中第 3 张幻灯片的标题文本框，在“文本工具”选项卡中设置“字号”为“54”；选中第 3 张幻灯片中的内容文本框，在“文本工具”选项卡中设置“字体”为“黑体”，设置“字号”为“20”。

步骤 2：选中第 3 张幻灯片的内容文本框，在“开始”选项卡中单击“段落”对话框启动器按钮，打开“段落”对话框；在“缩进和间距”选项卡的“缩进”组中，设置“特殊格式”为“首行缩进”，设置“度量值”为“2”字符，单击“确定”按钮。

（4）步骤：选中第 4 张幻灯片，单击右侧文本框中的“插入图片”按钮，打开“插入图片”对话框，找到并选中考生文件夹下的“安全标志.jpg”图片，单击“打开”按钮。

（5）步骤 1：选中第 5 张幻灯片左侧文本框中的内容“化学药品……定期检查”，按“Ctrl+X”快捷键进行剪切，按“Ctrl+V”快捷键将其粘贴到右侧文本框中；选中左侧内容文本框，按住“Ctrl”键的同时选中右侧内容文本框，在“文本工具”选项卡中设置“字号”为“28”。

步骤2：保存并关闭演示文稿。

6. 上网题

（1）步骤：通过“答题”菜单启动“Internet Explorer”，打开IE浏览器；在地址栏中输入网址“HTTP://LOCALHOST/index.htm”并按“Enter”键，在打开的页面中单击“报名方式”；选中“报名方式”的具体内容，按“Ctrl+C”快捷键进行复制；打开考生文件夹，新建一个Word文档，并命名为“baoming.docx”；打开新建的Word文档，按“Ctrl+V”快捷键进行粘贴，保存并关闭文档。

（2）步骤：通过“答题”菜单启动“Outlook”，打开“Outlook”窗口；单击“发送/接收”按钮，在弹出的提示对话框中单击“确定”按钮，双击接收的邮件，打开“读取邮件”窗口；在附件名处右击鼠标，在弹出的快捷菜单中选择“另存为”选项，打开“另存为”对话框，将保存路径修改为考生文件夹，在“文件名”编辑框中输入“值班表.docx”，单击“保存”按钮，在弹出的提示对话框中单击“确定”按钮；单击“答复”按钮，打开“Re:值班表”窗口，在窗口中央空白的编辑区域输入邮件内容“值班表已收到，会按时值班，谢谢！”，单击“发送”按钮，在弹出的提示对话框中单击“确定”按钮，完成操作。

精选历年真题试卷（六）参考答案及解析

1. 选择题

（1）A【解析】系统软件主要包括操作系统、语言处理系统、数据库管理系统和系统辅助处理程序等，其中最重要的是操作系统。

（2）C【解析】万维网（WWW）能把各种各样的信息（文本、图形、声音、图像和视频等）有机地综合起来，方便用户阅读和查找。因此，要在Web浏览器中查看某一电子商务公司的主页，必须知道该公司的WWW地址。

（3）B【解析】科学计算又称数值计算，它是计算机最早的应用领域。

（4）A【解析】计算机软件系统是指为运行、管理和维护计算机而编制的各种程序、数据和文档的总称。

（5）D【解析】计算机系统由硬件系统和软件系统两大部分组成。硬件系统包括运算器、控制器、存储器、输入设备和输出设备，软件系统包括系统软件和应用软件。

（6）B【解析】ASCII码有7位码和8位码两种版本。国际上通用的是7位ASCII码。

（7）C【解析】计算机的存储器可分为内存和外存两大类。内存是主板上的存储部件，用来存储当前正在执行的数据、程序和结果。

（8）B【解析】Internet 又称互联网，始于 1969 年的美国，最初创建时的应用领域是军事。

（9）C【解析】移动硬盘或 U 盘连接计算机所使用的接口通常是 USB。

（10）B【解析】DVD 是外接设备，ROM 是只读存储器，故合起来就是只读外部存储器。

（11）A【解析】字长是 CPU 的主要技术指标之一，指的是 CPU 一次能同时处理的二进制数据的位数。字长可以表示为 CPU 处理数据的宽度。

（12）D【解析】计算机采用的电子器件：第 1 代是电子管，第 2 代是晶体管，第 3 代是中小规模集成电路，第 4 代是大规模及超大规模集成电路。现代计算机属于第 4 代计算机。

（13）C【解析】对于信息系统的使用者来说，维护信息安全的措施主要包括保障计算机及网络系统的安全，预防计算机病毒以及预防计算机犯罪等内容。在日常的信息活动中，我们应注意以下几个方面：① 尊重知识产权，支持使用合法原版的软件，拒绝使用盗版软件；② 平常将重要资料备份；③ 不要随意使用来路不明的文件或磁盘，若使用，要先用杀毒软件扫描后再用；④ 随时注意特殊文件的长度和使用日期以及内存的使用情况；⑤ 安装杀毒软件，并定期使用。A、B、D 选项都是属于安全设置的措施，C 选项关于账号的停用不属于该范畴。

（14）A【解析】计算机辅助教育的简称为 CAI，计算机辅助制造的简称为 CAM，计算机集成制造系统的简称为 CIMS，计算机辅助设计的简称为 CAD。

（15）C【解析】将目标程序转换成可执行文件的程序称为链接程序。

（16）C【解析】一个汉字是两个字节，一个字节是 8 bit，所以是一个汉字的内码码长是 16 bit。

（17）B【解析】常见的程序设计语言有 C、C++、Java、Python、Visual Basic 等。选项 A 为数据图像处理软件，选项 C 为音频处理程序，选项 D 为压缩软件。

（18）C【解析】在 ASCII 码表中，按码值从小到大的排列顺序为：控制符、数字、大写英文字母、小写英文字母。

（19）B【解析】无线移动网络最突出的优点是提供随时随地的网络服务。

（20）B【解析】ChinaDDN 网、Chinanet 网、Internet 网属于广域网。

2．基本操作题

（1）步骤：打开考生文件夹下的“COFF\JIN”文件夹，选中“MONEY.TXT”文件，在菜单栏中选择“文件”/“属性”选项，或右击鼠标，在弹出的快捷菜单中选择“属性”选项，即可打开“MONEY.TXT 属性”对话框；在“MONEY.TXT 属性”对话框中勾选“只读”和“隐藏”复选框，单击“确定”按钮。

视频解析

（2）步骤：打开考生文件夹下的“DOSION”文件夹，选中“HDLS.SEL”文件，在菜单栏中选择“编辑”/“复制”选项，或按“Ctrl+C”快捷键；在菜单栏中选择“编辑”/“粘贴”选项，或按“Ctrl+V”快捷键；选中复制生成的文件，按“F2”键，此时

文件的名字处呈现蓝色可编辑状态，编辑名称为题目指定的名称“AEUT.SEL”。

（3）步骤：打开考生文件夹下的“SORRY”文件夹，在菜单栏中选择“文件”/“新建”/“文件夹”选项，或右击鼠标，在弹出的快捷菜单中选择“新建”/“文件夹”选项，即可生成新的文件夹，此时文件夹的名字处呈现蓝色可编辑状态，编辑名称为题目指定的名称“WINBJ”。

（4）步骤：打开考生文件夹下的“WORD2”文件夹，选中“A-EXCEL.MAP”文件，按“Delete”键，弹出“删除文件”对话框，单击“是”按钮，将文件删除到回收站。

（5）步骤：打开考生文件夹下的“STORY”文件夹，选中“ENGLISH”文件夹，按“F2”键，此时文件夹的名字处呈现蓝色可编辑状态，编辑名称为题目指定的名称“CHUN”。

3．WPS 文字题

视频解析

（1）步骤：打开考生文件夹下的“wps.docx”文件，在“页面布局”选项卡中单击“页面设置”对话框启动器按钮，打开“页面设置”对话框；在“页边距”选项卡中设置“上”“下”均为“2.8”厘米，设置“左”“右”均为“3.5”厘米，单击“确定”按钮。

（2）步骤 1：选中第 1 行文字“公司会议通知”，在“开始”选项卡中单击“字体”对话框启动器按钮，打开“字体”对话框；在“字体”选项卡中设置“中文字体”为“黑体”，设置“字号”为“36”，设置“字体颜色”为“红色”；切换到“字符间距”选项卡，设置“间距”为“加宽”，设置“值”为“0.2”厘米，最后单击“确定”按钮。

步骤 2：保持第 1 行文字的选中状态，在“开始”选项卡中单击“居中对齐”按钮。

（3）步骤：选中正文标题一“一、会议主题”，按住“Ctrl”键的同时选中标题二“二、会议时间”，依次选中标题一至六，在“开始”选项卡中设置“字体”为“楷体”，设置“字号”为“三号”。

（4）步骤 1：选中正文标题一下面的内容“2018 上半年公司总结表彰大会”，按住“Ctrl”键的同时选中标题二下面的内容“2018 年 7 月 8 日晚 19:00—21:00”，按照同样的操作方法，再依次选中标题三至五下面的内容，在“开始”选项卡中设置“字号”为“小四”。

步骤 2：保持标题一至五下面内容的选中状态，在“开始”选项卡中单击“段落”对话框启动器按钮，打开“段落”对话框；在“缩进和间距”选项卡的“缩进”组中，设置“特殊格式”为“首行缩进”，“度量值”默认为“2”字符，单击“确定”按钮。

（5）步骤 1：选中标题六下面的 5 行内容，在“插入”选项卡中单击“表格”下拉按钮，在展开的下拉列表中选择“文本转换成表格”选项，打开“将文字转换成表格”对话框；在“文字分隔位置”组中选中“空格”单选按钮，单击“确定”按钮。

步骤 2：选中整个表格，在“表格工具”选项卡中单击“对齐方式”下拉按钮，在展开的下拉列表中选择“水平居中”选项。

步骤 3：选中表格标题行，在“开始”选项卡中设置“字体”为“隶书”，设置“字号”为“三号”；选中部门标题列下面的内容，在“开始”选项卡中设置“字体”为“楷体”，设置“字号”为“小四”。

（6）步骤 1：选中表格下面的“凯斯威科技股份有限公司”内容，在“开始”选项卡中设置“字号”为“小四”；在“开始”选项卡中单击“字体”对话框启动器按钮，打开“字体”对话框；切换到“字符间距”选项卡，设置“间距”为“加宽”，设置“值”为“0.05”厘米，单击“确定”按钮。

步骤 2：保持“凯斯威科技股份有限公司”内容的选中状态，在“开始”选项卡中单击“段落”对话框启动器按钮，打开“段落”对话框；在“缩进和间距”选项卡的“常规”组中，设置“对齐方式”为“右对齐”；在“缩进”组中，设置“文本之后”为“1”字符，单击“确定”按钮。

（7）步骤 1：选中日期内容“2018 年 7 月 3 日”，在“开始”选项卡中设置“字号”为“小四”；在“开始”选项卡中单击“字体”对话框启动器按钮，打开“字体”对话框；在“字符间距”选项卡中设置“间距”为“加宽”，设置“值”为“0.05”厘米，单击“确定”按钮。

步骤 2：保持日期内容的选中状态，在“开始”选项卡中单击“段落”对话框启动器按钮，打开“段落”对话框；在“缩进和间距”选项卡的“常规”组中，设置“对齐方式”为“右对齐”；在“缩进”组中，设置“文本之后”为“3.5”字符；在“间距”组中，设置“段前”为“1”行，单击“确定”按钮。

步骤 3：保存并关闭文档。

4．WPS 表格题

视频解析

（1）步骤：打开考生文件夹下的“Book.xlsx”文件，在“高二年级成绩表”工作表中，选中 A1:K1 单元格区域，在“开始”选项卡中单击“合并居中”按钮，设置“字体”为“微软雅黑”，设置“字号”为“24”。

（2）步骤：选中 A2:K2 单元格区域，在“开始”选项卡中依次单击“水平居中”和“加粗”按钮，设置“字体”为“黑体”，设置“字号”为“16”。

（3）步骤 1：在 J3 单元格中输入公式“=AVERAGE(D3:I3)”，并按“Enter”键；选中 J3 单元格，将鼠标指针移到 J3 单元格右下角的填充柄上，待鼠标指针变成小十字形状时，按住鼠标左键向下拖动到 J114 单元格，释放鼠标左键。

步骤 2：选中 J3:J114 单元格，右击鼠标，在弹出的快捷菜单中选择“设置单元格格式”选项，打开“单元格格式”对话框；在“数字”选项卡中，选择“分类”列表框中的“数值”选项，设置“小数位数”为“1”，单击“确定”按钮。

步骤 3：选中 J3:J114 单元格，在“开始”选项卡中单击“条件格式”下拉按钮，在展开的下拉列表中选择“突出显示单元格规则”/“其他规则”选项，打开“新建格式规则”对话框；在“编辑规则说明”组中，将“单元格值”设置为“大于或等于”，在右侧的编辑框中输入“88”；单击“格式”按钮，打开“单元格格式”对话框，切换到“图案”选项卡，设置“颜色”为“红色”，单击“确定”按钮，返回“新建格式规则”对话

框，再次单击“确定”按钮。

（4）步骤：在 K3 单元格中输入公式“=SUM(D3:I3)”，并按“Enter”键；选中 K3 单元格，将鼠标指针移到 K3 单元格右下角的填充柄上，待鼠标指针变成小十字形状时，按住鼠标左键向下拖动到 K114 单元格，释放鼠标左键。

（5）步骤：选中表格 A2:K114 单元格区域，右击鼠标，在弹出的快捷菜单中选择“设置单元格格式”选项，打开“单元格格式”对话框；切换到“边框”选项卡，在“样式”列表框中选择“粗实线”（右侧第 5 个），单击“预置”组中的“外边框”按钮；再选择“样式”列表框中的“单实线”，单击“预置”组中的“内部”按钮，单击“确定”按钮。

（6）步骤 1：在 J115 单元格中输入公式“=AVERAGE(J3:J114)”，并按“Enter”键；选中 J115 单元格，右击鼠标，在弹出的快捷菜单中选择“设置单元格格式”选项，打开“单元格格式”对话框；切换到“数字”选项卡，选择“分类”列表框中的“数值”选项，设置“小数位数”为“1”，单击“确定”按钮。

步骤 2：在 K115 单元格中输入公式“=AVERAGE(K3:K114)”，并按“Enter”键；选中 K115 单元格，右击鼠标，在弹出的快捷菜单中选择“设置单元格格式”选项，打开“单元格格式”对话框；在“数字”选项卡中，选择“分类”列表框中的“数值”选项，设置“小数位数”为“0”，单击“确定”按钮。

（7）步骤：选中 P12 单元格，在“数据”选项卡中单击“数据透视表”按钮，打开“创建数据透视表”对话框，将鼠标指针置于“请选择单元格区域”下面的编辑框中，在工作表中选择 A2:K114 单元格区域，单击“确定”按钮，打开“数据透视表”任务窗格；将“字段列表”列表框中的“班级”字段拖放到“行”区域，将“字段列表”列表框中的“性别”字段拖放到“列”区域，将“字段列表”列表框中的“性别”字段拖放到“值”区域。

（8）步骤 1：选中数据透视表的任意单元格，在“分析”选项卡中单击“数据透视图”按钮，打开“插入图表”对话框，在左侧列表框中选择“柱形图”，再在右侧选择“簇状柱形图”，单击“插入”按钮。

步骤 2：选中图表，在“图表工具”选项卡中单击“在线图表”左侧的样式列表框下拉按钮，在展开的下拉列表中找到并选中“样式 12”的图表样式；单击“添加元素”下拉按钮，在展丌的下拉列表中选择“数据标签”/“数据标签内”选项。

步骤 3：选中图表，按住鼠标左键拖动图表使其左上角放置在 O20 单元格内，调整图表大小使其置于 O20:V36 单元格区域。

步骤 4：保存并关闭工作簿。

5. WPS 演示题

视频解析

（1）步骤 1：打开考生文件夹下的“ys.pptx”文件，在“设计”选项卡中单击“编辑母版”按钮，进入幻灯片母版编辑视图；选中第 1 张幻灯片，在“幻灯片母版”选项卡中单击“主题”下拉按钮，在展开的下拉列表中选择“角度”选项。

步骤 2：选中幻灯片母版中的标题占位符（第 1 张幻灯片），在“文本工具”选项卡中单击“字体”对话框启动器按钮，打开“字体”对话框；设置“中文字体”为“微软雅黑”，设置“字形”为“加粗”，设置“字号”为“40”，设置“字体颜色”为“茶色，着色 5，深色 50%”，单击“确定”按钮。

步骤 3：选中幻灯片母版中的内容占位符（第 1 张幻灯片），在“文本工具”选项卡中单击“字体颜色”下拉按钮，在展开的下拉列表中选择“茶色，着色 5，深色 25%”选项。

步骤 4：选中第 1 张幻灯片，在“插入”选项卡中单击“图片”下拉按钮，在展开的下拉列表中选择“本地图片”选项，打开“插入图片”对话框，找到并选中考生文件夹下的“咖啡杯.png”图片，单击“打开”按钮。

步骤 5：选中插入的图片，右击鼠标，在弹出的快捷菜单中选择“设置对象格式”选项，打开“对象属性”任务窗格；在“大小与属性”选项卡中的“位置”组中，设置“水平位置”为“25”厘米，设置“相对于”为“左上角”，设置“垂直位置”为“10”厘米，设置“相对于”为“左上角”，关闭“对象属性”任务窗格，在“幻灯片母版”选项卡中单击“关闭”按钮。

（2）步骤 1：选中第 1 张幻灯片，在“设计”选项卡中单击“背景”按钮，打开“对象属性”任务窗格；选中“图片或纹理填充”单选按钮，设置“纹理填充”为“编织”，设置“透明度”为“90%”，单击“全部应用”按钮，关闭“对象属性”任务窗格。

步骤 2：在“插入”选项卡中单击“幻灯片编号”按钮，打开“页眉和页脚”对话框，勾选“日期和时间”复选框，选中“自动更新”单选按钮，然后勾选“幻灯片编号”和“标题幻灯片不显示”复选框，单击“全部应用”按钮。

（3）步骤 1：选中第 5 张幻灯片，在“开始”选项卡中单击“版式”下拉按钮，在展开的下拉列表中选择“两栏内容”版式。

步骤 2：在第 5 张幻灯片中，单击右侧文本框中的“插入图片”按钮，打开“插入图片”对话框，找到并选中考生文件夹下的“咖啡豆.jpg”图片，单击“打开”按钮；选中插入的图片，在“图片工具”选项卡中单击“裁剪”下拉按钮，在展开的下拉列表中选择“矩形”/“圆角矩形”选项，然后按“Esc”键退出裁剪。

步骤 3：选中插入的图片，在“图片工具”选项卡中单击“对齐”下拉按钮，在展开的下拉列表中，首先确定“相对于幻灯片”处于选中状态，再依次选择“水平居中”和“垂直居中”选项。

步骤 4：在“插入”选项卡中单击“艺术字”下拉按钮，在展开的下拉列表中选择“填充-茶色，着色 5，轮廓-背景 1，清晰阴影-着色 5”样式，在艺术字文本框中输入“咖啡豆”；选中输入的文字，在“文本工具”选项卡中设置“字号”为“40”，单击“文本效果”下拉按钮，在展开的下拉列表中选择“倒影”/“倒影变体”/“紧密倒影，接触”选项；选中艺术字，将其拖动到图片下方。

（4）步骤：选中第 3 张幻灯片中的图片，在“动画”选项卡中单击“自定义动画”按钮，打开“自定义动画”任务窗格；单击“添加效果”下拉按钮，在展开的下拉列表中选择“进入”/“温和型”/“翻转式由远及近”选项，在“自定义动画”任务窗格中设

置“速度”为“非常快”，设置“开始”为“之前”，关闭“自定义动画”任务窗格。

（5）步骤：选中任意一张幻灯片，在“切换”选项卡中单击切换方式列表框右侧的下拉按钮，在展开的下拉列表中选择“擦除”选项，单击“效果选项”下拉按钮，在展开的下拉列表中选择“向左”选项，勾选“自动换片”复选框，设置“自动换片”为“00:05”，最后单击“应用到全部”按钮。

（6）步骤 1：选中任意一张幻灯片，在“幻灯片放映”选项卡中单击“设置放映方式”按钮，打开“设置放映方式”对话框，在“放映类型”组中选中“展台自动循环放映（全屏幕）”单选按钮，单击“确定”按钮。

步骤 2：保存并关闭演示文稿。

6．上网题

（1）步骤：通过“答题”菜单启动“Internet Explorer”，打开 IE 浏览器；在地址栏中输入网址“HTTP://LOCALHOST/index.html”并按“Enter”键，在打开的页面中单击“节目介绍”，在打开的页面中右击图片，在弹出的快捷菜单中选择“图片另存为”选项，打开“另存为”对话框，将保存路径修改为考生文件夹，在“文件名”编辑框中输入“JIEMU”，在“保存类型”下拉列表中选择“(JPG,JPEG)(*.jpg)”选项，单击“保存”按钮，完成操作。

（2）步骤：通过“答题”菜单启动“Outlook”，打开“Outlook”窗口；单击“发送/接收”按钮，在弹出的提示对话框中单击“确定”按钮，双击接收的邮件，打开“读取邮件”窗口；在附件名处右击鼠标，在弹出的快捷菜单中选择“另存为”选项，打开“另存为”对话框，将保存路径修改为考生文件夹，在“文件名”编辑框中输入“shenbao.doc”，单击“保存”按钮，在弹出的提示对话框中单击“确定”按钮；单击“答复”按钮，打开“Re:申报材料”窗口，将“主题”修改为“工作答复”，在窗口中央空白的编辑区域输入邮件内容“你好，我们一定会认真审核并推荐，谢谢！”；最后单击“发送”按钮，在弹出的提示对话框中单击“确定”按钮，完成操作。

精选历年真题试卷（七）参考答案及解析

1．选择题

（1）D【解析】计算机指令通常由操作码和操作数两部分组成。操作码指明指令所要完成操作的性质和功能，操作数指明指令操作码执行时的操作对象。

（2）D【解析】计算机之所以能按人们的意图自动进行工作，最直接的原因是采用了存储程序控制，这个思想是由冯・诺依曼提出的。

（3）C【解析】将高级语言源程序翻译成目标程序的软件称为编译程序。

（4）B【解析】计算机病毒主要通过移动存储介质（如 U 盘、移动硬盘）和计算机网络两大途径进行传播。

（5）B【解析】一个完整的计算机系统应该包括硬件系统和软件系统两部分。

（6）C【解析】显示器、绘图仪、打印机属于输出设备。

（7）D【解析】计算机的应用主要分为科学计算、信息处理（也称数据处理）、过程控制、计算机辅助技术、网络通信、人工智能、多媒体应用、嵌入式系统等。铁路联网售票系统属于计算机的信息处理应用。

（8）D【解析】计算机以拨号方式接入 Internet 网时是用的电话线，电话线只能传输模拟信号，如果要传输数字信号必须用调制解调器（Modem）。

（9）B【解析】运算器也称为算术逻辑部件，是计算机对数据进行加工和处理的主要部件，它的主要功能是对二进制数码进行算术运算或者逻辑运算。

（10）D【解析】计算机主要具有以下几个特点：① 高速、精确的运算能力；② 准确的逻辑判断能力；③ 强大的存储能力；④ 自动功能；⑤ 网络与通信功能。

（11）C【解析】防火墙指的是一个由软件和硬件设备组合而成、在内部网和外部网之间、专用网与公共网之间的界面上构造的保护屏障。

（12）C【解析】MB/s 是传输速率的度量单位，MIPS 是运算速度的度量单位，GHz 是时钟主频的度量单位，MB 是存储容量的度量单位。

（13）B【解析】当电源关闭后，RAM 中的数据会丢失，ROM、硬盘、软盘中的数据不丢失。

（14）D【解析】选项 A，在指令中操作码是不可缺少的，但操作数可以没有；选项 B，操作数指明指令操作码执行时的操作对象；选项 C，机器指令通常由操作码和操作数（或称地址码）两部分组成。

（15）C【解析】音频文件数据量的计算公式为：音频数据量（B）=采样时间（s）×采样频率（Hz）×量化位数（b）×声道数/8。本题音频数据量=60×10 000×16×2/8=2 400 000 B≈2.4 MB。

（16）C【解析】系统软件主要包括操作系统、语言处理系统、数据库管理系统和系统辅助处理程序等。DOS 和 UNIX 属于操作系统，因此都是系统软件。

（17）D【解析】将汇编语言源程序翻译成目标程序的程序称为汇编程序。

（18）C【解析】十进制整数转换成二进制整数的方法是“除 2 取余”法，即将十进制整数除以 2 得一商数和一余数，再将商数除以 2，这样不断地用所得到的商数去除以 2，直到商数为 0 为止。每次所得余数倒序排列即为对应的二进制整数。因此，十进制数 127 转换成二进制数为 1111111。

（19）B【解析】计算机系统由硬件系统和软件系统两大部分组成。硬件系统包括运算器、控制器、存储器、输入设备和输出设备，软件系统包括系统软件和应用软件。

（20）B【解析】高速缓冲存储器的简称为 Cache，只读存储器的简称为 ROM，随机存储器的简称为 RAM。

2. 基本操作题

（1）步骤：打开考生文件夹下的“TURO”文件夹，选中“POWER.DOC”文件，按“Delete”键，弹出“删除文件”对话框，单击“是”按钮，将文件删除到回收站。

视频解析

（2）步骤：打开考生文件夹下的“KIU”文件夹，在菜单栏中选择“文件”/“新建”/“文件夹”选项，或右击鼠标，在弹出的快捷菜单中选择“新建”/“文件夹”选项，即可生成新的文件夹，此时文件夹的名字处呈现蓝色可编辑状态，编辑名称为题目指定的名称“MING”。

（3）步骤：打开考生文件夹下的“INDE”文件夹，选中“GONG.TXT”文件，在菜单栏中选择“文件”/“属性”选项，或右击鼠标，在弹出的快捷菜单中选择“属性”选项，即可打开“GONG.TXT 属性”对话框；在“GONG.TXT 属性”对话框中勾选“只读”和“隐藏”复选框，单击“确定”按钮。

（4）步骤：打开考生文件夹下的“SOUP\HYR”文件夹，选中“ASER.FOR”文件，在菜单栏中选择“编辑”/“复制”选项，或按“Ctrl+C”快捷键；打开考生文件夹下的“PEAG”文件夹，在菜单栏中选择“编辑”/“粘贴”选项，或按“Ctrl+V”快捷键。

（5）步骤：打开考生文件夹，在工具栏右上角的搜索框中输入要搜索的文件名“READ.EXE”，搜索结果将显示在文件窗格中；选中搜索出的文件并右击，在弹出的快捷菜单中选择“打开文件位置”选项；选中“READ.EXE”文件并右击，在弹出的快捷菜单中选择“创建快捷方式”选项，即可在同文件夹下生成一个快捷方式文件；移动这个快捷方式文件到考生文件夹下，并按“F2”键改名为“READ”。

3．WPS 文字题

视频解析

（1）步骤：打开考生文件夹下的“wps.docx”文件，在“开始”选项卡中单击“查找替换”下拉按钮，在展开的下拉列表中选择“替换”选项，打开“查找和替换”对话框；在“查找内容”编辑框中输入“黄岳”，在“替换为”编辑框中输入“黄山”，单击“全部替换”按钮，在弹出的提示框中单击“确定”按钮，返回“查找和替换”对话框，最后单击“关闭”按钮。

（2）步骤 1：选中第 1 行文字“黄山四绝——奇松、怪石、云海、温泉”，在“开始”选项卡中设置“字体”为“微软雅黑”，设置“字号”为“小二”。

步骤 2：保持第 1 行文字的选中状态，在“开始”选项卡中单击“段落”对话框启动器按钮，打开“段落”对话框；在“缩进和间距”选项卡的“常规”组中，设置“对齐方式”为“居中对齐”；在“间距”组中，设置“段后”为“1”行，单击“确定”按钮。

步骤 3：保持第 1 行文字的选中状态，在“开始”选项卡中单击“文字效果”下拉按钮，在展开的下拉列表中选择“艺术字”/“渐变填充-钢蓝”选项。

（3）步骤 1：选中前 3 段文字“黄山雄踞……人类的瑰宝。”，在“开始”选项卡中设置“字体”为“仿宋”，设置“字号”为“小四”。

步骤 2：保持前 3 段文字的选中状态，在“开始”选项卡中单击“段落”对话框启动器按钮，打开“段落”对话框；在“缩进和间距”选项卡的“缩进”组中，设置“特殊格式”为“首行缩进”，“度量值”默认为“2”字符，单击“确定”按钮。

（4）步骤 1：将鼠标指针置于第 1 段文字任意内容处，在“插入”选项卡中单击“图片”下拉按钮，在展开的下拉列表中选择“本地图片”选项，打开“插入图片”对话框，找到并选中考生文件夹下的“黄山云海.jpg”图片，单击“打开”按钮。

步骤 2：选中图片，在“图片工具”选项卡中单击“环绕”下拉按钮，在展开的下拉列表中选择“四周型环绕”选项；取消勾选“图片工具”选项卡中的“锁定纵横比”复选框，在“高度”和“宽度”编辑框中分别设置“3.6 厘米”和“5.44 厘米”，按“Enter”键。

步骤 3：选中图片，按住鼠标左键拖动图片到页面右上角。

（5）步骤 1：选中最后 4 段文本“怪石……‘灵泉’。”，在“插入”选项卡中单击“表格”下拉按钮，在展开的下拉列表中选择“文本转换成表格”选项，打开“将文字转换成表格”对话框；在“文字分隔位置”组中选中“制表符”单选按钮，单击“确定”按钮。

步骤 2：选中表格第 1 列，在“表格工具”选项卡中设置“宽度”为“3.5 厘米”；选中表格第 2 列，在“表格工具”选项卡中设置“宽度”为“11.5 厘米”，按“Enter”键。

（6）步骤：选中表格第 1 列，在“开始”选项卡中设置“字体”为“隶书”，设置“字号”为“初号”；选中表格第 2 列，在“开始”选项卡中设置“字体”为“楷体”，设置“字号”为“小四”。

（7）步骤 1：在“插入”选项卡中单击“页眉和页脚”按钮，进入“页眉和页脚”编辑状态，在“页眉和页脚”选项卡中单击“页码”下拉按钮，在展开的下拉列表中选择“页码”选项，打开“页码”对话框；设置“样式”为“第 1 页”，设置“位置”为“底端居右”，选中“起始页码”单选按钮，设置“起始页码”为“1”，“应用范围”默认为“整篇文档”，单击“确定”按钮，最后单击“页眉和页脚”选项卡中的“关闭”按钮。

步骤 2：保存并关闭文档。

4. WPS 表格题

视频解析

（1）步骤 1：打开考生文件夹下的“Book.xlsx”文件，在“基础数据”工作表中，选中 A1:G1 单元格区域，在“开始”选项卡中依次单击“加粗”“自动换行”按钮，设置“字体大小”为“14”，设置“填充颜色”为“白色，背景 1，深色 5%”；单击“所有框线”下拉按钮，在展开的下拉列表中选择“外侧框线”。

步骤 2：选中 B 列，单击“开始”选项卡中的“行和列”下拉按钮，在展开的下拉列表中选择“最适合的列宽”选项。

（2）步骤 1：选中 G2:G30 单元格区域，右击鼠标，在弹出的快捷菜单中选择“设置单元格格式”选项，打开“单元格格式”对话框；在“数字”选项卡中，选择“分类”列表框中的“数值”选项，设置“小数位数”为“1”，勾选“使用千位分隔符”复选框，单击“确定”按钮。

步骤 2：选中 B2:B30 单元格区域，在“开始”选项卡中单击“条件格式”下拉按钮，在展开的下拉列表中选择“突出显示单元格规则”/“文本包含”选项，打开“文本中包含”对话框；在左侧的编辑框中输入“昆山科技开发公司”，单击“设置为”右侧的下拉按钮，在展开的下拉列表中选择“自定义格式”选项，打开“单元格格式”对话框

框；切换到“字体”选项卡，设置“颜色”为“钢蓝，着色 5”，单击“确定”按钮，返回到“文本中包含”对话框，再次单击“确定”按钮。

步骤 3：选中 F32 单元格，输入“公式计算结果:”，选中 F32 和 F33 单元格，单击“开始”选项卡中的“合并居中”按钮。

步骤 4：选中 F 列，在“开始”选项卡中单击“行和列”下拉按钮，在展开的下拉列表中选择“最适合的列宽”选项。

（3）步骤 1：选中 G32 单元格，输入函数“=SUBTOTAL(4,G2:G30)”，并按“Enter”键。

步骤 2：选中 G33 单元格，输入函数“=COUNTIF(G2:G30,">1")”，并按“Enter”键。

步骤 3：单击数据区域的任意单元格，在“数据”选项卡中单击“自动筛选”按钮，单击 D1 单元格的下拉按钮，在展开的下拉列表中取消勾选“2010 年”复选框，单击“确定”按钮。

（4）步骤 1：切换到“上月数据”工作表，选中图表，在“图表工具”选项卡中单击“更改类型”按钮，打开“更改图表类型”对话框；在左侧的列表框中选择“折线图”，再在右侧选择“堆积折线图”，单击“插入”按钮。

步骤 2：选中图表标题“报关数量”，在“文本工具”选项卡中单击“加粗”按钮。

步骤 3：选中图表，在“绘图工具”选项卡中单击“填充”下拉按钮，在展开的下拉列表中选择“灰色-25%，背景 2”；选中水平轴，在“文本工具”选项卡中设置“文本填充”和“文本轮廓”为“巧克力黄，着色 2”；选中垂直轴，在“文本工具”选项卡中设置“文本填充”和“文本轮廓”为“橙色，着色 4，深色 25%”。

步骤 4：选中图表，在“图表工具”选项卡中单击“添加元素”下拉按钮，在展开的下拉列表中选择“图例”/“顶部”选项。

（5）步骤 1：选中 A 列，右击鼠标，在弹出的快捷菜单中选择“插入”选项，设置“列数”为“1”。

步骤 2：选中 A3 单元格，输入“1”，将鼠标指针移到 A3 单元格右下角的填充柄上，待鼠标指针变成小十字形状时，按住鼠标左键向下拖动到 A28 单元格，释放鼠标左键。

步骤 3：选中 B2 单元格，在“表格工具”选项卡中单击“调整表格大小”按钮，打开“调整表大小”对话框，在“上月数据”工作表中选中 A2:D28 单元格区域，单击“确定”按钮；选中 A2 单元格，输入“ID”。

步骤 4：单击 D2 单元格的下拉按钮，在展开的下拉列表中选择“数字筛选”选项，在弹出的下拉列表中选择“高于平均值”选项。

（6）步骤 1：在“页面布局”选项卡中单击“页面设置”对话框启动器按钮，打开“页面设置”对话框；切换到“工作表”选项卡，将鼠标指针置于“打印区域”右侧的编辑框中，选中 A2:D28 单元格区域；切换到“页边距”选项卡，设置“上”为“2”厘米，设置“下”为“5”厘米，在“居中方式”组中勾选“水平”复选框，单击“确定”按钮。

步骤 2：保存并关闭工作簿。

5．WPS 演示题

视频解析

（1）步骤 1：打开考生文件夹下的“ys.pptx”文件，在左侧的“幻灯片”窗格中，单击第 1 张幻灯片之前的空白位置，将出现一条红色单实线，在“开始”选项卡中单击“新建幻灯片”按钮；选中新建的幻灯片，在“开始”选项卡中单击“版式”下拉按钮，在展开的下拉列表中选择“标题幻灯片”版式。

步骤 2：在第 1 张幻灯片的主标题文本框中输入“美国亿万富翁筹划私人火星游”；选中输入的文字，在“文本工具”选项卡中单击“字体”对话框启动器按钮，打开“字体”对话框；设置“中文字体”为“华文琥珀”，设置“字形”为“加粗”，设置“字号”为“40”，单击“字体颜色”下拉按钮，在展开的下拉列表中选择“更多颜色”选项，打开“颜色”对话框；在“自定义”选项卡中设置“颜色模式”为“RGB”，设置“红色”为“255”，设置“绿色”为“0”，设置“蓝色”为“0”，单击“确定”按钮，返回“字体”对话框，单击“确定”按钮。

（2）步骤 1：选中第 4 张幻灯片，在“开始”选项卡中单击“版式”下拉按钮，在展开的下拉列表中选择“两栏内容”版式。

步骤 2：选中第 4 张幻灯片左侧的内容文本，在“文本工具”选项卡中设置“字体”为“隶书”，设置“字号”为“24”。

步骤 3：在第 4 张幻灯片右侧的内容文本框中，单击“插入图片”按钮，打开“插入图片”对话框，找到并选中考生文件夹下的“火星.jpg”图片，单击“打开”按钮。

（3）步骤 1：选中第 3 张幻灯片中的内容文本框，在“动画”选项卡中单击“自定义动画”按钮，打开“自定义动画”任务窗格；单击“添加效果”下拉按钮，在展开的下拉列表中选择“进入”/“基本型”/“飞入”选项，最后关闭“自定义动画”任务窗格。

步骤 2：在“设计”选项卡中单击“导入模板”按钮，打开“应用设计模板”对话框，选择一种需要的模板，单击“打开”按钮，将模板应用到演示文稿中。

步骤 3：选中任意一张幻灯片，在“切换”选项卡中单击切换方式列表框右侧的下拉按钮，在展开的下拉列表中选择“棋盘”选项，单击“效果选项”下拉按钮，在展开的下拉列表中选择“横向”选项，单击“应用到全部”按钮。

步骤 4：选中第 7 张幻灯片中的表格内容，在“表格样式”选项卡中单击表格样式列表右侧的下拉按钮，在展开的下拉列表中选择“主题样式 1-强调 5”选项。

（4）步骤 1：选中第 2 张幻灯片中的文字“太空发射系统”，右击鼠标，在弹出的快捷菜单中选择“超链接”选项，打开“插入超链接”对话框；在“链接到”组中选中“本文档中的位置”选项，在“请选择在文档中的位置”列表框中选中第 6 张幻灯片“6. 太空发射系统”，单击“确定”按钮。

步骤 2：按照同样的操作方法，将第 2 张幻灯片中的文字“探测记录”链接到第 7 张幻灯片。

步骤 3：保存并关闭演示文稿。

6. 上网题

（1）步骤：通过“答题”菜单启动“Internet Explorer”，打开 IE 浏览器；在地址栏中输入网址“HTTP://LOCALHOST/index.htm”并按“Enter”键，打开网站首页；打开考生文件夹，新建一个 Word 文档，并命名为“Allnames.docx”；打开 Word 文档，将网站首页中所有最强选手的姓名逐一复制到该文档中，并按题目要求用逗号将每个姓名隔开，保存并关闭文档。

（2）步骤：通过“答题”菜单启动“Outlook”，打开“Outlook”窗口；单击“创建邮件”按钮，打开“新邮件”窗口，在“收件人”编辑框中输入“panwd@ncre.cn”，在“抄送”编辑框中输入“wangjl@ncre.cn”，在“主题”编辑框中输入“通知”，在窗口中央空白的编辑区域输入邮件内容“各位成员：定于本月 3 日在本公司大楼五层会议室召开 AC-2 项目有关进度的讨论会，请全体出席。”；最后单击“发送”按钮，在弹出的提示对话框中单击“确定”按钮，完成操作。

精选历年真题试卷（八）参考答案及解析

1. 选择题

（1）C【解析】选项 A，汇编语言是符号化了的机器语言；选项 B，机器语言是计算机的指令系统；选项 D，形式语言是用精确的数学或机器可处理的公式定义的语言。只有高级语言才是面向对象的程序设计语言。

（2）C【解析】常见的系统软件有操作系统、语言处理系统、数据库管理系统和系统辅助处理程序等。指挥信息系统是信息处理的应用软件。

（3）A【解析】通常所说的计算机的主机是指 CPU 和内存。

（4）B【解析】控制器是计算机的心脏，由它指挥计算机各个部件自动、协调地工作，保证计算机按照预先规定的目标和步骤有条不紊地进行操作及处理。

（5）B【解析】静态图像根据其在计算机中生成的原理不同，分为矢量图形和位图图像两种。相同条件下，矢量图形的存储空间比位图图像要小。

（6）C【解析】在 ASCII 码表中，按码值从小到大的排列顺序为：控制符、数字、大写英文字母、小写英文字母。因此，在 4 个选项中，ASCII 码值最大的一个是 d。

（7）B【解析】电子邮件地址的格式是固定的：<用户标识>@<主机域名>。

（8）D【解析】收藏夹可以保存网页地址。

（9）C【解析】在各类程序设计语言中，只有机器语言是直接用二进制代码表示指令系统的语言。它是计算机能够唯一识别的、可直接执行的语言，具有效率高、执行速度快等特点。

（10）C【解析】计算机的应用主要分为科学计算、信息处理（也称数据处理）、过程控制、计算机辅助技术、网络通信、人工智能、多媒体应用、嵌入式系统等。消费电子产品（数码相机、数字电视机等）中都使用了不同功能的微处理器来完成特定的处理任务，这种应用属于计算机的嵌入式系统。

（11）D【解析】硬盘厂商通常以 1 000 进位计算：1 GB=1 000 MB=1 000×1 000 KB =1 000×1 000×1 000 B=1 000 000 000 B，故 10 GB 的硬盘表示其存储容量为一百亿个字节。

（12）D【解析】Windows XP、UNIX 和 Linux 属于系统软件。

（13）A【解析】P 代表奔腾系列，4 代表此系列的第 4 代产品，2.4G 是 CPU 的时钟频率，单位是 Hz。

（14）A【解析】硬磁盘简称硬盘，固定在主机箱内，通过主板的 SATA 接口与主机连接，是计算机最主要的外存。它的特点为存储容量大、存取速度快，但不可以与 CPU 之间直接交换数据，且断电后，硬磁盘中的数据不会丢失。

（15）B【解析】计算机网络是指以能够相互共享资源的方式互联起来的自治计算机系统的集合，即分布在不同地理位置上的具有独立功能的多个计算机系统，通过通信设备和通信线路互相连接起来，实现数据传输和资源共享的系统。计算机网络最突出的优点是共享资源。

（16）C【解析】操作系统的 5 大功能是 CPU 管理、存储管理、文件管理、设备管理和作业管理。

（17）C【解析】无符号二进制数的第一位可为 0，所以当 7 位二进制数全为 0 时，十进制数的最小值为 0，当 7 位二进制数全为 1 时，十进制数的最大值为 $2^7-1=127$。

（18）C【解析】一个完整的计算机系统由硬件系统和软件系统两大部分组成。

（19）A【解析】汇编语言是一种把机器语言“符号化”的语言，与高级语言相比，汇编语言编写的程序通常执行效率更高。

（20）B【解析】CPU 是计算机硬件系统中最核心的部件。

2．基本操作题

（1）步骤：打开考生文件夹下的“EDIT\POPE”文件夹，选中“CENT.PAS”文件，在菜单栏中选择“文件”/“属性”选项，或右击鼠标，在弹出的快捷菜单中选择“属性”选项，即可打开“CENT.PAS 属性”对话框；在“CENT.PAS 属性”对话框中勾选“隐藏”复选框，单击“确定”按钮。

视频解析

（2）步骤：打开考生文件夹下的“BROAD\BAND”文件夹，选中“GRASS.FOR”文件，按“Delete”键，弹出“删除文件”对话框，单击“是”按钮，将文件删除到回收站。

（3）步骤：打开考生文件夹下的“COMP”文件夹，在菜单栏中选择“文件”/“新建”/“文件夹”选项，或右击鼠标，在弹出的快捷菜单中选择“新建”/“文件夹”选项，即可生成新的文件夹，此时文件夹的名字处呈现蓝色可编辑状态，编辑名称为题目指定的名称“COAL”。

（4）步骤：打开考生文件夹下的“STUD\TEST”文件夹，选中“SAM”文件夹，在菜单栏中选择“编辑”/“复制”选项，或按“Ctrl+C”快捷键；打开考生文件夹下的

“KIDS\CARD”文件夹，在菜单栏中选择“编辑”/“粘贴”选项，或按“Ctrl+V”快捷键；选中复制来的文件夹并按“F2”键，此时文件夹的名字处呈现蓝色可编辑状态，编辑名称为题目指定的名称“HALL”。

（5）步骤：打开考生文件夹下的“CALIN\SUN”文件夹，选中“MOON”文件夹，在菜单栏中选择“编辑”/“剪切”选项，或按“Ctrl+X”快捷键；打开考生文件夹下的“LION”文件夹，在菜单栏中选择“编辑”/“粘贴”选项，或按“Ctrl+V”快捷键。

3. WPS 文字题

视频解析

（1）步骤 1：打开考生文件夹下的“wps.docx”文件，在“开始”选项卡中单击“查找替换”下拉按钮，在展开的下拉列表中选择“替换”选项，打开“查找和替换”对话框。

步骤 2：将鼠标指针置于“查找内容”编辑框中，单击下方的“特殊格式”下拉按钮，在展开的下拉列表中选择“段落标记”(段落标记在查找时用“^p”表示）选项，在“查找内容”编辑框中插入 2 个段落标记，在“替换为”编辑框中插入 1 个段落标记，单击“全部替换”按钮，在弹出的提示框中单击“确定”按钮，返回“查找和替换”对话框。

步骤 3：删除“查找内容”编辑框中的段落标记，输入“北京礼品”，删除“替换为”编辑框中的段落标记，输入“北京礼物”，单击“全部替换”按钮，在弹出的提示框中单击“确定”按钮，最后单击“关闭”按钮。

（2）步骤 1：选中标题段文字“北京礼物 Beijing Gifts”，在“开始”选项卡中单击“字体”对话框启动器按钮，打开“字体”对话框；在“字体”选项卡中，设置“中文字体”为“黑体”，设置“西文字体”为“Times New Roman”，设置“字号”为“小二”，设置“字体颜色”为“红色”，最后单击“确定”按钮。

步骤 2：保持标题段文字的选中状态，在“开始”选项卡中单击“居中对齐”按钮。

步骤 3：选中标题段文字中的英文“Beijing Gifts”，在“开始”选项卡中单击“字体”对话框启动器按钮，打开“字体”对话框；在“字体”选项卡中设置“着重号”为“•”，单击“确定”按钮。

步骤 4：将鼠标指针置于标题文字左侧，在“插入”选项卡中单击“图片”下拉按钮，在展开的下拉列表中选择“本地图片”选项，打开“插入图片”对话框；找到并选中考生文件夹下的“gift.jpg”图片，单击“打开”按钮，插入图片。

（3）步骤 1：选中正文段文字“来到北京……中国礼物。”，在“开始”选项卡中设置“字号”为“小四”，设置“字体颜色”为“蓝色”。

步骤 2：保持正文段文字的选中状态，在“开始”选项卡中单击“段落”对话框启动器按钮，打开“段落”对话框；在“缩进和间距”选项卡的“缩进”组中，设置“特殊格式”为“首行缩进”，“度量值”默认为“2”字符；在“间距”组中，设置“段前”为“0.5”行，设置“行距”为“1.5 倍行距”，单击“确定”按钮。

（4）步骤 1：选中表格标题文字“‘北京礼物’连锁店一览表”，在“开始”选项卡中设置“字体”为“楷体”，设置“字号”为“小三”，设置“字体颜色”为“红色”，单击“居中对齐”按钮。

步骤 2：选中表格标题下方的文字内容“编号……65288866”，在“插入”选项卡中单击“表格”下拉按钮，在展开的下拉列表中选择“文本转换成表格”选项，打开“将文字转换成表格”对话框，单击“确定”按钮。

步骤 3：选中整个表格，右击鼠标，在弹出的快捷菜单中选择“边框和底纹”选项，打开“边框和底纹”对话框；在“边框”选项卡中，选择“设置”组中的“方框”选项，设置“线型”为“双实线”，设置“颜色”为“蓝色”，设置“宽度”为“0.5 磅”；再选择“设置”组中的“自定义”选项，设置“线型”为“单实线”，设置“颜色”为“蓝色”，设置“宽度”为“0.75 磅”，在“预览”组中单击表格的中心位置，单击“确定”按钮。

步骤 4：选中表格第 1 行，右击鼠标，在弹出的快捷菜单中选择“边框和底纹”选项，打开“边框和底纹”对话框，切换到“底纹”选项卡，在“填充”下拉列表中选择“浅绿”，单击“确定”按钮；按照同样的操作方法，设置表格第 1 列的底纹颜色为“浅绿”（注意，此处需选中表格第 1 列中除第 1 行以外的单元格）。

（5）步骤 1：选中第 1 列，右击鼠标，在弹出的快捷菜单中选择“表格属性”选项，打开“表格属性”对话框，切换到“列”选项卡，默认勾选“指定宽度”复选框，设置“指定宽度”为“15”毫米（或“1.5”厘米），单击“确定”按钮；按照同样的操作方法，设置第 2 至 4 列宽度分别为“45”“95”“20”毫米（或“4.5”“9.5”“2”厘米）。

步骤 2：选中整个表格，右击鼠标，在弹出的快捷菜单中选中“表格属性”选项，打开“表格属性”对话框；切换到“行”选项卡，勾选“指定高度”复选框，设置“指定高度”为“8”毫米（或“0.8”厘米），设置“行高值是”为“固定值”，单击“确定”按钮。

步骤 3：保持表格的选中状态，在“开始”选项卡中单击“居中对齐”按钮。

步骤 4：选中表格第 1 行文字，在“表格工具”选项卡中单击“对齐方式”下拉按钮，在展开的下拉列表中选择“靠下居中对齐”选项，然后单击“加粗”按钮。

步骤 5：选中表格第 1 列中除第 1 行以外的单元格，在“表格工具”选项卡中单击“对齐方式”下拉按钮，在展开的下拉列表中选择“水平居中”选项。

步骤 6：保存并关闭文档。

4．WPS 表格题

（1）步骤 1：打开考生文件夹下的“Book.xlsx”文件，在“成绩”工作表中的 J3 单元格输入公式“=SUM(E3:I3)”，并按“Enter”键；选中 J3 单元格，将鼠标指针移到 J3 单元格右下角的填充柄上，双击鼠标左键，即可完成对序列的填充。

视频解析

步骤 2：在 K3 单元格中输入公式“=AVERAGE(E3:I3)”，并按“Enter”键；选中 K3 单元格，将鼠标指针移到 K3 单元格右下角的填充柄上，双击鼠标左键，即可完成对序列的填充。

（2）步骤 1：在“成绩”工作表中，选中 K3:K272 单元格区域，右击鼠标，在弹出的快捷菜单中选择“设置单元格格式”选项，打开“单元格格式”对话框；在“数字”选项卡中，选择“分类”列表框中的“数值”选项，设置“小数位数”为“2”，单击“确定”按钮。

步骤 2：单击数据区域的任意单元格，在“开始”选项卡中单击“表格样式”下拉按钮，在展开的下拉列表中选择“浅”/“表样式浅色 18”样式，打开“套用表格样式”对话框，单击“确定”按钮。

步骤 3：选中 A:K 列，在“开始”选项卡中单击“行和列”下拉按钮，在展开的下拉列表中选择“列宽”选项，打开“列宽”对话框；设置“列宽”为“10”字符，单击“确定”按钮；选中 A:D 列，在“开始”选项卡中单击“水平居中”按钮。

步骤 4：选中 A1:K1 单元格区域，在“开始”选项卡中单击“合并居中”按钮；选中 A1 单元格，在“开始”选项卡中设置“字体”为“隶书”，设置“字号”为“18”。

步骤 5：选中 A2:K2 单元格区域，在“开始”选项卡中，依次单击“加粗”和“水平居中”按钮。

（3）步骤：在“成绩”工作表中，选中 E3:I272 单元格区域（可在选中 E3:I3 后，按“Ctrl+Shift+↓”快捷键），在“开始”选项卡中单击“条件格式”下拉按钮，在展开的下拉列表中选择“突出显示单元格规则”/“小于”选项，打开“小于”对话框；在左侧的编辑框中输入“60”，单击“设置为”右侧的下拉按钮，在展开的下拉列表中选择“自定义格式”，打开“单元格格式”对话框；切换到“字体”选项卡，设置“颜色”为“红色”，设置“字形”为“粗体”，单击“确定”按钮，返回“小于”对话框，再次单击“确定”按钮。

（4）步骤：在“成绩”工作表中，单击“页面布局”选项卡中的“页面设置”对话框启动器按钮，打开“页面设置”对话框；在“页面”选项卡中，选中“横向”单选按钮；切换到“工作表”选项卡，在“顶端标题行”编辑框中单击，然后在工作表中选中第 1 行和第 2 行，释放鼠标后返回“页面设置”对话框，可看到选择的表格名称和标题行所在单元格的引用地址，单击“确定”按钮。

（5）步骤 1：单击“成绩”工作表中任意带数据的单元格，在“数据”选项卡中单击“数据透视表”按钮，打开“创建数据透视表”对话框，在“请选择单元格区域”编辑框中自动显示了选择的数据源区域，在“请选择放置数据透视表的位置”组中选中“现有工作表”单选按钮，切换到“数学成绩统计”工作表中，单击 A1 单元格，单击“确定”按钮，打开“数据透视表”任务窗格。

步骤 2：在“数据透视表”任务窗格中，将“字段列表”列表框中的“班级”字段拖放到“列”区域，将“字段列表”列表框中的“数学”字段拖放到“值”区域；单击“值”区域中的“求和项：数学”下拉按钮，在展开的下拉列表中选择“值字段设置”选项，打开“值字段设置”对话框，在“值汇总方式”选项卡中选择“平均值”选项，单击下方的“数字格式”按钮，打开“单元格格式”对话框；在“分类”列表框中选择“数值”，设置“小数位数”为“2”，连续两次单击“确定”按钮。

步骤 3：选中 A3 单元格，将“平均值项：数学”改为“数学平均分”；选中“H2”单元格，在上方的“编辑栏”中将“总计”改为“年级平均”，并适当调整 H 列的列宽。

步骤 4：保存并关闭工作簿。

5．WPS 演示题

（1）步骤 1：打开考生文件夹下的“ys.pptx”文件，在“设计”选项卡中单击“编辑母版”按钮，进入幻灯片母版编辑视图；选中第 1 张幻灯片，右击鼠标，在弹出的快捷菜单中选择“重命名母版”选项，打开“重命名”对话框，在编辑框中输入“不忘初心牢记使命”，单击“重命名”按钮。

视频解析

步骤 2：选中第 1 张幻灯片，在“幻灯片母版”选项卡中单击“保护母版”按钮。

步骤 3：选中母版中“标题幻灯片”（第 2 张幻灯片）版式中的标题文本框，在“文本工具”选项卡中设置“字号”为“24”，设置“字体颜色”为“珊瑚红-着色 5”；选中副标题文本框，设置“字号”为“36”，单击艺术字列表框右侧的下拉按钮，在展开的下拉列表中选择“渐变填充-番茄红”选项。

步骤 4：选中母版中“仅标题”（第 7 张幻灯片）版式，在“设计”选项卡中单击“背景”按钮，打开“对象属性”任务窗格；选中“图片或纹理填充”单选按钮，单击“请选择图片”下拉按钮，在展开的下拉列表中选择“本地文件”选项，打开“选择纹理”对话框；找到并选中考生文件夹下的“目录.png”图片，单击“打开”按钮，关闭“对象属性”任务窗格。

步骤 5：选中标题文本框，在“文本工具”选项卡中，将“字体颜色”设置为“深红”，单击“幻灯片母版”选项卡中的“关闭”按钮。

（2）步骤 1：选中第 1 张幻灯片，在“插入”选项卡中单击“幻灯片编号”按钮，打开“页眉和页脚”对话框，勾选“幻灯片编号”复选框，单击“全部应用”按钮。

步骤 2：选中第 4 张幻灯片，单击“插入”选项卡中的“日期和时间”按钮，打开“页眉和页脚”对话框，勾选“日期和时间”复选框，选中“固定”单选按钮，将时间设置为“2021-6-10”，单击“应用”按钮。

（3）步骤 1：选中第 6 张幻灯片，在“开始”选项卡中单击“版式”下拉按钮，在展开的下拉列表中选择“两栏内容”版式。

步骤 2：选中标题文本框，在“文本工具”选项卡中单击“文字方向”下拉按钮，在展开的下拉列表中选择“横排”选项。

步骤 3：在左侧内容文本框中，单击“插入表格”按钮，打开“插入表格”对话框，设置“行数”为“3”，设置“列数”为“1”，单击“确定”按钮。

步骤 4：将 3 个文本框中的文本分别剪切，并粘贴到表格的每一行中，按“Backspace”键删除空行；选择整个表格，在“表格工具”选项卡中单击“居中对齐”和“水平居中”按钮。

步骤 5：选中整个表格，在“表格样式”选项卡中单击样式列表右侧的下拉按钮，在展开的下拉列表中选择“中色系”/“中度样式 2-强调 6”样式。

步骤 6：单击右侧文本框中的“插入媒体”按钮，打开“插入视频”对话框，找到并选中考生文件夹下的“宣传片.mp4”文件，单击“打开”按钮。

（4）步骤 1：选中第 8 张幻灯片中的内容文本框，在“动画”选项卡中单击“自定义动画”按钮，打开“自定义动画”任务窗格，单击“添加效果”下拉按钮，在展开的下拉列表中选择“进入”/“基本型”/“飞入”选项。

步骤 2：选中右侧的图片，单击“添加效果”下拉按钮，在展开的下拉列表中选择“强调”/“温和型”/“跷跷板”选项。

步骤 3：在“自定义动画”任务窗格中选中“内容占位符 2”，单击“开始”下拉按钮，在展开的下拉列表中选择“之后”选项，关闭“自定义动画”任务窗格。

（5）步骤：选中任意一张幻灯片，在“切换”选项卡中单击切换方式列表框右侧的下拉按钮，在展开的下拉列表中选择“形状”选项，将“速度”设置为“01.00”，单击“应用到全部”按钮。

（6）步骤 1：在“幻灯片放映”选项卡中单击“自定义放映”按钮，打开“自定义放映”对话框，单击“新建”按钮，打开“定义自定义放映”对话框；幻灯片放映名称默认为“自定义放映 1”，然后在“在演示文稿中的幻灯片”列表框中选中“3.第 1 部分”，单击“添加”按钮；按照同样的操作方法，依次将第 4 至 8 张幻灯片添加到“在自定义放映中的幻灯片”列表框中，单击“确定”按钮，返回“自定义放映”对话框，单击“关闭”按钮。

步骤 2：在“幻灯片放映”选项卡中单击“设置放映方式”按钮，打开“设置放映方式”对话框；在“放映类型”组中选中“演讲者放映（全屏幕）”单选按钮，在“放映幻灯片”组中选中“自定义放映”单选按钮，单击“确定”按钮。

步骤 3：单击“文件”下拉按钮，在展开的下拉列表中选择“文件打包”/“将演示文档打包成压缩文件”选项，打开“演示文件打包”对话框，单击“确定”按钮，在弹出的“已完成打包”对话框中，单击“关闭”选项。

步骤 4：保存并关闭演示文稿。

6. 上网题

（1）步骤：通过“答题”菜单启动“Intcrnct Explorer”，打开 IE 浏览器，在地址栏中输入网址“HTTP://LOCALHOST/index.html”并按“Enter”键，在打开的页面中单击“绍兴名人”，在弹出的子页面中单击“绍兴名人”，然后单击“秋瑾”；在打开的页面中右击“秋瑾”图片，在弹出的快捷菜单中选择“图片另存为”选项，打开“另存为”对话框，将保存路径修改为考生文件夹，在“文件名”编辑框中输入“QIUJIN”，在“保存类型”下拉列表中选择“(JPG,JPEG)(*.jpg)”选项，单击“保存”按钮；选择“文件”/“另存为”选项，打开“另存为”对话框，在“保存类型”下拉列表中选择“文本文件(*.txt)”选项，在“文件名”编辑框中输入“QIUJIN”，单击“保存”按钮，完成操作。

（2）步骤：通过“答题”菜单启动“Outlook”，打开“Outlook”窗口；单击“发送/接收”按钮，在弹出的提示对话框中单击“确定”按钮；选中新接收的邮件，右击鼠标，在弹出的快捷菜单中选择“将发件人添加到通讯簿”选项，打开“属性”对话框，在“姓名”编辑框中输入“小强”，单击“确定”按钮；选择“工具”/“通讯簿”选项，打开“通讯簿”窗口，单击“新建”下拉按钮，在展开的下拉列表中选择“新建组”选项，打开“属性”对话框；在“组名”编辑框中输入“小学同学”，单击“选择成员”按钮，在弹出的“选择组成员”对话框中单击“小强”，再单击“选择”按钮，单击“确定”按钮，返回“属性”对话框，最后单击“确定”按钮，完成操作。

精选历年真题试卷（九）参考答案及解析

1．选择题

（1）B【解析】选项 A，计算机的内部用一个字节存放一个 7 位 ASCII 码，最高位置为 0；选项 C，所有大写字母的 ASCII 码值都小于小写英文字母“a”的 ASCII 码值；选项 D，标准 ASCII 码表有 128 个不同的字符编码。

（2）A【解析】CD-RW 的全称是 CD -Rewritable。CD-RW 是可擦写型光盘，用户可以多次对其进行读/写。

（3）C【解析】十进制整数转换成二进制数的方法是“除 2 取余”法，即将十进制数除以 2 得一商数和一余数，再将商数除以 2，这样不断地用所得到的商数去除以 2，直到商数为 0 为止。每次所得余数倒序排列即为对应的二进制数。因此，十进制数 18 转换成二进制数为 010010。

（4）C【解析】计算机病毒具有寄生性、破坏性、传染性、潜伏性、隐蔽性的特点。

（5）C【解析】打印机、显示器、绘图仪都属于输出设备。

（6）C【解析】扇区是磁盘存储信息中的最小单位，操作系统以扇区为单位对磁盘进行读/写操作。

（7）B【解析】选项 A，光盘驱动器属于外部设备，而光盘属于外部存储器；选项 C，U 盘只能用作外存，不可用作内存；选项 D，硬盘是辅助存储器，属于外部设备。

（8）C【解析】高级语言程序的开发效率高，但必须翻译成机器语言程序后才可被执行，所以执行效率低。

（9）D【解析】操作系统负责管理计算机中各种软硬件资源并控制各类软件的运行，合理组织计算机的工作流程，以达到充分发挥计算机资源的效率，为用户提供一个清晰、简洁、友好、易用的工作界面。

（10）C【解析】调制解调器是计算机与电话线之间进行信号转换的装置，由调制器和解调器两部分组成。调制器是把计算机的数字信号转换成可在电话线上传输的模拟信号的装置，解调器是把接收的模拟信号还原成计算机的数字信号的装置。

（11）C【解析】计算机网络是指以能够相互共享资源的方式互联起来的自治计算机系统的集合，即分布在不同地理位置上的具有独立功能的多个计算机系统，通过通信设备和通信线路互相连接起来，实现数据传输和资源共享的系统。计算机网络最突出的优点是共享资源。

（12）C【解析】语言处理系统、数据库管理系统、UNIX、Windows 7 属于系统软件。

（13）C【解析】系统软件主要包括操作系统、语言处理系统、数据库管理系统和系统辅助处理程序等，其中最重要的是操作系统。

（14）D【解析】办公自动化属于计算机的数据处理应用。

（15）C【解析】计算机的软件系统包括系统软件和应用软件，操作系统属于系统软件。

（16）B【解析】1946 年世界上第一台名为 ENIAC 的电子计算机诞生于美国宾夕法尼亚大学。

（17）D【解析】汉字机内码简称内码，是汉字信息处理系统内部存储、处理汉字使用的编码。

（18）B【解析】用户通过文件名可以很方便地访问文件，无须知道文件的存储细节。

（19）A【解析】一个完整的计算机系统由硬件系统和软件系统两大部分组成。

（20）D【解析】输入设备（Input Devices）和输出设备（Output Devices）是计算机硬件系统的组成部分，因此 I/O 是指输入/输出设备。

2. 基本操作题

（1）步骤：打开考生文件夹下的“TIUIN”文件夹，选中“ZHUCE.BAS”文件，按“Delete”键，弹出“删除文件”对话框，单击“是”按钮，将文件删除到回收站。

视频解析

（2）步骤：打开考生文件夹下的“VOTUNA”文件夹，选中“BOYABLE.DOC”文件，在菜单栏中选择“编辑”/“复制”选项，或按“Ctrl+C”快捷键；在菜单栏中选择“编辑”/“粘贴”选项，或按“Ctrl+V”快捷键；选中复制生成的文件，按“F2”键，此时文件的名字处呈现蓝色可编辑状态，编辑名称为题目指定的名称“SYAD.DOC”。

（3）步骤：打开考生文件夹下的“SHEART”文件夹，在菜单栏中选择“文件”/“新建”/“文件夹”选项，或右击鼠标，在弹出的快捷菜单中选择“新建”/“文件夹”选项，即可生成新的文件夹，此时文件夹的名字处呈现蓝色可编辑状态，编辑名称为题目指定的名称“RESTICK”。

（4）步骤：打开考生文件夹下的“BENA”文件夹，选中“PRODUCT.WRI”文件，在菜单栏中选择“文件”/“属性”选项，或右击鼠标，在弹出的快捷菜单中选择“属性”选项，即可打开“PRODUCT.WRI 属性”对话框；在“PRODUCT.WRI 属性”对话框中勾选“只读”复选框，单击“高级”按钮，打开“高级属性”对话框，取消勾选“可以存档文件”复选框，单击“确定”按钮，返回“PRODUCT.WRI 属性”对话框，再次单击“确定”按钮。

（5）步骤：打开考生文件夹下的“HWAST”文件夹，选中“XIAN.FPT”文件，按“F2”键，此时文件的名字处呈现蓝色可编辑状态，编辑名称为题目指定的名称“YANG.FPT”。

3．WPS 文字题

视频解析

（1）步骤 1：打开考生文件夹下的“wps.docx”文件，在“页面布局”选项卡中单击“纸张方向”下拉按钮，在展开的下拉列表中选择“横向”选项；单击“纸张大小”下拉按钮，在展开的下拉列表中选择“16 开”选项。

步骤 2：在“页面布局”选项卡中单击“页面设置”对话框启动器按钮，打开“页面设置”对话框；在“页边距”选项卡的“页边距”组中设置“上”“下”均为“2”厘米，“左”“右”均为“3”厘米，单击“确定”按钮。

步骤 3：在“页面布局”选项卡中单击“背景”下拉按钮，在展开的下拉列表中选择“灰色-25%，背景 2”选项。

（2）步骤 1：在“开始”选项卡中单击“显示/隐藏编辑标记”下拉按钮，在展开的下拉列表中选择“显示/隐藏段落标记”选项，使其前面显示“√”。

步骤 2：在“开始”选项卡中单击“文字工具”下拉按钮，在展开的下拉列表中选择“换行符转为回车”选项；再次单击“文字工具”下拉按钮，在展开的下拉列表中选择“删除空段”选项。

（3）步骤 1：选中文档标题“邀请函”，在“开始”选项卡中单击“字体”对话框启动器按钮，打开“字体”对话框；在“字体”选项卡中设置“中文字体”为“黑体”，在“字号”编辑框中输入“56”；切换到“字符间距”选项卡，将“缩放”设置为“170%”，单击“确定”按钮。

步骤 2：保持文档标题的选中状态，在“开始”选项卡中单击“段落”对话框启动器按钮，打开“段落”对话框；在“缩进和间距”选项卡的“常规”组中，设置“对齐方式”为“居中对齐”；在“间距”组中设置“段前”为“0”行，设置“段后”为“1”行，单击“确定”按钮。

步骤 3：保持文档标题的选中状态，在“开始”选项卡中单击“文字效果”下拉按钮，在展开的下拉列表中选择“艺术字”/“渐变填充-亮石板灰”选项；按照同样的操作方法，依次在“文字效果”下拉列表中选择“阴影”/“内部”/“内部右下角”选项和“发光”/“发光变体”/“灰色-50%，5 pt 发光，着色 3”选项。

（4）步骤 1：选中文档标题“邀请函”以外的所有文本，在“开始”选项卡中设置“字体”为“楷体”，设置“字号”为“四号”。

步骤 2：选中“尊敬的”至“先生”中间的空白区域，在“开始”选项卡中单击“下划线”按钮。

步骤 3：选中“昂首是春……”所在的段落，在“开始”选项卡中单击“段落”对话框启动器按钮，打开“段落”对话框；在“缩进和间距”选项卡的“缩进”组中，设置“特殊格式”为“首行缩进”，“度量值”默认为“2”字符；在“间距”组中设置“行距”为“1.5 倍行距”，单击“确定”按钮。

步骤 4：将鼠标指针置于“不胜欢喜”后面，按“Enter”键插入一个空白段落。

（5）步骤 1：选中文档最后两行，在“插入”选项卡中单击“表格”下拉按钮，在展开的下拉列表中选择“文本转换成表格”选项，打开“将文字转换成表格”对话框；在“文字分隔位置”组中选中“空格”单选按钮，单击“确定”按钮。

步骤 2：选中整个表格，右击鼠标，在弹出的快捷菜单中选择“表格属性”选项，打开“表格属性”对话框；单击右下角的“选项”按钮，打开“表格选项”对话框，将“默认单元格边距”组中的“上”“下”“左”“右”分别设置为“0.1”“0.1”“1”“0.2”厘米，单击“确定”按钮，返回“表格属性”对话框；在“表格”选项卡中勾选“指定宽度”复选框，设置“指定宽度”为“18”厘米，设置“对齐方式”为“左对齐”，设置“左缩进”为“1”厘米，单击“确定”按钮。

步骤 3：选中整个表格，右击鼠标，在弹出的快捷菜单中选择“边框和底纹”选项，打开“边框和底纹”对话框；在“边框”选项卡中，选择“设置”组中的“全部”选项，设置“线型”为“单波浪线”，设置“颜色”为“灰色-25%，背景 2，深色 50%”，设置“宽度”为“1.5 磅”，在右侧预览中，单击取消内部竖框线，单击“确定”按钮。

步骤 4：选中表格第 1 列，右击鼠标，在弹出的快捷菜单中选择“表格属性”选项，打开“表格属性”对话框；切换到“列”选项卡，默认勾选“指定宽度”复选框，设置“指定宽度”为“4”厘米，单击“确定”按钮。

（6）步骤 1：双击页脚处，进入页眉和页脚编辑状态，在“插入”选项卡中单击“图片”下拉按钮，在展开的下拉列表中选择“本地图片”选项，打开“插入图片”对话框；找到并选中考生文件夹下的“页脚.png”图片，单击“打开”按钮。

步骤 2：选中插入的图片，在“图片工具”选项卡中取消勾选“锁定纵横比”复选框，将“高度”和“宽度”都设置为“10 厘米”；单击“环绕”下拉按钮，在展开的下拉列表中选择“衬于文字下方”选项。

步骤 3：在“图片工具”选项卡中单击“大小和位置”对话框启动器按钮，打开“布局”对话框；在“位置”选项卡的“水平”组中选中“对齐方式”单选按钮，设置“相对于”为“页面”，单击“对齐方式”右侧的下拉按钮，在展开的下拉列表中选择“右对齐”；在“垂直”组中选中“对齐方式”单选按钮，设置“相对于”为“页面”，设置“对齐方式”为“下对齐”；在“选项”组中取消勾选“对象随文字移动”复选框，单击“确定”按钮，最后单击“页眉和页脚”选项卡中的单击“关闭”按钮。

步骤 4：保存并关闭文档。

4．WPS 表格题

（1）步骤 1：打开考生文件夹下的“Book.xlsx”文件，双击“Sheet1”工作表标签进入其编辑状态，然后输入工作表名称“员工信息表”，按“Enter”键。

扫码学习

视频解析

步骤 2：选中 A1:K1 单元格区域，在“开始”选项卡中设置“填充颜色”为“黑色，文本 1”，设置“字体颜色”为“白色，背景 1”，依次单击“水平居中”和“加粗”按钮；单击“行和列”下拉按钮，在展开的下拉列表中选择“行高”选项，打开“行高”对话框，设置“行高”为“25”磅，单击“确定”按钮。

步骤 3：选中 A2:K31 单元格区域，在“数据”选项卡中单击“删除重复项”按钮，打开“删除重复项”对话框；单击“删除重复项”按钮，在弹出的对话框中单击“确定”按钮。

步骤 4：选中数据区域任意单元格，在“数据”选项卡中单击“排序”按钮，打开“排序”对话框，设置“主要关键字”为“部门名称”，设置“次序”为“升序”，单击“确定”按钮。

（2）步骤 1：选中 J2:J21 单元格区域，在“开始”选项卡中单击“条件格式”下拉按钮，在展开的下拉列表中选择“项目选取规则”/“高于平均值”选项，打开“高于平均值”对话框，将选定区域设置为“浅红填充色深红色文本”，单击“确定”按钮。

步骤 2：按照同样的操作方法，再次单击“条件格式”下拉按钮，在展开的下拉列表中选择“项目选取规则”/“低于平均值”选项，打开“低于平均值”对话框，将选定区域设置为“绿填充色深绿色文本”，单击“确定”按钮。

步骤 3：选中 K2:K21 单元格区域，在“开始”选项卡中单击“条件格式”下拉按钮，在展开的下拉列表中选择“突出显示单元格规则”/“文本包含”选项，打开“文本中包含”对话框，在前面编辑框中输入“离职”，在后面“设置为”下拉列表中选择“黄填充色深黄色文本”选项，单击“确定”按钮。

（3）步骤 1：选中 B33 单元格，输入函数“=COUNT(A2:A21)”，并按“Enter”键。

步骤 2：选中 D33 单元格，输入函数“=SUM(J2:J21)”，按“Enter”键。

步骤 3：选中 F33 单元格，输入公式“=D33/B33”，并按“Enter”键。

（4）步骤 1：单击数据区域的任意单元格，在“插入”选项卡中单击“数据透视表”按钮，打开“创建数据透视表”对话框；在“请选择单元格区域”单选按钮下方的编辑框中，系统自动选中 A1:K21 单元格区域，在“请选择单元格区域”编辑框中自动显示了选择的数据源区域，在“请选择放置数据透视表的位置”组中选中“现有工作表”单选按钮，然后切换到“统计表”工作表，单击 A1 单元格（也可单击数据区域的任意单元格），然后单击“确定”按钮，打开“数据透视表”任务窗格；将“字段列表”列表框中的“部门名称”字段拖放到“行”区域，将“字段列表”列表框中的“当前状态”字段拖放到“列”区域，将“字段列表”列表框中的“当前状态”字段拖放到“值”区域。

步骤 2：单击 A2 单元格“部门名称”右下角的下拉按钮，在展开的下拉列表中选择“其他排序选项”选项，打开“排序（部门名称）”对话框，选中“降序排序”单选按钮，设置“降序排序”为“计数项：状态”，单击“确定”按钮。

（5）步骤：切换到“员工信息表”工作表，在“页面布局”选项卡中单击“页面设置”对话框启动器按钮，打开“页面设置”对话框；在“页面”选项卡中，选中“横向”单选按钮，设置“缩放比例”为“120”%，单击“纸张大小”下拉按钮，在展开的下拉列表中选择“A5”选项；切换到“工作表”选项卡，将鼠标指针置于“打印区域”右侧的编辑框中，选中 A1:K21 单元格区域，单击“确定”按钮。

（6）步骤：在“员工信息表”工作表中，选中 A1:K21 单元格区域，单击“开始”选项卡中的“表格样式”下拉按钮，在展开的下拉列表中选择“中等”/“表样式中等深浅 4”样式，打开“套用表格样式”对话框，选中“仅套用表格样式”单选按钮，单击

“确定”按钮。

（7）步骤 1：在“员工信息表”工作表中，选中 I 列，右击鼠标，在弹出的快捷菜单中选择“隐藏”选项。

步骤 2：单击数据区域的任意单元格，在“审阅”选项卡中单击“保护工作表”按钮，打开“保护工作表”对话框，不设置密码，其他保持默认，单击“确定”按钮。

步骤 3：右击“统计表”工作表标签，在弹出的快捷菜单中选择“隐藏”选项。

步骤 4：保存并关闭工作簿。

5．WPS 演示题

视频解析

（1）步骤 1：打开考生文件夹下的“ys.pptx”文件，选中第 2 张幻灯片，在“开始”选项卡中单击“版式”下拉按钮，在展开的下拉列表中选择“图片与标题”版式。

步骤 2：在第 2 张幻灯片中，单击左侧文本框中的“插入图片”按钮，打开“插入图片”对话框，找到并选中考生文件夹下的“海棠 1.jpg”图片，单击“打开”按钮。

步骤 3：选中插入的图片，右击鼠标，在弹出的快捷菜单中选择“设置对象格式”选项，打开“对象属性”任务窗格；在“大小与属性”选项卡的“大小”组中，勾选“锁定纵横比”和“相对于图片原始尺寸”复选框，设置“缩放高度”为“85%”；在“位置”组中，设置“水平位置”为“2 厘米”，设置“相对于”为“左上角”，设置“垂直位置”为“4.8 厘米”，设置“相对于”为“左上角”，关闭“对象属性”任务窗格。

（2）步骤：在“设计”选项卡中单击“编辑母版”按钮，进入幻灯片母版编辑视图；分别选中幻灯片母版中除“标题幻灯片”以外的其他版式（第 3 张幻灯片、第 4 张幻灯片），分别选中“标题样式”文本框，在“文本工具”选项卡中设置“字体”为“隶书”，设置“字号”为“44”；分别选中“文本样式”文本框，在“文本工具”选项卡中设置“字体”为“楷体”，设置“字号”为“28”，单击“幻灯片母版”选项卡中的“关闭”按钮。

（3）步骤 1：在第 5 张幻灯片中，选中整个表格，在“表格工具”选项卡中设置“高度”为“2”厘米；选中表格第 1 列，在“表格工具”选项卡中设置“宽度”为“6”厘米；选中表格第 2 列，在“表格工具”选项卡中设置“宽度”为“18”厘米。

步骤 2：选中整个表格，在“表格工具”选项卡中单击“字体”对话框启动器按钮，打开“字体”对话框；设置“中文字体”为“仿宋”，设置“字号”为“24”，设置“西文字体”为“Times New Roman”，单击“确定”按钮。

步骤 3：选中整个表格，右击鼠标，在弹出的快捷菜单中选择“设置对象格式”选项，打开“对象属性”任务窗格；在“大小与属性”选项卡的“位置”组中，设置“水平位置”为“5”厘米，设置“相对于”为“左上角”，设置“垂直位置”为“4.2”厘米，设置“相对于”为“左上角”，关闭“对象属性”任务窗格。

（4）步骤 1：选中第 2 张幻灯片中的图片，在“动画”选项卡中单击“自定义动画”按钮，打开“自定义动画”任务窗格；单击“添加效果”下拉按钮，在展开的下拉列表中选择“进入”/“基本型”/“扇形展开”选项，在“自定义动画”任务窗格中设置“速度”为“慢速”。

步骤 2：选中第 5 张幻灯片中的表格，单击“添加效果”下拉按钮，在展开的下拉列表中选择“进入”/“基本型”/“圆形扩展”选项，在“自定义动画”任务窗格中设置“速度”为“非常慢”，关闭“自定义动画”任务窗格。

（5）步骤 1：选中任意一张幻灯片，在“设计”选项卡中单击“背景”按钮，打开“对象属性”任务窗格；选中“图片或纹理填充”单选按钮，单击“图片填充”下拉按钮，在展开的下拉列表中选择“本地文件”选项，打开“选择纹理”对话框，找到并选中考生文件夹下的“海棠 2.jpg”图片，单击“打开”按钮；在“对象属性”任务窗格中，设置“透明度”为“70%”，单击“全部应用”按钮，关闭“对象属性”任务窗格。

步骤 2：保存并关闭演示文稿。

6. 上网题

（1）步骤：通过“答题”菜单启动“Internet Explorer”，打开 IE 浏览器；在地址栏中输入网址“HTTP://LOCALHOST/index.htm”并按“Enter”键，在打开的页面中找到“最强选手”下关于“王峰”的链接并单击，打开关于“王峰”的介绍页面；选择“文件”/“另存为”选项，打开“另存为”对话框，将保存路径修改为考生文件夹；在“文件名”编辑框中输入“WangFeng”，在“保存类型”下拉列表中选择“网页,仅HTML(*.html;*.htm)”选项，单击“保存”按钮；在页面中右击“王峰”图片，在弹出的快捷菜单中选择“图片另存为”选项，打开“另存为”对话框，将保存路径修改为考生文件夹，在“文件名”编辑框中输入“Photo”，在“保存类型”下拉列表中选择“(JPG,JPEG)(*.jpg)”选项，单击“保存”按钮，完成操作。

（2）步骤：通过“答题”菜单启动“Outlook”，打开“Outlook”窗口；单击“发送/接收”按钮，在弹出的提示对话框中单击“确定”按钮，双击接收的邮件，打开“读取邮件”窗口；在附件名处右击鼠标，在弹出的快捷菜单中选择“另存为”选项，打开“另存为”对话框，将保存路径修改为考生文件夹，单击“保存”按钮，在弹出的提示对话框中单击“确定”按钮；单击“答复”按钮，打开“Re:生日快乐”窗口，在窗口中央空白的编辑区域输入邮件内容“贺卡已收到，谢谢你的祝福，也祝你天天幸福快乐!”，单击“发送”按钮，在弹出的提示对话框中单击“确定”按钮，完成操作。

精选历年真题试卷（十）参考答案及解析

1. 选择题

（1）B【解析】西文字符采用的编码是 ASCII 码。

（2）D【解析】无符号二进制数的第一位可为 0，所以当全为 0 时最小值为 0，当全为 1 时最大值为 $2^6-1=63$。

（3）D【解析】汇编语言属于低级语言。

（4）D【解析】选项 A，政府机关的域名为“.gov”；选项 B，商业组织的域名为“.com”；选项 C，军事部门的域名为“.mil”；选项 D，教育机构的域名为“.edu”。

（5）C【解析】根据文件扩展名及其含义，以“.jpg”为扩展名的文件是图像文件。

（6）A【解析】存储计算机当前正在执行的应用程序和相应数据的存储器是 RAM，ROM 为只读存储器。

（7）B【解析】计算机指令（也称机器指令）是用二进制代码表示的、能被计算机理解并执行的基本操作，通常由操作码和地址码（或称操作数）两部分组成。

（8）B【解析】科学计算又称数值计算，它是计算机最早的应用领域。

（9）C【解析】CPU 是计算机的核心部件。

（10）C【解析】计算机的硬件主要包括 CPU、存储器、输入设备和输出设备。

（11）A【解析】常见的系统软件有操作系统、语言处理系统、数据库管理系统和系统辅助处理程序等。编译程序是语言处理系统，属于系统软件。

（12）A【解析】一个程序被加载到内存，系统就创建了一个进程，程序执行结束后，该进程也就随之消亡。利用任务管理器可以强行终止某个进程，但并不是所有进程都可以被强行终止。

（13）C【解析】时钟频率又称主频，是指计算机 CPU 的时钟频率，其单位为兆赫兹（MHz）或吉赫兹（GHz）。

（14）A【解析】显示器的参数“1 024×768”指计算机显示器的分辨率。

（15）D【解析】高级语言是最接近人类自然语言和数学公式的程序设计语言，它的开发效率较高，但运行效率较低。

（16）D【解析】最后位加 0 等于前面所有位都乘以 2 再相加，所以是 2 倍。

（17）C【解析】根据计算机所采用的基本元器件类型的不同，第 1 代至第 4 代计算机依次为电子管计算机、晶体管计算机、中小规模集成电路计算机、大规模及超大规模集成电路计算机。

（18）B【解析】解释程序是在程序的运行过程中，将高级语言逐句解释成机器语言，解释一句，执行一句，所以运行速度较慢。

（19）C【解析】计算机病毒是指编制或者在计算机程序中插入的破坏计算机功能或者毁坏数据，影响计算机使用，并能自我复制的一组计算机指令或者程序代码。影响程序运行，破坏计算机系统的数据与程序是计算机病毒的危害之一，其他选项不属于计算机病毒的危害。

（20）C【解析】扫描仪属于输入设备。

2. 基本操作题

视频解析

（1）步骤：打开考生文件夹下的“GPOP\PUT”文件夹，在菜单栏中选择“文件”/“新建”/“文件夹”选项，或右击鼠标，在弹出的快捷菜单中选择“新建”/“文件夹”选项，即可生成新的文件夹，此时文件夹的名字处呈现蓝色可编辑状态，编辑名称为题目指定的名称“HUX”。

（2）步骤：打开考生文件夹下的“MICRO”文件夹，选中“XSAK.BAS”文件，按“Delete”键，弹出“删除文件”对话框，单击“是”按钮，将文件删除到回收站。

（3）步骤：打开考生文件夹下的“COOK\FEW”文件夹，选中“ARAD.WPS”文件，在菜单栏中选择“编辑”/“复制”选项，或按“Ctrl+C”快捷键；打开考生文件夹下的“ZUME”文件夹，在菜单栏中选择“编辑”/“粘贴”选项，或按“Ctrl+V”快捷键。

（4）步骤：打开考生文件夹下的“ZOOM”文件夹，选中“MACRO.OLD”文件，在菜单栏中选择“文件”/“属性”选项，或右击鼠标，在弹出的快捷菜单中选择“属性”选项，即可打开“MACRO.OLD 属性”对话框；在“MACRO.OLD 属性”对话框中勾选“隐藏”复选框，单击“确定”按钮。

（5）步骤：打开考生文件夹下的“BEI”文件夹，选中“SOFT.BAS”文件，按“F2”键，此时文件的名字处呈现蓝色可编辑状态，编辑名称为题目指定的名称“BUAA.BAS”。

3．WPS 文字题

视频解析

（1）步骤 1：打开考生文件夹下的“wps.docx”文件，选中标题段文字“中华世纪坛”，在“开始”选项卡中设置“字体”为“幼圆”，设置“字号”为“小三”，最后单击“加粗”和“居中对齐”按钮。

步骤 2：保持标题段文字的选中状态，在“开始”选项卡中单击“字体”对话框启动器按钮，打开“字体”对话框；切换到“字符间距”选项卡，在“间距”下拉列表中选择“加宽”选项，设置“值”为“0.2”厘米，单击“确定”按钮。

步骤 3：保持标题段文字的选中状态，在“开始”选项卡中单击“段落”对话框启动器按钮，打开“段落”对话框；在“缩进和间距”选项卡的“间距”组中，设置“段前”和“段后”均为“0.5”行，单击“确定”按钮。

（2）步骤 1：选中正文段“中华世纪坛……文化名片。”，在“开始”选项卡中设置“字体”为“楷体”，设置“字号”为“小四”。

步骤 2：保持正文段的选中状态，在“开始”选项卡中单击“段落”对话框启动器按钮，打开“段落”对话框；在“缩进和间距”选项卡的“缩进”组中，设置“特殊格式”为“首行缩进”，“度量值”默认为“2”字符；在“间距”组中，设置“行距”为“固定值”，“设置值”为“22”磅，单击“确定”按钮。

（3）步骤：选中正文段“中华世纪坛……文化名片。”，在“开始”选项卡中单击“查找替换”下拉按钮，在展开的下拉列表中选择“替换”选项，打开“查找和替换”对话框；在“查找内容”编辑框中输入“世纪坛”，将鼠标指针置于“替换为”编辑框中，单击“格式”下拉按钮，在展开的下拉列表中选择“字体”选项，打开“替换字体”对话框；在“字体”选项卡中，设置“着重号”为“•”，单击“确定”按钮，返回“查找和替换”对话框；单击“全部替换”按钮，在弹出的提示框中单击“取消”按钮，然后单击“确定”按钮，返回“查找和替换”对话框，最后单击“关闭”按钮。

（4）步骤 1：在“插入”选项卡中单击“页眉和页脚”按钮，进入“页眉和页脚”编辑状态，在页眉处输入“中华世纪坛概览”；选中页眉处输入的文字，在“开始”选项卡中设置“字体”为“隶书”，设置“字号”为“五号”，最后单击“居中对齐”按钮。

步骤 2：在“页面布局”选项卡中单击“页面边框”按钮，打开“边框和底纹”对话框；切换到“边框”选项卡，设置“线型”为“单实线”，设置“宽度”为“0.75 磅”，在预览组中单击“下框线”按钮，单击“确定”按钮。

（5）步骤：将鼠标指针置于页脚处，单击页脚处的“插入页码”下拉按钮，在展开的下拉列表中，设置“样式”为“第 1 页 共×页”，设置“位置”为“居中”，“应用范围”默认为“整篇文档”，单击“确定”按钮，最后单击“页眉和页脚”选项卡中的“关闭”按钮。

（6）步骤 1：在“页面布局”选项卡中单击“背景”下拉按钮，在展开的下拉列表中选择“其他背景”/“纹理”选项，打开“填充效果”对话框；在“纹理”选项卡中，设置纹理为“纸纹 2”，单击“确定”按钮。

步骤 2：在“页面布局”选项卡中单击“页面设置”对话框启动器按钮，打开“页面设置”对话框；在“页边距”选项卡的“页边距”组中，设置“上”“下”均为“2.5”厘米，设置“左”“右”均为“3”厘米，设置“装订线位置”为“左”，设置“装订线宽”为“0.5”厘米，单击“确定”按钮。

（7）步骤 1：将鼠标指针置于标题文字“中华世纪坛”前，在“插入”选项卡中单击“图片”下拉按钮，在展开的下拉列表中选择“本地图片”选项，打开“插入图片”对话框，找到并选中考生文件夹下的“全景.jpg”图片，单击“打开”按钮。

步骤 2：选中图片，在“图片工具”选项卡中单击“大小和位置”对话框启动器按钮，打开“布局”对话框；在“大小”选项卡的“缩放”组中，勾选“锁定纵横比”和“相对原始图片大小”复选框，设置“高度”为“30”%；切换到“文字环绕”选项卡，在“环绕方式”组中选择“紧密型”选项，单击“确定”按钮。

步骤 3：保持图片的选中状态，在“图片工具”选项卡中单击“大小和位置”对话框启动器按钮，打开“布局”对话框；切换到“位置”选项卡，在“水平”组中设置“右侧”为“页面”，设置“绝对位置”为“12.5”厘米；在“垂直”组中，设置“下侧”为“页面”，设置“绝对位置”为“6”厘米，单击“确定”按钮。

步骤 4：保存并关闭文档。

4. WPS 表格题

（1）步骤：打开考生文件夹下的“Book.xlsx”文件，在“员工酬金统计”工作表中选中 A1:G1 单元格区域，在“开始”选项卡中单击“合并居中”按钮，设置“字体”为“黑体”，“字号”为“24”。

视频解析

（2）步骤：选中 A2:G2 单元格区域，在“开始”选项卡中，依次单击“水平居中”和“加粗”按钮，设置“字号”为“12”。

（3）步骤 1：选中 G3 单元格，在 G3 单元格中输入公式“=F3*(1+4%)^(E3-1)”，并按“Enter”键；选中 G3 单元格，将鼠标指针移到 G3 单元格右下角的填充柄上，待鼠标指针变成小十字形状时，双击鼠标左键，即可完成对序列的填充。

步骤 2：选中 G3:G52 单元格，右击鼠标，在弹出的快捷菜单中选择“设置单元格格式”选项，打开“单元格格式”对话框；在“数字”选项卡中，选择“分类”列表框中的“数值”选项，设置“小数位数”为“2”，单击“确定”按钮。

（4）步骤 1：在 G54 单元格中输入公式“=AVERAGE(G3:G52)”，并按“Enter”键。

步骤 2：选中 G54 单元格，右击鼠标，在弹出的快捷菜单中选择“设置单元格格式”选项，打开“单元格格式”对话框；在“数字”选项卡中，选择“分类”列表框中的“数值”选项，设置“小数位数”为“0”，单击“确定”按钮。

（5）步骤 1：在 G55 单元格中输入公式“=SUM(G3:G52)”，并按“Enter”键。

步骤 2：选中 G55 单元格，右击鼠标，在弹出的快捷菜单中选择“设置单元格格式”选项，打开“单元格格式”对话框；在“数字”选项卡中，选择“分类”列表框中的“数值”选项，设置“小数位数”为“0”，单击“确定”按钮。

（6）步骤：选中 J8 单元格，在“数据”选项卡中单击“数据透视表”按钮，打开“创建数据透视表”对话框，将鼠标指针置于“请选择单元格区域”编辑框中，在工作表中选择 A2:G52 单元格区域，单击“确定”按钮，打开“数据透视表”任务窗格；将“字段列表”列表框中的“部门”字段拖放到“行”区域，将“字段列表”列表框中的“部门”字段拖放到“值”区域。

（7）步骤 1：选中数据透视表中任意单元格，在“分析”选项卡中单击“数据透视图”按钮，打开“插入图表”对话框，在左侧列表框中选择“饼图”，再在右侧选择“饼图”，单击“插入”按钮。

步骤 2：选中图表，在“图表工具”选项卡中单击“添加元素”下拉按钮，在展开的下拉列表中选择“图表标题”/“图表上方”选项，将图表标题修改为“凯恩公司各部门员工百分比汇总图”。

步骤 3：选中图表，在“图表工具”选项卡中单击“添加元素”下拉按钮，在展开的下拉列表中选择“图例”/“右侧”；再次单击“添加元素”下拉按钮，在展开的下拉列表中选择“数据标签”/“更多选项”选项，打开“属性”任务窗格；在“标签”选项卡中，取消勾选“标签选项”组中的“值”复选框，勾选“百分比”复选框，单击“属性”任务窗格中的“关闭”按钮。

步骤 4：选中图表，按住鼠标左键拖动图表使其左上角放置在 J17 单元格内，调整图表大小使其置于 J17:P34 单元格区域。（参照考生文件夹下的“ET 样张.jpg”图片）

步骤 5：保存并关闭工作簿。

5．WPS 演示题

（1）步骤：打开考生文件夹下的“ys.pptx”文件，在“设计”选项卡中单击“导入模板”按钮，打开“应用设计模板”对话框，找到并选中“plan.potx 模板”，单击“打开”按钮。

视频解析

（2）步骤 1：选中第 1 张幻灯片，在“开始”选项卡中单击“版式”下拉按钮，在展开的下拉列表中选择“标题幻灯片”选项。

步骤 2：在第 1 张幻灯片的主标题文本框中输入“秋季养生保健”；在副标题文本框中输入“社区卫生服务中心”；选中副标题文字，在“文本工具”选项卡中设置“字体”

为“黑体”，设置“字号”为“28”。

（3）步骤：选中第 2 张幻灯片中的内容文本框，在“文本工具”选项卡中设置“字号”为“24”；在“绘图工具”选项卡中，设置“高度”为“11”厘米，设置“宽度”为“30”厘米，单击“填充”下拉按钮，在展开的下拉列表中选择“巧克力黄，着色 1，浅色 40%”选项，单击“形状效果”下拉按钮，在展开的下拉列表中选择“柔化边缘”/“25 磅”选项。

（4）步骤 1：选中第 3 张幻灯片，在“开始”选项卡中单击“版式”下拉按钮，在展开的下拉列表中选择“两栏内容”版式。

步骤 2：在第 3 张幻灯片中，单击右侧文本框中“插入图片”按钮，打开“插入图片”对话框，找到并选中考生文件夹下的“图片 1.jpg”图片，单击“打开”按钮。

步骤 3：选中插入的图片，在“图片工具”选项卡中单击“裁剪”下拉按钮，在展开的下拉列表中选择“基本形状”/“椭圆”选项，然后按“Esc”键退出裁剪；单击“图片效果”下拉按钮，在展开的下拉列表中选择“发光”/“发光变体”/“巧克力黄，8 pt 发光，着色 1”选项。

步骤 4：在第 3 张幻灯片中，选中左侧文本框，在“动画”选项卡中单击“自定义动画”按钮，打开“自定义动画”任务窗格；单击“添加效果”下拉按钮，在展开的下拉列表中选择“进入”/“华丽型”/“字幕式”选项；选中右侧的图片，单击“添加效果”下拉按钮，在展开的下拉列表中选择“强调”/“基本型”/“陀螺旋”选项；在“自定义动画”任务窗格中，选中“内容占位符 4”，单击“数量”下拉按钮，在展开的下拉列表中选择“逆时针”和“旋转两周”选项，在“速度”下拉列表中选择“快速”选项，关闭“自定义动画”任务窗格。

（5）步骤 1：选中第 4 张幻灯片，单击“插入”选项卡中的“表格”下拉按钮，在展开的下拉列表中选择“插入表格”选项，打开“插入表格”对话框，设置“行数”为“7”，设置“列数”为“2”，单击“确定”按钮。

步骤 2：选中表格，在“表格样式”选项卡中单击表格样式列表右侧的下拉按钮，在展开的下拉列表中选择“中色系-中度样式 2-强调 1”。

步骤 3：选中表格第 1 列，在“表格工具”选项卡中设置“宽度”为“3 厘米”；按照同样的操作方法，设置表格第 2 列的“宽度”为“26 厘米”。

步骤 4：在表格第 1 行第 1、2 列依次输入“鱼名”和“功效”；打开考生文件夹下的“SC.docx”文档，将文档中的内容按照“鲫鱼”“带鱼”“青鱼”“鲤鱼”“草鱼”“泥鳅”的顺序从上到下依次复制粘贴到表格其余 6 行。

步骤 5：选中表格中的文字，在“表格工具”选项卡中，分别单击“居中对齐”和“水平居中”按钮。

（6）步骤 1：选中第 7 张幻灯片，在“开始”选项卡中单击“版式”下拉按钮，在展开的下拉列表中选择“空白”版式。

步骤 2：在“插入”选项卡中单击“艺术字”下拉按钮，在展开的下拉列表中选择“填充-海洋绿，着色 5，轮廓-背景 1，清晰阴影-着色 5”选项，在插入的艺术字文本框中输入“祝身体安康”。

步骤 3：选中艺术字，在“绘图工具”选项卡中单击“形状效果”下拉按钮，在展开的下拉列表中选择“阴影”/“透视”/“靠下”选项。

步骤 4：选中艺术字文本框，在“动画”选项卡中单击“自定义动画”按钮，打开“自定义动画”任务窗格；单击“添加效果”下拉按钮，在展开的下拉列表中选择“进入”/“温和型”/“回旋”选项，关闭“自定义动画”任务窗格。

步骤 5：选中第 7 张幻灯片，在“设计”选项卡中单击“背景”按钮，打开“对象属性”任务窗格，选中“图片或纹理填充”单选按钮，设置“纹理填充”为“金山”，关闭“对象属性”任务窗格。

（7）步骤 1：在“幻灯片放映”选项卡中单击“设置放映方式”按钮，打开“设置放映方式”对话框，选中“展台自动循环放映（全屏幕）”单选按钮，单击“确定”按钮。

步骤 2：选中任意一张幻灯片，在“切换”选项卡中单击切换方式列表框右侧的下拉按钮，在展开的下拉列表中选择“抽出”选项，单击“效果选项”下拉按钮，在展开的下拉列表中选择“从右下”选项，最后单击“应用到全部”按钮。

步骤 3：保存并关闭演示文稿。

6．上网题

（1）步骤：通过“答题”菜单启动“Internet Explorer”，打开 IE 浏览器；在地址栏中输入网址“HTTP://LOCALHOST/index.htm”并按“Enter”键，在打开的页面中找到并单击“最强评审”下的“宁静”；选择“文件”/“另存为”选项，打开“另存为”对话框，将保存路径修改为考生文件夹；在“文件名”编辑框中输入“NingJing”，在“保存类型”下拉列表中选择“网页,仅 HTML(*.html;*.htm)”选项，单击“保存”按钮；右击页面中的“宁静”图片，在弹出的快捷菜单中选择“图片另存为”选项，打开“另存为”对话框，将保存路径修改为考生文件夹，在“文件名”编辑框中输入“Photo”，在“保存类型”下拉列表中选择“(JPG,JPEG)(*.jpg)”选项，单击“保存”按钮，完成操作。

（2）步骤：通过“答题”菜单启动“Outlook”，打开“Outlook”窗口；单击“创建邮件”按钮，打开“新邮件”窗口，单击“附件”按钮，打开“打开”对话框，找到并选中考生文件夹下的“布达拉宫.jpg”图片，单击“打开”按钮；在“收件人”编辑框中输入“Zhangfr@ncre.cn”，在“主题”编辑框中输入“风景图片”，在窗口中央空白的编辑区域输入邮件内容“张先生：近期去西藏旅游了，现把在西藏旅游时照的一幅风景图片寄给你，请欣赏。”；最后单击“发送”按钮，在弹出的提示对话框中单击“确定”按钮，完成操作。

第五部分

精编模拟试卷参考答案及解析

精编模拟试卷（一）参考答案及解析

1．选择题

（1）C【解析】CPU 的主要技术性能指标有字长、时钟主频、运算速度等。

（2）C【解析】计算机辅助教育的简称为 CAI，计算机辅助制造的简称为 CAM，计算机辅助设计的简称为 CAD。

（3）B【解析】硬盘属于外部存储器。

（4）A【解析】在 ASCII 码表中，按码值从小到大的排列顺序为：控制符、数字、大写英文字母、小写英文字母。因此，在 4 个选项中，ASCII 码值最小的一个是 9。

（5）C【解析】选项 A，操作系统的 5 大功能是 CPU 管理、存储管理、文件管理、设备管理和作业管理；选项 B，操作系统属于系统软件；选项 D，常用的操作系统，除了 Windows，还有 Linux、UNIX、MacOS 等。

（6）C【解析】Internet 提供的最常用、便捷的通信服务是电子邮件（E-mail），它具有方便、快速，不受地域或时间限制等优点。

（7）D【解析】调制解调器（Modem）是计算机与电话线之间进行信号转换的装置，由调制器和解调器两部分组成。调制器是把计算机的数字信号转换成可在电话线上传输的模拟信号的装置，解调器是把接收的模拟信号还原成计算机的数字信号的装置。

（8）D【解析】一个完整的计算机系统应该包括硬件系统和软件系统两部分。

（9）C【解析】首次采用存储程序概念的计算机是 EDVAC。

（10）A【解析】运算速度指 CPU 每秒所能执行的指令条数，是用于衡量计算机进行数值计算或信息处理快慢程度的指标，用 1 秒所能执行的指令数来表示，单位是百万次/秒（MIPS）。

（11）B【解析】科学计算也称数值计算，主要解决科学研究和工程技术中产生的大量数值计算问题。火箭轨道计算属于计算机科学计算方面的应用。

（12）D【解析】浏览器是用于浏览 WWW 网站的工具，WWW 网站中包含很多网页（又称 Web 页）。网页是用超文本标记语言（HTML）编写的，并在 HTTP 协议支持下运行。

（13）D【解析】硬盘虽然在主机箱内，但它属于外存，不是主机的组成部分。

（14）C【解析】英文字母 D 在英文字母 A 的后面，相差 3 位，英文字母 A 的 ASCII 码为 01000001，对应的十进制数是 65，英文字母 D 对应的十进制数是 68，对应的 ASCII 码为 01000100。

（15）C【解析】CPU 能直接存取内存中的数据，不能直接存取外存中的数据。硬盘属于外存。

（16）A【解析】Windows 是微软开发的操作系统，属于系统软件。

（17）D【解析】选项 A，不同型号的 CPU 具有不同的机器语言；选项 B，计算机

不能直接识别、执行用汇编语言编写的程序；选项 C，计算机能直接识别机器语言，故机器语言编写的程序执行效率高。

（18）C【解析】选项 A，U 盘中放置的可执行程序不一定是病毒；选项 B，无病毒的 U 盘与来历不明的 U 盘放在一起，数据不会相互传染；选项 D，数据是否格式化，与病毒的传染没有直接关系。

（19）B【解析】字长是指 CPU 一次能同时处理的二进制数据的位数。

（20）C【解析】区位码输入是利用国标码作为汉字编码，每个国标码对应一个汉字或一个符号，没有重码。

2．基本操作题

（1）步骤：打开考生文件夹下的“GOOD”文件夹，在菜单栏中选择“文件”/“新建”/“文件夹”选项，或右击鼠标，在弹出的快捷菜单中选择“新建”/“文件夹”选项，即可生成新的文件夹，此时文件夹的名字处呈现蓝色可编辑状态，编辑名称为题目指定的名称“FOOT”。

视频解析

（2）步骤：打开考生文件夹下的“JIAO\SHOU”文件夹，选中“LONG.DOCX”文件，按“F2”键，此时文件的名字处呈现蓝色可编辑状态，编辑名称为题目指定的名称“DUA.DOCX”。

（3）步骤：打开考生文件夹，在工具栏右上角的搜索框中输入要搜索的文件名“DIAN.EXE”，搜索结果将显示在文件窗格中；选中搜索出的文件，按“Delete”键，弹出“删除文件”对话框，单击“是”按钮，将文件删除到回收站。

（4）步骤：打开考生文件夹下的“CLOCK\SEC”文件夹，选中“ZHA”文件夹，在菜单栏中选择“编辑”/“复制”选项，或按“Ctrl+C”快捷键；打开考生文件夹，在菜单栏中选择“编辑”/“粘贴”选项，或按“Ctrl+V”快捷键。

（5）步骤：打开考生文件夹，选中要生成快捷方式的“TABLE”文件夹，在菜单栏中选择“文件”/“创建快捷方式”选项，或右击鼠标，在弹出的快捷菜单中选择“创建快捷方式”选项，即可在同一文件夹下生成一个快捷方式文件；移动这个快捷方式文件到考生文件夹下的“MOON”文件夹中，并按“F2”键改名为“IT”。

3．WPS 文字题

（1）步骤 1：打开考生文件夹下的“wps.docx”文件，在“开始”选项卡中单击“查找替换”下拉按钮，在展开的下拉列表中选择“替换”选项，打开“查找和替换”对话框；在“查找内容”编辑框中输入“统计技术资格”，在“替换为”编辑框中输入“统计专业技术资格”，单击“全部替换”按钮，在弹出的提示框中单击“确定”按钮，返回“查找和替换”对话框，最后单击“关闭”按钮。

视频解析

步骤 2：在“页面布局”选项卡中单击“页面设置”对话框启动器按钮，打开“页面设置”对话框；在“页边距”选项卡的“页边距”组中设置“上”“下”“左”“右”均为“2”厘米，单击“确定”按钮。

（2）步骤 1：选中正标题文字“关于 2021 年度全国统计专业技术资格考试工作安排的通知”，在“开始”选项卡中设置“字体”为“黑体”，设置“字号”为“小二”，设置“字体颜色”为“红色”，单击“居中对齐”按钮。

步骤 2：选中副标题文字“中国统计学会 2021/06/24 11:09”，在“开始”选项卡中设置“字号”为“四号”，单击“居中对齐”按钮。

（3）步骤 1：选中“根据……二、考试时间和考试科目”段文字，按住“Ctrl”键的同时选中“三、考试大纲……合格标准。”段文字，在“开始”选项卡中设置“字号”为“小四”。

步骤 2：保持上述各段文字的选中状态，在“开始”选项卡中单击“段落”对话框启动器按钮，打开“段落”对话框；在“缩进和间距”选项卡的“缩进”组中，设置“特殊格式”为“首行缩进”，“度量值”默认为“2”字符；在“间距”组中设置“段前”为“0.5”行，单击“确定”按钮。

（4）步骤 1：选中以制表符分隔的文本“考试级别……上午 9:00—12:00”，在“插入”选项卡中单击“表格”下拉按钮，在展开的下拉列表中选择“文本转换成表格”选项，打开“将文字转换成表格”对话框，单击“确定”按钮。

步骤 2：选中整个表格，在“表格样式”选项卡中单击“边框”左侧的表格样式下拉按钮，在展开的下拉列表中选择“主题样式 1-强调 3”选项。

步骤 3：选中整个表格，右击鼠标，在弹出的快捷菜单中选择“表格属性”选项，打开“表格属性”对话框；切换到“列”选项卡，默认勾选“指定宽度”复选框，设置“指定宽度”为“5”厘米，单击“确定”按钮。

步骤 4：保持表格的选中状态，在“开始”选项卡中单击“居中对齐”按钮。

（5）步骤 1：选中整个表格，在“表格工具”选项卡中设置“字号”为“小五”；选中表格第 1 行文字，在“表格工具”选项卡中单击“加粗”按钮，单击“对齐方式”下拉按钮，在展开的下拉列表中选择“水平居中”选项。

步骤 2：选中表格第 1 列的第 2、3 个单元格，在“表格工具”选项卡中单击“合并单元格”按钮；按照同样的操作方法，合并第 1 列的第 4、5 个单元格。

步骤 3：选中合并后的两个单元格，在“表格工具”选项卡中单击“对齐方式”下拉按钮，在展开的下拉列表中选择“中部两端对齐”选项。

步骤 4：保存并关闭文档。

4. WPS 表格题

（1）步骤 1：打开考生文件夹下的“Book.xlsx”文件，在“税收情况统计”工作表中选中 A1:K1 单元格区域，在“开始”选项卡中单击“合并居中”按钮；选中合并后的单元格，在“开始”选项卡中单击“填充颜色”下拉按钮，在展开的下拉列表中选择“紫色”选项。

视频解析

步骤 2：选中合并后的 A1 单元格，在“开始”选项卡中设置“字体”为“黑体”，设置“字号”为“20”，设置“字体颜色”为“黄色”。

步骤 3：单击工作表中任意带数据的单元格，在“数据”选项卡中单击“排序”按

钮，打开“排序”对话框；设置“主要关键字”为“年度”，设置“次序”为“升序”，单击“确定”按钮。

（2）步骤 1：选中 A4:K18 单元格区域，在“开始”选项卡中单击“表格样式”下拉按钮，在展开的下拉列表中选择“中等”/“表样式中等深浅 6”样式，打开“套用表格样式”对话框，单击“确定”按钮。

步骤 2：选中 B5:J18 单元格区域，右击鼠标，在弹出的快捷菜单中选择“设置单元格格式”选项，打开“单元格格式”对话框；在“数字”选项卡中，选择“分类”列表框中的“数值”选项，设置“小数位数”为“2”，勾选“使用千位分隔符”复选框，单击“确定”按钮。

步骤 3：选中 K5:K14 单元格区域，右击鼠标，在弹出的快捷菜单中选择“设置单元格格式”选项，打开“单元格格式”对话框；在“数字”选项卡中，选择“分类”列表框中的“百分比”选项，设置“小数位数”为“2”，单击“确定”按钮。

（3）步骤 1：在 I5 单元格中输入公式“=SUM(B5:H5)”，并按“Enter”键；选中 I5 单元格，将鼠标指针移到 I5 单元格右下角的填充柄上，待鼠标指针变成小十字形状时，按住鼠标左键向下拖动到 I14 单元格，释放鼠标左键；单击右下角的“自动填充选项”下拉按钮，在展开的下拉列表中选中“不带格式填充”单选按钮。

步骤 2：在 B17 单元格中输入公式“=AVERAGE(B5:B14)”，并按“Enter”键；选中 B17 单元格，将鼠标指针移到 B17 单元格右下角的填充柄上，待鼠标指针变成小十字形状时，按住鼠标左键向右拖动到 I17 单元格，释放鼠标左键。

步骤 3：在 B18 单元格中输入公式“=SUM(B5:B14)”，并按“Enter”键；选中 B18 单元格，将鼠标指针移到 B18 单元格右下角的填充柄上，待鼠标指针变成小十字形状时，按住鼠标左键向右拖动到 I18 单元格，释放鼠标左键。

步骤 4：在 J6 单元格中输入公式“=I6−I5”，并按“Enter”键；选中 J6 单元格，将鼠标指针移到 J6 单元格右下角的填充柄上，待鼠标指针变成小十字形状时，按住鼠标左键向下拖动到 J14 单元格，释放鼠标左键；单击右下角的“自动填充选项”下拉按钮，在展开的下拉列表中选中“不带格式填充”单选按钮。

步骤 5：在 K6 单元格中输入公式“=J6/I5”，并按“Enter”键；选中 K6 单元格，将鼠标指针移到 K6 单元格右下角的填充柄上，待鼠标指针变成小十字形状时，按住鼠标左键向下拖动到 K14 单元格，释放鼠标左键；单击右下角的“自动填充选项”下拉按钮，在展开的下拉列表中选中“不带格式填充”单选按钮。

（4）步骤 1：选中 A4:H14 单元格区域，在“插入”选项卡中单击“全部图表”按钮，打开“插入图表”对话框，在左侧列表框中选择“柱形图”，再在右侧选择“堆积柱形图”，单击“插入”按钮，图表默认以“年度”为分类 X 轴。

步骤 2：选中图表标题，将其更改为“近十年各项税收比较”；选中图表，按住鼠标左键拖动图表使其左上角放置在 A20 单元格中，调整图表大小使其置于 A20:K48 单元格区域。

步骤 3：保存并关闭工作簿。

5. WPS 演示题

视频解析

（1）步骤 1：打开考生文件夹下的“ys.pptx”文件，在左侧的“幻灯片”窗格中，选中第 1 张幻灯片，将其拖动到第 2 张幻灯片的下方。

步骤 2：选中最后 1 张幻灯片，在“开始”选项卡中单击“新建幻灯片”按钮；选中新建的幻灯片，在“开始”选项卡中单击“版式”下拉按钮，在展开的下拉列表中选择“空白”版式。

步骤 3：在“插入”选项卡中单击“艺术字”下拉按钮，在展开的下拉列表中任选一种艺术字样式，如选择“填充-白色，轮廓-着色 2，清晰阴影-着色 2”，在插入的艺术字文本框中输入“欢迎新同事”；选中输入的文字，在“开始”选项卡中设置“字体”为“隶书”，设置“字号”为“96”。

（2）步骤 1：选中第 3 张幻灯片，在“开始”选项卡中单击“版式”下拉按钮，在展开的下拉列表中选择“两栏内容”版式。

步骤 2：在第 3 张幻灯片右侧的内容文本框中，单击“插入图片”按钮，打开“插入图片”对话框，找到并选中考生文件夹下的“pic.png”图片，单击“打开”按钮。

步骤 3：选中插入的图片，在“动画”选项卡中单击“自定义动画”按钮，打开“自定义动画”任务窗格，单击“添加效果”下拉按钮，在展开的下拉列表中选择“进入”/“基本型”/“飞入”选项，最后关闭“自定义动画”任务窗格。

（3）步骤 1：选中第 4 张幻灯片，将标题修改为“员工须知”；在“开始”选项卡中单击“版式”下拉按钮，在展开的下拉列表中选择“两栏内容”版式；选中文字“福利制度……其他”，右击鼠标，在弹出的快捷菜单中选择“剪切”选项，将鼠标指针置于右侧的文本框中，右击鼠标，在弹出的快捷菜单中选择“带格式粘贴”选项。

步骤 2：选中第 4 张幻灯片中右侧的文本框，在“动画”选项卡中单击“自定义动画”按钮，打开“自定义动画”任务窗格；单击“添加效果”下拉按钮，在展开的下拉列表中选择“进入”/“细微型”/“展开”选项，最后关闭“自定义动画”任务窗格。

（4）步骤 1：选中任意一张幻灯片，在“切换”选项卡中单击切换方式列表框右侧的下拉按钮，在展开的下拉列表中选择“插入”选项，单击“效果选项”下拉按钮，在展开的下拉列表中选择“向左”选项，最后单击“应用到全部”按钮。

步骤 2：在“设计”选项卡中单击“导入模板”按钮，打开“应用设计模板”对话框，选择一种需要的模板，单击“打开”按钮，将模板应用到演示文稿中。

步骤 3：保存并关闭演示文稿。

6. 上网题

（1）步骤：通过“答题”菜单启动 Internet Explorer，打开 IE 浏览器；在地址栏中输入网址“HTTP://LOCALHOST:65531/ExamWeb/Index.htm”并按“Enter”键，在打开的页面中单击“航空知识”，再单击“轰-6 轰炸机”；选择“文件”/“另存为”选项，打开“保存网页”对话框，将保存路径修改为考生文件夹；在“文件名”编辑框中输入“h6hzj”，在“保存类型”下拉列表中选择“文本文件(*.txt)”选项，单击“保存”按

钮，完成操作。

（2）步骤：通过“答题”菜单启动“Outlook”，打开“Outlook”窗口；单击“发送/接收”按钮，在弹出的提示对话框中单击“确定”按钮，双击接收的邮件，打开“读取邮件”窗口；在附件名处右击鼠标，在弹出的快捷菜单中选择“另存为”选项，打开“另存为”对话框，将保存路径修改为考生文件夹，在“文件名”编辑框中输入“附件.zip”，单击“保存”按钮，完成操作。

精编模拟试卷（二）参考答案及解析

1．选择题

（1）C【解析】TCP/IP 参考模型分为 4 个层次，分别为应用层、传输层、互联层、主机至网络层。

（2）D【解析】计算机辅助设计的简称为 CAD，计算机辅助制造的简称为 CAM，计算机集成制造系统的简称为 CIMS，计算机辅助教育的简称为 CAI。

（3）D【解析】字长是指 CPU 一次能同时处理的二进制数据的位数。“32 位微型计算机”中的“32”指的是机器字长，也称 CPU 字长。

（4）C【解析】计算机病毒主要通过移动存储介质（如 U 盘、移动硬盘）和计算机网络两大途径进行传播。

（5）A【解析】选项 B，解释程序的功能是将高级语言逐句解释为机器语言；选项 C，Intel 8086 指令可以在 Intel P4 上执行；选项 D，C++语言和 Visual Basic 语言都是高级语言，但是 Visual Basic 语言的源程序是采用解释方式来进行翻译的，C++语言的源程序则是用编译程序进行翻译，C++语言的源程序执行效率会更高。

（6）C【解析】硬盘厂商通常以 1 000 进位计算：1 GB=1 000 MB=1 000×1 000 KB=1 000×1 000×1 000 B=1 000 000 000 B，1 个字节由 8 个二进制位组成，即 1 B=8 b，故 20 GB 的硬盘表示其存储容量为 200 亿个字节，1 600 亿个二进制位。

（7）D【解析】常见的输入设备有鼠标、键盘、扫描仪、条形码阅读器、触摸屏、手写笔、麦克风、摄像头和数码相机等。常见的输出设备有显示器、打印机、绘图仪、音响、耳机、投影仪等。

（8）A【解析】主频又称时钟频率，是指计算机 CPU 的时钟频率。一般主频越高，计算机的运算速度就越快。

（9）D【解析】操作系统是计算机软件系统中最重要、最基本的系统软件，负责管理计算机中各种软硬件资源并控制各类软件运行。它是人与计算机之间通信的桥梁，且同一计算机可以安装多个操作系统。

（10）B【解析】计算机内部采用二进制进行数据交换和处理。

（11）C【解析】字长是指 CPU 一次能同时处理的二进制数据的位数。

（12）C【解析】在 ASCII 码表中，按码值从小到大的排列顺序为：控制符、数字、大写英文字母、小写英文字母。因此，在 4 个选项中，ASCII 码值最大的一个是 d。

（13）D【解析】ADSL（非对称数字用户线路）是目前用电话线接入因特网的主流技术，采用这种方式接入因特网，需要使用调制解调器。

（14）C【解析】计算机软件分为系统软件和应用软件两大类。语言处理系统、数据库管理系统、UNIX、Windows XP 属于系统软件。

（15）D【解析】高速缓冲存储器（Cache）主要是为了解决 CPU 和内存速度不匹配问题而设计的。

（16）D【解析】计算机硬件系统主要包括 CPU、存储器、输入设备、输出设备。

（17）D【解析】因特网上计算机的地址有两种类型：一种是以阿拉伯数字表示的，称为 IP 地址；另一种是以英文单词和数字表示的，称为域名。每个域名对应着一个 IP 地址。为了避免重名，主机的域名系统按地理域或机构域分层，采用层次结构。

（18）C【解析】计算机的应用主要分为科学计算、信息处理（也称数据处理）、过程控制、网络通信、人工智能、多媒体应用、计算机辅助技术等。数控机床属于过程控制应用，民航联网订票系统属于信息处理应用，人机对弈属于人工智能应用。

（19）C【解析】浏览器是用于浏览 WWW 的工具，它能够把用超文本标记语言描述的信息转换成便于理解的形式。因此要上网的话，需要安装浏览器软件。

（20）B【解析】计算机系统是由硬件系统和软件系统两大部分组成。软件系统主要包括系统软件和应用软件。Windows 是操作系统，属于系统软件，不是应用软件。

2. 基本操作题

视频解析

（1）步骤：打开考生文件夹下的“HUOW”文件夹，在菜单栏中选择“文件”/“新建”/“文本文档”选项，或右击鼠标，在弹出的快捷菜单中选择“新建”/“文本文档”选项，即可生成新的文件，此时文件的名字处呈现蓝色可编辑状态，编辑名称为题目指定的名称“DBP8.txt”；选中“DBP8.txt”文件，在菜单栏中选择“文件”/“属性”选项，或右击鼠标，在弹出的快捷菜单中选择“属性”选项，打开“DBP8.txt 属性”对话框；在“DBP8.txt 属性”对话框中勾选“只读”复选框，单击“确定”按钮。

（2）步骤：打开考生文件夹下的“JPNEQ”文件夹，选中“AEPH.BAK”文件，在菜单栏中选择“编辑”/“复制”选项，或按“Ctrl+C”快捷键；打开考生文件夹下的“MAXD”文件夹，在菜单栏中选择“编辑”/“粘贴”选项，或按“Ctrl+V”快捷键；选中复制来的文件，按“F2”键，此时文件的名字处呈现蓝色可编辑状态，编辑名称为题目指定的名称“MAHF.BAK”。

（3）步骤：打开考生文件夹下的“MPEG”文件夹，选中要生成快捷方式的“DEVAL.EXE”文件，在菜单栏中选择“文件”/“创建快捷方式”选项，或右击鼠标，在弹出的快捷菜单中选择“创建快捷方式”选项，即可在同一文件夹下生成一个快捷方式文件；移动这个快捷方式文件到考生文件夹下，并按“F2”键改名为“KDEV”。

（4）步骤：打开考生文件夹下的“ERPO”文件夹，选中“SGACYL.DAT”文件，在菜单栏中选择“编辑”/“剪切”选项，或按“Ctrl+X”快捷键；打开考生文件夹，在

菜单栏中选择“编辑”/“粘贴”选项，或按“Ctrl+V”快捷键；选中移动来的文件，按“F2”键，此时文件的名字处呈现蓝色可编辑状态，编辑名称为题目指定的名称“ADMICR.DAT”。

（5）步骤：打开考生文件夹，在工具栏右上角的搜索框中输入要搜索的文件名“ANEMP.FOR”，搜索结果将显示在文件窗格中；选中搜索出的文件，按“Delete”键，弹出“删除文件”对话框，单击“是”按钮，将文件删除到回收站。

3．WPS 文字题

（1）步骤 1：打开考生文件夹下的“wps.docx”文件，在“开始”选项卡中单击“查找替换”下拉按钮，在展开的下拉列表中选择“替换”选项，打开“查找和替换”对话框；在“查找内容”编辑框中输入“[微博]”，单击“全部替换”按钮，在弹出的提示框中单击“确定”按钮，返回“查找和替换”对话框。

视频解析

步骤 2：删除“查找内容”编辑框中的文字，将鼠标指针置于“查找内容”编辑框中，单击“特殊格式”下拉按钮，在展开的下拉列表中选择“段落标记”（段落标记在查找时用“^p”表示）选项，在“查找内容”编辑框中输入两个段落标记，在“替换为”编辑框中输入一个段落标记，单击“全部替换”按钮，在弹出的提示框中单击“确定”按钮，返回“查找和替换”对话框，最后单击“关闭”按钮。

步骤 3：在“页面布局”选项卡中单击“页边距”下拉按钮，在展开的下拉列表中选择“自定义页边距”选项，打开“页面设置”对话框；在“页边距”选项卡的“页边距”组中，设置“上”“下”“左”“右”均为“20”毫米（或“2”厘米），单击“确定”按钮。

（2）步骤 1：选中正标题文字“女排世锦赛资格赛中国 3-0 新西兰 25-4 创最大分差”，在“开始”选项卡中设置“字体”为“黑体”，设置“字号”为“三号”，设置“字体颜色”为“红色”，单击“居中对齐”按钮。

步骤 2：选中正标题中的“25-4 创最大分差”文字，在“开始”选项卡中单击“字体”对话框启动器按钮，打开“字体”对话框；在“字体”选项卡中设置“下划线线型”为“双波浪线”，单击“确定”按钮。

步骤 3：选中副标题文字“2013 年 09 月 28 日”，在“开始”选项卡中设置“字号”为“四号”，单击“居中对齐”按钮。

（3）步骤 1：选中正文第 1 段，在“插入”选项卡中单击“首字下沉”按钮，打开“首字下沉”对话框；在“位置”组中选择“下沉”选项，在“选项”组中，设置“字体”为“华文行楷”，设置“下沉行数”为“2”，设置“距正文”为“4”毫米（或“0.4”厘米），单击“确定”按钮。

步骤 2：选中除第 1 段以外的其他正文段“首局……休战一天。”，在“开始”选项卡中设置“字号”为“小四”；在“开始”选项卡中单击“段落”对话框启动器按钮，打开“段落”对话框；在“缩进和间距”选项卡的“缩进”组中，设置“特殊格式”为“首行缩进”，“度量值”默认为“2”字符；在“间距”组中，设置“段后”为“0.5”行，设置“行距”为“1.5 倍行距”，单击“确定”按钮。

（4）步骤 1：选中表格第 1、2 列，右击鼠标，在弹出的快捷菜单中选择“表格属性”选项，打开“表格属性”对话框；切换到“列”选项卡，默认勾选“指定宽度”复选框，设置“指定宽度”为“30”毫米（或“3”厘米），单击“确定”按钮；按照同样的操作方法设置表格第 3 列列宽为“100”毫米（或“10”厘米）。

步骤 2：选中整个表格，在“开始”选项卡中设置“字号”为“小五”，单击“居中对齐”按钮；在“表格工具”选项卡中单击“对齐方式”下拉按钮，在展开的下拉列表中选择“水平居中”选项。

（5）步骤 1：单击表格第 1 行任意单元格，在“表格工具”选项卡中单击“在上方插入行”按钮。

步骤 2：选中表格第 1 行单元格，在“表格工具”选项卡中单击“合并单元格”按钮。

步骤 3：选中表格标题文字“2014 年女排世锦赛亚洲区资格赛 B 组”，按“Ctrl+X”快捷键进行剪切，然后将鼠标指针置于表格的第 1 行中，按“Ctrl+V”快捷键进行粘贴。若表格上方或表格第 1 行出现空行，按“Backspace”键将出现的空行删除。

步骤 4：选中表格标题文字“2014 年女排世锦赛亚洲区资格赛 B 组”，在“表格工具”选项卡中，设置“字号”为“五号”，设置“字体颜色”为“红色”，单击“加粗”按钮，然后单击“对齐方式”下拉按钮，在展开的下拉列表中选择“水平居中”选项。

步骤 5：选中表格第 1 行，右击鼠标，在弹出的快捷菜单中选择“边框和底纹”选项，打开“边框和底纹”对话框；切换到“底纹”选项卡，设置“填充”为“浅绿”，单击“确定”按钮。

步骤 6：保存并关闭文档。

4．WPS 表格题

（1）步骤 1：打开考生文件夹下的“Book.xlsx”文件，选中 A1:H1 单元格区域，在“开始”选项卡中单击“合并居中”按钮。

视频解析

步骤 2：选中合并后的单元格，在“开始”选项卡中设置“字体”为“华文中宋”，设置“字号”为“22”，单击“填充颜色”下拉按钮，在展开的下拉列表中选择“浅绿”选项。

步骤 3：选中 B4 单元格，将鼠标指针移到 B4 单元格右下角的填充柄上，待鼠标指针变成小十字形状时，按住鼠标左键向右拖动到 E4 单元格，释放鼠标左键。

（2）步骤 1：选中 B5:F10 单元格区域，右击鼠标，在弹出的快捷菜单中选择“设置单元格格式”选项，打开“单元格格式”对话框；在“数字”选项卡中，选择“分类”列表框中的“会计专用”选项，设置“小数位数”为“2”，设置“货币符号”为“无”，单击“确定”按钮。

步骤 2：按照同样的操作方法，设置 G5:G10 单元格区域的数字格式为“百分比”，设置“小数位数”为“2”。

步骤 3：选中表格的第 4 至 10 行，在“开始”选项卡中单击“行和列”下拉按钮，在展开的下拉列表中选择“行高”选项，打开“行高”对话框，设置“行高”为“22”

磅，单击“确定”按钮。

步骤 4：选中 A4:H10 单元格区域，右击鼠标，在弹出的快捷菜单中选择“设置单元格格式”选项，打开“单元格格式”对话框；切换到“边框”选项卡，在“样式”列表框中选择“单实线”，单击“边框”组中的“上框线”按钮；在“样式”列表框中选择“双实线”，单击“边框”组中的“下框线”按钮，单击“确定”按钮。

（3）步骤 1：在 F5 单元格中输入公式“=SUM(B5:E5)”，并按“Enter”键；选中 F5 单元格，将鼠标指针移到 F5 单元格右下角的填充柄上，待鼠标指针变成小十字形状时，按住鼠标左键向下拖动到 F9 单元格，释放鼠标左键；单击右下角的“自动填充选项”下拉按钮，在展开的下拉列表中选中“不带格式填充”单选按钮。

步骤 2：在 B10 单元格中输入公式“=SUM(B5:B9)”，并按“Enter”键；选中 B10 单元格，将鼠标指针移到 B10 单元格右下角的填充柄上，待鼠标指针变成小十字形状时，按住鼠标左键向右拖动到 F10 单元格，释放鼠标左键。

步骤 3：在 G5 单元格中输入公式“=F5/$F$10”，并按“Enter”键；选中 G5 单元格，将鼠标指针移到 G5 单元格右下角的填充柄上，待鼠标指针变成小十字形状时，按住鼠标左键向下拖动到 G9 单元格，释放鼠标左键；单击右下角的“自动填充选项”下拉按钮，在展开的下拉列表中选中“不带格式填充”单选按钮。

步骤 4：在 H5 单元格中输入公式“=RANK(F5,$F$5:$F$9,0)”，并按“Enter”键；选中 H5 单元格，将鼠标指针移到 H5 单元格右下角的填充柄上，待鼠标指针变成小十字形状时，按住鼠标左键向下拖动到 H9 单元格，释放鼠标左键；单击右下角的“自动填充选项”下拉按钮，在展开的下拉列表中选中“不带格式填充”单选按钮。

（4）步骤 1：选中 A4:A9 单元格区域，按住“Ctrl”键的同时选中 G4:G9 单元格区域，在“插入”选项卡单击“全部图表”按钮，打开“插入图表”对话框；在左侧列表框中选择“饼图”，再在右侧选择“饼图”，单击“插入”按钮。

步骤 2：将图表标题修改为“各地区销售额所占比例”；选中图表，按住鼠标左键拖动图表使其左上角放置在 A12 单元格内，调整图表大小使其置于 A12:H28 单元格区域。

步骤 3：保存并关闭工作簿。

5. WPS 演示题

视频解析

（1）步骤 1：打开考生文件夹下的“ys.pptx”文件，选中第 1 张幻灯片中的标题文本框，按住“Ctrl”键的同时选中内容文本框，在“动画”选项卡中单击“自定义动画”按钮，打开“自定义动画”任务窗格；单击“添加效果”下拉按钮，在展开的下拉列表中选择“进入”/“基本型”/“擦除”选项，最后关闭“自定义动画”任务窗格。

步骤 2：选中第 2 张幻灯片，在“插入”选项卡中单击“图片”下拉按钮，在展开的下拉列表中选择“本地图片”选项，打开“插入图片”对话框，找到并选中考生文件夹下的“picl.jpg”图片，单击“打开”按钮。

步骤 3：选中插入的图片，按住鼠标左键将其拖动到幻灯片右下角的位置，然后在“动画”选项卡中单击“自定义动画”按钮，打开“自定义动画”任务窗格；单击“添加效果”下拉按钮，在展开的下拉列表中选择“强调”/“基本型”/“陀螺旋”选项，最后关闭“自定义动画”任务窗格。

步骤 4：在左侧的“幻灯片”窗格中，选中第 2 张幻灯片，按住鼠标左键将其拖动到第 1 张幻灯片的上方。

（2）步骤 1：选中第 5 张幻灯片，在“开始”选项卡中单击“版式”下拉按钮，在展开的下拉列表中选择“标题和内容”版式。

步骤 2：选中幻灯片中的表格，在“动画”选项卡中单击“自定义动画”按钮，打开“自定义动画”任务窗格；单击“添加效果”下拉按钮，在展开的下拉列表中选择“进入”/“基本型”/“棋盘”选项，最后关闭“自定义动画”任务窗格。

步骤 3：选中第 6 张幻灯片的后 4 段内容“冷却灭火……停止下来”，在“开始”选项卡中单击“编号”下拉按钮，在展开的下拉列表中选择“① ② ③”样式编号，在“开始”选项卡中单击“增加缩进量”按钮。

步骤 4：选中第 7 张幻灯片，右击鼠标，在弹出的快捷菜单中选择“删除幻灯片”选项。

（3）步骤 1：选中任意一张幻灯片，在“切换”选项卡中单击切换方式列表框右侧的下拉按钮，在展开的下拉列表中选择“形状”选项，单击“效果选项”下拉按钮，在展开的下拉列表中选择“盒状展开”选项，单击“应用到全部”按钮。

步骤 2：在“设计”选项卡中单击“导入模板”按钮，打开“应用设计模板”对话框，选择一种需要的模板，单击“打开”按钮，将模板应用到演示文稿中。

步骤 3：保存并关闭演示文稿。

6．上网题

（1）步骤：通过“答题”菜单启动“Internet Explorer”，打开 IE 浏览器；在地址栏中输入网址“HTTP://LOCALHOST:65531/ExamWeb/Index.htm”并按“Enter”键，在打开的页面中单击“天文小知识”，再单击“水星”；选择“文件”/“另存为”选项，打开“另存为”对话框，将保存路径修改为考生文件夹，在“文件名”编辑框中输入“shuixing”，在“保存类型”下拉列表中选择“文本文件(*.txt)”选项，单击“保存”按钮，完成操作。

（2）步骤：通过“答题”菜单启动“Outlook”，打开“Outlook”窗口；单击“发送/接收”按钮，在弹出的提示对话框中单击“确定”按钮，双击接收的邮件，打开“读取邮件”窗口；在附件名处右击鼠标，在弹出的快捷菜单中选择“另存为”选项，打开“另存为”对话框，将保存路径修改为考生文件夹，在“文件名”编辑框中输入“dqsi.txt”，单击“保存”按钮，完成操作。

精编模拟试卷（三）参考答案及解析

1．选择题

（1）B【解析】多媒体技术具有交互性、集成性、多样性、实时性等特点。将多种媒体信息有机地组织在一起，指的是多媒体技术的集成性特点。

（2）C【解析】选项 A，CPU 直接处理的是内存储器上的数据。选项 B，高级语言编写的程序不能被计算机直接执行，必须翻译成机器语言后才可以。选项 D，系统软件是指控制和协调计算机及外部设备，支持应用软件开发和运行的软件；应用软件是为了解决用户的各种实际问题而编制的程序及相关资源的集合。

（3）D【解析】计算机病毒主要通过移动存储介质（如 U 盘、移动硬盘）和计算机网络两大途径进行传播。

（4）B【解析】计算机的特点包括：① 高速、精确的运算能力；② 准确的逻辑判断能力；③ 强大的存储能力；④ 自动功能；⑤ 网络与通信功能。选项 B，科学计算是计算机的应用领域。

（5）D【解析】CD-ROM 为只读型光盘。

（6）C【解析】域名和 IP 都是表示主机的地址，实际上是一件事物的不同表示。当用域名访问网络上某个资源地址时，必须获得与这个域名相匹配的真正的 IP 地址，域名解析服务器 DNS 可以实现域名和 IP 地址之间的相互转换。

（7）D【解析】机器语言和汇编语言属于低级语言。FORTRAN 语言、C++语言和 Visual Basic 语言属于高级语言。

（8）B【解析】高级语言结构丰富，比汇编语言可读性好、可维护性强、可靠性高，易学易掌握，写出来的程序也比汇编语言可移植性好，重用率高。汇编语言是一种把机器“符号化”的语言，与高级语言相比，更容易有效执行，并与计算机的 CPU 型号有关，但也需翻译成机器语言才能被计算机直接执行。

（9）A【解析】控制器是计算机的心脏，由它指挥计算机各个部件自动、协调地工作。

（10）D【解析】计算机病毒的特点有寄生性、破坏性、传染性、潜伏性、隐蔽性，并且它是一种特殊的寄生程序，计算机本身对计算机病毒没有免疫性。

（11）A【解析】计算机系统由硬件系统和软件系统两大部分组成。硬件系统包括运算器、控制器、存储器、输入设备和输出设备，软件系统包括系统软件和应用软件。

（12）B【解析】中央处理器的英文缩写为 CPU。

（13）B【解析】操作系统是以文件为单位对数据进行管理的。

（14）C【解析】Internet 实现了分布在世界各地的各类网络的互联，其最基础和核心的协议是 TCP/IP。

（15）A【解析】CPU 由运算器和控制器组成。

（16）A【解析】在 ASCII 码表中，按码值从小到大的排列顺序为：控制符（如空格)、数字、大写英文字母、小写英文字母。因此，在 4 个选项中，ASCII 码值最小的一个是空格字符。

（17）B【解析】根据文件扩展名及其含义，以“.avi”为扩展名的文件是视频文件。

（18）C【解析】显示器的主要技术指标有分辨率、像素与点距等。分辨率越高，画面包含的像素数就越多，图像也就越细腻、清晰。

（19）D【解析】在 24×24 的网格中描绘一个汉字，整个网格分为 24 行 24 列，每个小格用 1 位二进制编码表示，每一行需要 24 个二进制位，占 3 个字节，24 行共占 24×3 =72 个字节。

（20）C【解析】计算机网络中常用的有线传输介质有双绞线、同轴电缆、光缆等。

2．基本操作题

视频解析

（1）步骤：打开考生文件夹下的“QIU\LONG”文件夹，选中“WATER.FOX”文件，在菜单栏中选择“文件”/“属性”选项，或右击鼠标，在弹出的快捷菜单中选择“属性”选项，打开“WATER.FOX 属性”对话框；在“WATER.FOX 属性”对话框中勾选“只读”复选框，单击“确定”按钮。

（2）步骤：打开考生文件夹下的“PENG”文件夹，选中“BLUE.WPS”文件，在菜单栏中选择“编辑”/“剪切”选项，或按“Ctrl+X”快捷键；打开考生文件夹下的“ZHU”文件夹，在菜单栏中选择“编辑”/“粘贴”选项，或按“Ctrl+V”快捷键；选中移动来的文件，按“F2”键，此时文件的名字处呈现蓝色可编辑状态，编辑名称为题目指定的名称“RED.WPS”。

（3）步骤：打开考生文件夹下的“YE”文件夹，在菜单栏中选择“文件”/“新建”/“文件夹”选项，或右击鼠标，在弹出的快捷菜单中选择“新建”/“文件夹”选项，即可生成新的文件夹，此时文件夹的名字处呈现蓝色可编辑状态，编辑名称为题目指定的名称“PDMA”。

（4）步骤：打开考生文件夹下的“HAI\XIE”文件夹，选中“BOMP.IDE”文件，在菜单栏中选择“编辑”/“复制”选项，或按“Ctrl+C”快捷键；打开考生文件夹下的“YING”文件夹，在菜单栏中选择“编辑”/“粘贴”选项，或按“Ctrl+V”快捷键。

（5）步骤：打开考生文件夹下的“TAN\WEN”文件夹，选中“TANG”文件夹，按“Delete”键，弹出“删除文件夹”对话框，单击“是”按钮，将文件夹删除到回收站。

3．WPS 文字题

视频解析

（1）步骤 1：打开考生文件夹下的“wps.docx”文件，在“开始”选项卡中单击“查找替换”下拉按钮，在展开的下拉列表中选择“替换”选项，打开“查找和替换”对话框；在“查找内容”编辑框中输入“教学”，在“替换为”编辑框中输入“教育”，单击“全部替换”按钮，在弹出的提示框中单击“确定”按钮，返回“查找和替换”对话框，最后单击“关闭”按钮。

步骤 2：选中标题段文字“首批 18 位中小学正高级教师名单公示”，在“开始”选项卡中设置“字体”为“楷体”，设置“字号”为“三号”，设置“字体颜色”为“红色”，然后单击“加粗”和“居中对齐”按钮，最后单击“突出显示”下拉按钮，在展开的下拉列表中选择“黄色”选项。

（2）步骤 1：选中正文文字“昨天……事业的发展。”，在“开始”选项卡中设置“字体”为“隶书”，设置“字号”为“小四”。

步骤 2：保持正文文字的选中状态，在“开始”选项卡中单击“段落”对话框启动器按钮，打开“段落”对话框；在“缩进和间距”选项卡的“缩进”组中，设置“文本之前”为“0.5”字符；在“间距”组中，设置“段前”为“0.5”行，设置“行距”为“固定值”，“设置值”为“18 磅”，单击“确定”按钮。

步骤 3：在“页面布局”选项卡中单击“纸张大小”下拉按钮，在展开的下拉列表中选择“其它页面大小”选项，打开“页面设置”对话框；在“纸张”选项卡中，设置“纸张大小”为“大 16 开”，单击“确定”按钮。

（3）步骤：选中正文第 1 段“昨天……60 岁之间。”，在“插入”选项卡中单击“首字下沉”按钮，打开“首字下沉”对话框；在“位置”组中选择“下沉”选项，设置“字体”为“华文琥珀”，设置“下沉行数”为“3”，设置“距正文”为“4”毫米（或“0.4”厘米），单击“确定”按钮。

（4）步骤 1：选中文中后 6 行文字“首批名单……物理”，在“插入”选项卡中单击“表格”下拉按钮，在展开的下拉列表中选择“文本转换成表格”选项，打开“将文字转换成表格”对话框，在“文字分隔位置”组中选中“空格”单选按钮，单击“确定”按钮。

步骤 2：选中整个表格，右击鼠标，在弹出的快捷菜单中选择“表格属性”选项，打开“表格属性”对话框；切换到“列”选项卡，默认勾选“指定宽度”复选框，设置“指定宽度”为“24”毫米（或“2.4”厘米）；切换到“行”选项卡，勾选“指定高度”复选框，设置“指定高度”为“40”磅，设置“行高值是”为“固定值”，单击“确定”按钮。

（5）步骤 1：选中表格第 1 行单元格，右击鼠标，在弹出的快捷菜单中选择“合并单元格”选项；在“表格工具”选项卡中单击“对齐方式”下拉按钮，在展开的下拉列表中选择“水平居中”选项。

步骤 2：选中除第 1 行以外的各行单元格，在“表格工具”选项卡中单击“对齐方式”下拉按钮，在展开的下拉列表中选择“靠上居中对齐”选项。

步骤 3：选中整个表格，在“开始”选项卡中单击“居中对齐”按钮；在“表格样式”选项卡中单击“边框”左侧的表格样式下拉按钮，在展开的下拉列表中选择“主题样式 1-强调 5”选项。

步骤 4：保存并关闭文档。

4．WPS 表格题

（1）步骤 1：打开考生文件夹下的“Book.xlsx”文件，选中 A1:E1 单元格区域，在

“开始”选项卡中单击“合并居中”按钮。

视频解析

步骤 2：在 D3 单元格中输入公式“=B3*C3”，并按“Enter”键；选中 D3 单元格，将鼠标指针移到 D3 单元格右下角的填充柄上，待鼠标指针变成小十字形状时，按住鼠标左键向下拖动到 D6 单元格，释放鼠标左键。

步骤 3：在 D7 单元格中输入公式“=SUM(D3:D6)”，并按“Enter”键；选中 D3:D7 单元格，右击鼠标，在弹出的快捷菜单中选择“设置单元格格式”选项，打开“单元格格式”对话框；在“数字”选项卡中，选择“分类”列表框中的“货币”选项，设置“小数位数”为“0”，设置“货币符号”为“¥”，单击“确定”按钮。

（2）步骤 1：在 E3 单元格中输入公式“=D3/$D$7”，并按“Enter”键；选中 E3 单元格，将鼠标指针移到 E3 单元格右下角的填充柄上，待鼠标指针变成小十字形状时，按住鼠标左键向下拖动到 E6 单元格，释放鼠标左键。

步骤 2：选中 E3:E6 单元格区域，右击鼠标，在弹出的快捷菜单中选择“设置单元格格式”选项，打开“单元格格式”对话框；在“数字”选项卡中，选择“分类”列表框中的“百分比”选项，设置“小数位数”为“2”，单击“确定”按钮。

（3）步骤 1：选中 A2:E6 单元格区域，在“数据”选项卡中单击“排序”按钮，打开“排序”对话框；设置“主要关键字”为“销售额”，设置“次序”为“降序”，单击“确定”按钮。

步骤 2：双击“Sheet1”工作表标签进入其编辑状态，然后输入工作表名称“设备销售情况表”，按“Enter”键。

（4）步骤 1：选中 A2:A6 单元格区域，按住“Ctrl”键的同时选中 D2:D6 单元格区域，在“插入”选项卡中单击“全部图表”按钮，打开“插入图表”对话框；在左侧列表框中选择“柱形图”，再在右侧选择“簇状柱形图”，单击“插入”按钮。

步骤 2：选中图表标题，将其修改为“设备销售情况图”；选中图表，单击“图表工具”选项卡中的“添加元素”下拉按钮，在展开的下拉列表中选择“图例”/“无”选项；再次单击“添加元素”下拉按钮，在展开的下拉列表中选择“网格线”/“主轴主要垂直网格线”选项。

步骤 3：选中图表，按住鼠标左键拖动图表使其左上角放置在 A9 单元格内，调整图表大小使其置于 A9:F22 单元格区域。

步骤 4：保存并关闭工作簿。

5．WPS 演示题

视频解析

（1）步骤 1：打开考生文件夹下的“ys.pptx”文件，在左侧的“幻灯片”窗格中，单击第 1 张幻灯片之前的空白位置，将出现一条红色单实线，在“开始”选项卡中单击“新建幻灯片”按钮；选中新建的幻灯片，在“开始”选项卡中单击“版式”下拉按钮，在展开的下拉列表中选择“标题幻灯片”版式。

步骤 2：在主标题文本框中输入“我爱祖国我爱北京”，选中输入的文字，在“文本

工具”选项卡中单击“字体”对话框启动器按钮，打开“字体”对话框；设置“中文字体”为“幼圆”，设置“字形”为“加粗”，设置“字号”为“48”，单击“确定”按钮。

（2）步骤 1：选中第 5 张幻灯片中的标题文本框，按住“Ctrl”键的同时选中内容文本框，在“动画”选项卡中单击“自定义动画”按钮，打开“自定义动画”任务窗格；单击“添加效果”下拉按钮，在展开的下拉列表中选择“进入”/“基本型”/“向内溶解”选项，最后关闭“自定义动画”任务窗格。

步骤 2：选中第 3 张幻灯片，在“开始”选项卡中单击“版式”下拉按钮，在展开的下拉列表中选择“两栏内容”版式。

步骤 3：在“设计”选项卡中单击“导入模板”按钮，打开“应用设计模板”对话框，选择一种需要的模板，单击“打开”按钮，将模板应用到演示文稿中。

步骤 4：选中任意一张幻灯片，在“切换”选项卡中单击切换方式列表框右侧的下拉按钮，在展开的下拉列表中选择“形状”选项，单击“效果选项”下拉按钮，在展开的下拉列表中选择“盒状展开”选项，单击“应用到全部”按钮。

（3）步骤 1：在第 3 张幻灯片中，单击右侧内容文本框中的“插入图片”按钮，打开“插入图片”对话框，找到并选中考生文件夹下的“yr1.jpg”图片，单击“打开”按钮。

步骤 2：选中插入的图片，右击鼠标，在弹出的快捷菜单中选择“设置对象格式”选项，打开“对象属性”任务窗格；在“大小与属性”选项卡中的“大小”组中，勾选“锁定纵横比”复选框，设置“高度”为“10.16 厘米”；在“位置”组中，设置“水平位置”为“15 厘米”，设置“相对于”为“左上角”，设置“垂直位置”为“3 厘米”，设置“相对于”为“左上角”，最后关闭“对象属性”任务窗格。

步骤 3：保存并关闭演示文稿。

6．上网题

（1）步骤：通过“答题”菜单“启动 Internet Explorer”，打开 IE 浏览器；在地址栏中输入网址“HTTP://LOCALHOST:65531/ExamWeb/Index.htm”并按“Enter”键，在打开的页面中单击“中国地理”，再单击“中国的自然地理数据”；选择“文件”/“另存为”选项，打开“另存为”对话框，将保存路径修改为考生文件夹，在“文件名”编辑框中输入“zgdl”，在“保存类型”下拉列表中选择“文本文件(*.txt)”选项，单击“保存”按钮，完成操作。

（2）步骤：通过“答题”菜单启动“Outlook”，打开“Outlook”窗口；单击“创建邮件”按钮，打开“新邮件”窗口，在“收件人”编辑框中输入“zhangdeli@126.com”，在“抄送”编辑框中输入“wenjiangzhou@126.com”，在“主题”编辑框中输入“销售计划演示”，在窗口中央空白的编辑区域输入邮件内容“发去全年季度销售计划文档，在附件中，请审阅。”；单击“附件”按钮，打开“打开”对话框，找到并选中考生文件夹下的“Sell.docx”文件，单击“打开”按钮；最后单击“发送”按钮，在弹出的提示对话框中单击“确定”按钮，完成操作。

精编模拟试卷（四）参考答案及解析

1．选择题

（1）B【解析】无符号二进制数的第一位可为 0，所以当 5 位二进制数全为 0 时，十进制数的最小值为 0，当 5 位二进制数全为 1 时，十进制数的最大值为 $2^5-1=31$。

（2）B【解析】计算机病毒是指编制或者在计算机程序中插入的破坏计算机功能或者毁坏数据，影响计算机使用，并能自我复制的一组计算机指令或者程序代码。

（3）D【解析】在数字信道中，用数据传输速率（比特率）表示信道的传输能力，即每秒传输的二进制位数（bps，比特/秒），单位为 bps、kbps、Mbps、Gbps、Tbps。

（4）A【解析】域名的结构均为：主机名.…第二级域名.第一级域名。

（5）B【解析】英文字母 A 的 ASCII 码为 01000001，对应的十进制数是 65，英文字母 E 对应的十进制数是 69，对应的 ASCII 码为 01000101。

（6）D【解析】计算机病毒是指编制或者在计算机程序中插入的破坏计算机功能或者毁坏数据，影响计算机使用，并能自我复制的一组计算机指令或者程序代码。计算机病毒具有寄生性、破坏性、传染性、潜伏性和隐蔽性的特点，因此正版软件也会受到计算机病毒的攻击，光盘上的软件也可能会携带计算机病毒，数据文件也会受到感染。

（7）C【解析】选项 A、B，相对于高级语言程序而言，汇编语言程序的可移植性和可读性较差；选项 C、D，相对于机器语言程序而言，汇编语言程序的可移植性较好，但执行效率较低。

（8）B【解析】CIMS 指的是计算机集成制造系统。

（9）A【解析】用比较容易识别、记忆的助记符号代替机器语言的二进制代码，这种“符号化”的机器语言叫作汇编语言。

（10）B【解析】发件人和收件人必须都有邮件地址才能相互发送电子邮件。

（11）A【解析】在计算机中，每个存储单元的编号称为地址。

（12）D【解析】常用的输出设备有显示器、打印机、绘图仪、投影仪、音频输出设备等。键盘、鼠标、扫描仪均为输入设备。

（13）B【解析】操作系统是用户与计算机的接口。用户通过使用操作系统提供的命令和交互功能实现对计算机的操作。

（14）C【解析】为了便于管理和配置，将每个 IP 地址分为四段（一个字节为一段），每一段用一个十进制数来表示，段与段之间用圆点隔开。每个段的十进制数范围是 0～255。选项 C 中的第 2 个字节超出了范围。

（15）A【解析】在 ASCII 码表中，按码值从小到大的排列顺序为：控制符、数字、大写英文字母、小写英文字母。因此，在 4 个选项中，ASCII 码值最小的一个是空格字符。

（16）B【解析】用汇编语言或高级语言编写的程序称为源程序。

（17）A【解析】WAV 是微软采用的波形声音文件存储格式，以“.wav”作为文件的扩展名，是最早的数字音频格式。

（18）B【解析】八进制是一种以 8 为基数的计数法，采用 0、1、2、3、4、5、6、7 八个数字，逢 8 进 1。

（19）B【解析】把内存中数据传送到计算机硬盘中去，称为写盘。把硬盘上的数据传送到计算机的内存中去，称为读盘。

（20）B【解析】选项 A，用高级语言编写的源程序在计算机中是不能被直接执行的，必须翻译成机器语言程序才能被执行；选项 C，高级语言程序执行效率低，可读性好；选项 D，高级语言程序不依赖于计算机，所以可移植性好。

2．基本操作题

（1）步骤：打开考生文件夹下的“QI\XI”文件夹，在菜单栏中选择“文件”/“新建”/“文件夹”选项，或右击鼠标，在弹出的快捷菜单中选择“新建”/“文件夹”选项，即可生成新的文件夹，此时文件夹的名字处呈现蓝色可编辑状态，编辑名称为题目指定的名称“THOUT”。

视频解析

（2）步骤：打开考生文件夹下的“HOU\QU”文件夹，选中“DUMP.WRI”文件，在菜单栏中选择“编辑”/“剪切”选项，或按“Ctrl+X”快捷键；打开考生文件夹下的“TANG”文件夹，在菜单栏中选择“编辑”/“粘贴”选项，或按“Ctrl+V”快捷键；选中移动来的文件，按“F2”键，此时文件的名字处呈现蓝色可编辑状态，编辑名称为题目指定的名称“WAMP.WRI”。

（3）步骤：打开考生文件夹下的“JIA”文件夹，选中“ZHEN.SIN”文件，在菜单栏中选择“编辑”/“复制”选项，或按“Ctrl+C”快捷键；打开考生文件夹下的“XUE”文件夹，在菜单栏中选择“编辑”/“粘贴”选项，或按“Ctrl+V”快捷键。

（4）步骤：打开考生文件夹下的“SHU\MU”文件夹，选中“EDIT.DAT”文件，按“Delete”键，弹出“删除文件”对话框，单击“是”按钮，将文件删除到回收站。

（5）步骤：打开考生文件夹下的“CHUI”文件夹，选中“ZHAO.PRG”文件，在菜单栏中选择“文件”/“属性”选项，或右击鼠标，在弹出的快捷菜单中选择“属性”选项，打开“ZHAO.PRG 属性”对话框；在“ZHAO.PRG 属性”对话框中勾选“隐藏”复选框，单击“确定”按钮。

3．WPS 文字题

（1）步骤 1：打开考生文件夹下的“wps.docx”文件，在“页面布局”选项卡中单击“页面设置”对话框启动器按钮，打开“页面设置”对话框；在“页边距”选项卡的“页边距”组中，设置“左”“右”分别为“2.5”厘米和“3.5”厘米，设置“装订线位置”为“左”，设置“装订线宽”为“0.1”厘米，单击“确定”按钮。

视频解析

步骤 2：双击文档页脚处，进入“页眉和页脚”编辑状态，单击“插入页码”下拉按钮，在展开的下拉列表中设置“样式”为“第一页”，设置“位置”为“居中”，“应用范围”默认为“整篇文档”，单击“确定”按钮，最后单击“页眉和页脚”选项卡中的“关闭”按钮。

步骤 3：在“插入”选项卡中单击“水印”下拉按钮，在展开的下拉列表中选择“插入水印”选项，打开“水印”对话框；勾选“文字水印”复选框，在“内容”编辑框中输入“中国电子商务”，设置“字体”为“仿宋”，设置“颜色”为“红色”，设置“版式”为“倾斜”，将“透明度”改为“90”%，单击“确定”按钮。

（2）步骤 1：在“开始”选项卡中单击“查找替换”下拉按钮，在展开的下拉列表中选择“替换”选项，打开“查找和替换”对话框；在“查找内容”编辑框中输入“电商”，在“替换为”编辑框中输入“电子商务”，单击“全部替换”按钮，在弹出的提示框中单击“确定”按钮，返回“查找和替换”对话框，最后单击“关闭”按钮。

步骤 2：选中标题段文字“中国电子商务行业发展现状及趋势分析”，在“开始”选项卡中单击“字体”对话框启动器按钮，打开“字体”对话框；在“字体”选项卡中，设置“中文字体”为“黑体”，设置“字形”为“加粗”，设置“字号”为“小二”，设置“字体颜色”为“深红”；切换到“字符间距”选项卡，在“间距”下拉列表中选择“加宽”选项，设置“值”为“2”磅，单击“确定”按钮。

步骤 3：保持标题段文字的选中状态，在“开始”选项卡中单击“段落”对话框启动器按钮，打开“段落”对话框；在“缩进和间距”选项卡的“常规”组中，设置“对齐方式”为“居中对齐”；在“间距”组中，设置“段后”为“1”行，单击“确定”按钮。

步骤 4：保持标题段文字的选中状态，在“开始”选项卡中单击“字体”对话框启动器按钮，打开“字体”对话框；切换到“字体”选项卡，设置“下划线线型”为“双波浪线”，设置“下划线颜色”为“蓝色”，单击“确定”按钮。

步骤 5：保持标题段文字的选中状态，在“开始”选项卡中单击“文字效果”下拉按钮，在展开的下拉列表中选择“阴影”/“外部”/“向右偏移”选项。

（3）步骤 1：选中正文各段落“近年来……增长 10.1%。”，在“开始”选项卡中设置“字体”为“微软雅黑”；单击“段落”对话框启动器按钮，打开“段落”对话框；在“缩进和间距”选项卡的“缩进”组中，设置“特殊格式”为“首行缩进”，“度量值”默认为“2”字符；在“间距”组中，设置“行距”为“多倍行距”，“设置值”为“1.25”倍，单击“确定”按钮。

步骤 2：选中表头文字“表 1：中国电子商务交易规模”，在“开始”选项卡中设置“字号”为“四号”；在“开始”选项卡中单击“段落”对话框启动器按钮，打开“段落”对话框；在“缩进和间距”选项卡的“常规”组中，设置“对齐方式”为“居中对齐”，在“间距”组中设置“段后”为“0.5”行，单击“确定”按钮。

（4）步骤 1：选中文中最后 8 行文字“年份……10.1%”，在“插入”选项卡中单击“表格”下拉按钮，在展开的下拉列表中选择“文本转换成表格”选项，打开“将文字转换成表格”对话框，单击“确定”按钮。

步骤 2：选中表格第 1 行，在“表格工具”选项卡中单击“对齐方式”下拉按钮，在展开的下拉列表中选择“水平居中”选项；按照同样的操作方法，选中表格第 1 列，在“对齐方式”下拉列表中选择“水平居中”选项；选中其余单元格，在“对齐方式”下拉列表中选择“中部右对齐”选项。

步骤 3：选中表格第 1 列，右击鼠标，在弹出的快捷菜单中选择“表格属性”选项，打开“表格属性”对话框；切换到“列”选项卡，默认勾选“指定宽度”复选框，设置“指定宽度”为“3”厘米；按照同样的操作方法，设置表格第2、3列列宽为“5”厘米。

步骤4：选中整个表格，右击鼠标，在弹出的快捷菜单中选择“表格属性”选项，打开“表格属性”对话框；切换到“表格”选项卡，单击右下方的“选项”按钮，打开“表格选项”对话框，在“默认单元格边距”组中设置“左”“右”分别为“0.1”厘米和“0.2”厘米，单击“确定”按钮，返回“表格属性”对话框；切换到“行”选项卡，勾选“指定高度”复选框，设置“指定高度”为“0.8”厘米，单击“确定”按钮。

（5）步骤1：选中整个表格，在“开始”选项卡中单击“居中对齐”按钮；右击鼠标，在弹出的快捷菜单中选择“边框和底纹”选项，打开“边框和底纹”对话框；在“边框”选项卡中，选择“设置”组中的“方框”选项，设置“线型”为“单实线”，设置“颜色”为“蓝色”，设置“宽度”为“1.5 磅”；再选择“设置”组中的“自定义”选项，设置“线型”为“单实线”，设置“颜色”为“蓝色”，设置“宽度”为“0.5 磅”，在“预览”组中单击表格中心位置，最后单击“确定”按钮。

步骤2：保存并关闭文档。

4. WPS表格题

视频解析

（1）步骤1：打开考生文件夹下的“Book.xlsx”文件，选中“Sheet1”工作表中的A1:J1单元格区域，在“开始”选项卡中单击“合并居中”按钮。

步骤2：选中A2:J17单元格区域，右击鼠标，在弹出的快捷菜单中选择“设置单元格格式”选项，打开“单元格格式”对话框；切换到“对齐”选项卡，设置“水平对齐”为“居中”，设置“垂直对齐”为“靠上”，单击“确定”按钮。

步骤3：选中A:J列单元格区域，在“开始”选项卡中单击“行和列”下拉按钮，在展开的下拉列表中选择“列宽”选项，打开“列宽”对话框，设置“列宽”为“65”磅，单击“确定”按钮。

（2）步骤1：在I3单元格中输入公式“=SUM(C3:H3)”，并按“Enter”键；选中I3单元格，将鼠标指针移到I3单元格右下角的填充柄上，待鼠标指针变成小十字形状时，按住鼠标左键向下拖动到I17单元格，释放鼠标左键。

步骤2：在J3单元格中输入公式“=B3*I3”，并按“Enter”键；选中J3单元格，将鼠标指针移到J3单元格右下角的填充柄上，待鼠标指针变成小十字形状时，按住鼠标左键向下拖动到J17单元格，释放鼠标左键。

步骤3：双击“Sheet1”工作表标签进入其编辑状态，然后输入工作表名称“手机销售统计表”，按“Enter”键。

（3）步骤1：选中J3:J17单元格区域，右击鼠标，在弹出的快捷菜单中选择“设置单元格格式”选项，打开“单元格格式”对话框；在“数字”选项卡中，选择“分类”列表框中的“货币”选项，设置“小数位数”为“0”，设置“货币符号”为“¥”，单击“确定”按钮。

步骤 2：选中 A1:J17 单元格区域，右击鼠标，在弹出的快捷菜单中选择“设置单元格格式”选项，打开“单元格格式”对话框；切换到“边框”选项卡，在“样式”列表框中选择“双实线”，单击“预置”组中的“外边框”按钮；再选择“样式”列表框中的“单实线”，单击“预置”组中的“内部”按钮，单击“确定”按钮。

步骤 3：选中 A1:J17 单元格区域，在“开始”选项卡中单击“填充颜色”下拉按钮，在展开的下拉列表中选择“浅蓝”选项。

（4）步骤 1：选中 A2:A17 单元格区域，按住“Ctrl”键的同时选中 J2:J17 单元格区域，在“插入”选项卡中单击“全部图表”按钮，打开“插入图表”对话框，在左侧列表框中选择“柱形图”，再在右侧选择“簇状柱形图”，单击“插入”按钮。

步骤 2：选中图表，将图表标题修改为“上半年销售额”；在“图表工具”选项卡中单击“选择数据”按钮，打开“编辑数据源”对话框，设置“系列生成方向”为“每列数据作为一个系列”，单击“确定”按钮。

步骤 3：选中图表，按住鼠标左键拖动图表使其左上角放置在 A19 单元格内，调整图表大小使其置于 A19:J33 单元格区域。

步骤 4：保存并关闭工作簿。

5．WPS 演示题

（1）步骤：打开考生文件夹下的“ys.pptx”文件，选中第 1 张幻灯片，在“设计”选项卡中单击“背景”按钮，打开“对象属性”任务窗格，在“填充”下拉列表中选择“渐变填充”/“深蓝-午夜蓝渐变”选项，设置“透明度”为“90%”，单击“全部应用”按钮，关闭“对象属性”任务窗格。

视频解析

（2）步骤：选中第 1 张幻灯片的主标题“桅杆疏影缀浦江 船艇浮动靓申城”，在“文本工具”选项卡中，设置“字号”为“44”；选中第 1 张幻灯片的副标题“记第 17 届中国国际船艇及其技术设备展览会”，设置“字体”为“方正舒体”，设置“字号”为“24”。

（3）步骤 1：选中第 2 张幻灯片的内容文本框，在“文本工具”选项卡中，设置“字体”为“华文行楷”，设置“字号”为“24”；单击“段落”对话框启动器按钮，打开“段落”对话框；在“缩进和间距”选项卡的“缩进”组中，设置“特殊格式”为“首行缩进”，设置“度量值”为“2”字符，单击“确定”按钮。

步骤 2：保持第 2 张幻灯片内容文本框的选中状态，在“动画”选项卡中单击“自定义动画”按钮，打开“自定义动画”任务窗格，单击“添加效果”下拉按钮，在展开的下拉列表中选择“进入”/“基本型”/“百叶窗”选项，关闭“自定义动画”任务窗格。

（4）步骤：选中第 3 张幻灯片的内容文本框，在“文本工具”选项卡中，设置“字号”为“28”。

（5）步骤 1：选中第 4 张幻灯片的左侧内容文本框，在“文本工具”选项卡中，设置“字体”为“华文隶书”，设置“字号”为“20”；单击“段落”对话框启动器按钮，打开“段落”对话框；在“缩进和间距”选项卡的“缩进”组中，设置“特殊格式”为

"首行缩进"，设置"度量值"为"2"字符；在"间距"组中，设置"行距"为"1.5 倍行距"，单击"确定"按钮。

步骤 2：保持第 4 张幻灯片左侧内容文本框的选中状态，在"动画"选项卡中单击"自定义动画"按钮，打开"自定义动画"任务窗格；单击"添加效果"下拉按钮，在展开的下拉列表中选择"进入"/"基本型"/"十字形扩展"选项。

步骤 3：单击右侧文本框中的"插入图片"按钮，打开"插入图片"对话框，找到并选中考生文件夹下的"游艇.jpg"图片，单击"打开"按钮；选中插入的图片，单击"添加效果"下拉按钮，在展开的下拉列表中选择"进入"/"基本型"/"百叶窗"选项，关闭"自定义动画"任务窗格。

（6）步骤 1：选中第 5 张幻灯片，在文本框中输入"谢谢"，选中输入的文字，在"文本工具"选项卡中，设置"字体"为"微软雅黑"，设置"字号"为"60"。

步骤 2：保存并关闭演示文稿。

6. 上网题

（1）步骤：通过"答题"菜单启动"Internet Explorer"，打开 IE 浏览器；在地址栏中输入网址"HTTP://LOCALHOST:65531/ExamWeb/Index.htm"，并按"Enter"键，在打开的页面中单击"高手速成"，再单击"彩色摄影拍摄要点提示"；选择"文件"/"另存为"选项，打开"另存为"对话框，将保存路径修改为考生文件夹，在"文件名"编辑框中输入"彩色摄影拍摄要点提示"，在"保存类型"下拉列表中选择"文本文件(*.txt)"，单击"保存"按钮，完成操作。

（2）步骤：通过"答题"菜单启动"Outlook"，打开"Outlook"窗口；单击"发送/接收"按钮，在弹出的提示对话框中单击"确定"按钮，双击接收的邮件，打开"读取邮件"窗口；单击"答复"按钮，打开"Re:资料"窗口，在窗口中央空白的编辑区域输入邮件内容"您需要的资料已经寄出，请注意查收！"，单击"发送"按钮，在弹出的提示对话框中单击"确定"按钮，完成操作。

精编模拟试卷（五）参考答案及解析

1. 选择题

（1）A【解析】计算机辅助设计的简称为 CAD，计算机辅助制造的简称为 CAM，计算机辅助教育的简称为 CAI，计算机辅助测试的简称为 CAT。

（2）B【解析】计算机的应用主要分为科学计算、信息处理（也称数据处理）、过程控制、计算机辅助技术、网络通信、人工智能、多媒体应用、嵌入式系统等。数码相机里的照片可以利用计算机软件进行处理，这种应用属于计算机的图像信息处理。

（3）D【解析】计算机技术中，度量存储容量的单位有 TB、GB、MB、KB、B 等。1 TB=1 024 GB=1 024×1 024 MB=1 024×1 024×1 024 KB=1 024×1 024×1 024×1 024 B。

（4）A【解析】国标码 2 个字节的最高位都为 0，机内码 2 个字节的最高位都为 1。

（5）B【解析】总线型拓扑结构采用单根传输线作为传输介质，所有的站点都通过相应的硬件接口直接连到传输介质（总线）上。任何一个站点发送的信号都可以沿着介质传播，并且能被所有其他站点接收，且线路两端有防止信号反射的装置。

（6）A【解析】控制器是计算机的心脏，由它指挥计算机各个部件协调地工作，保证计算机按照预先规定的目标和步骤有条不紊地进行操作及处理，即完成协调和指挥整个计算机硬件系统的操作。

（7）B【解析】内存是主板上的存储部件，用来存储当前正在执行的数据、程序和结果。

（8）B【解析】Android 是手机操作系统，属于系统软件。

（9）B【解析】计算机中最核心的部件是 CPU，它极大地影响了计算机的性能。

（10）C【解析】鼠标是输入设备。

（11）D【解析】常见的系统软件有操作系统、语言处理系统、数据库管理系统和系统辅助处理程序等。4 个选项中只有管理信息系统属于应用软件。

（12）B【解析】每台计算机可以安装多块硬盘，扩大存储容量。

（13）A【解析】把内存中数据传送到计算机硬盘中去，称为写盘。把硬盘上的数据传送到计算机的内存中去，称为读盘。

（14）D【解析】计算机病毒主要破坏的对象是计算机的程序和数据。

（15）C【解析】高级语言必须经过编译和链接后才能被计算机识别。

（16）C【解析】字长是指计算机 CPU 一次能同时处理的二进制数据的位数。

（17）D【解析】计算机的主要技术指标（也称性能指标）有字长、时钟主频（CPU 的时钟频率）、运算速度、存储容量、存取周期。

（18）B【解析】操作系统可以控制计算机上运行的所有程序并管理所有计算机资源。

（19）C【解析】选项 A，内存储器一般由只读存储器（ROM）和随机存储器（RAM）组成。选项 B，存储在 ROM 中的信息即使断电也不会丢失，可靠性高。选项 C，CPU 可以直接访问内存储器。选项 D，RAM 用于存储正在运行的程序或数据，断电后，内存中的信息会全部丢失。

（20）A【解析】相对来说，光缆的抗干扰能力最强。

2. 基本操作题

扫码学习

视频解析

（1）步骤：打开考生文件夹下的“MUNLO”文件夹，选中要删除的“KUB.docx”文件，按“Delete”键，弹出“删除文件”对话框，单击“是”按钮，将文件删除到回收站。

（2）步骤：打开考生文件夹下的“LOICE”文件夹，在菜单栏中选择“文件”/“新建”/“文件夹”选项，或右击鼠标，在弹出的快捷菜单中选择“新建”/“文件夹”选项，即可生成新的文件夹，此时文件夹的名字处呈现蓝色可编辑状态，编辑名称为题目指定的名称“WENHUA”。

（3）步骤：打开考生文件夹下的“JIE”文件夹，选中“BMP.BAS”文件，在菜单

栏中选择“文件”/“属性”选项，或右击鼠标，在弹出的快捷菜单中选择“属性”选项，打开“BMP.BAS 属性”对话框；在“BMP.BAS 属性”对话框中勾选“只读”复选框，单击“确定”按钮。

（4）步骤：打开考生文件夹下的“MICRO”文件夹，选中“GUIST.WPS”文件，在菜单栏中选择“编辑”/“剪切”选项，或按“Ctrl+X”快捷键；打开考生文件夹下的“MING”文件夹，在菜单栏中选择“编辑”/“粘贴”选项，或按“Ctrl+V”快捷键。

（5）步骤：打开考生文件夹下的“HYR”文件夹，选中“MOUNT.pptx”文件，在菜单栏中选择“编辑”/“复制”选项，或按“Ctrl+C”快捷键；在菜单栏中选择“编辑”/“粘贴”选项，或按“Ctrl+V”快捷键；选中复制来的文件，按“F2”键，此时文件的名字处呈现蓝色可编辑状态，编辑名称为题目指定的名称“BASE.pptx”。

3．WPS 文字题

（1）步骤 1：打开考生文件夹下的“wps.docx”文件，选中标题段文字“模型变量构建”，在“开始”选项卡中单击“文字效果”下拉按钮，在展开的下拉列表中选择“艺术字”/“填充-钢蓝，着色 1，阴影”选项；再次单击“文字效果”下拉按钮，在展开的下拉列表中选择“阴影”/“内部”/“内部右上角”选项。

视频解析

步骤 2：选中标题段文字，在“开始”选项卡中单击“字体”对话框启动器按钮，打开“字体”对话框；在“字体”选项卡中，设置“中文字体”为“微软雅黑”，设置“字形”为“加粗”，设置“字号”为“二号”；切换到“字符间距”选项卡，设置“间距”为“加宽”，设置“值”为“2.2”磅，单击“确定”按钮。

步骤 3：保持标题段文字的选中状态，在“开始”选项卡中单击“居中对齐”按钮。

（2）步骤 1：选中正文各段“基于图 3.1……如表 3.1 所示：”，在“开始”选项卡中设置“字体”为“宋体”，设置“字号”为“小四”。

步骤 2：保持正文各段的选中状态，在“开始”选项卡中单击“段落”对话框启动器按钮，打开“段落”对话框；在“缩进和间距”选项卡的“缩进”组中，设置“特殊格式”为“首行缩进”，“度量值”默认为“2”字符；在“间距”组中，设置“段前”为“0.3”行，设置“行距”为“多倍行距”，“设置值”为“1.26”倍，单击“确定”按钮。

步骤 3：选中正文第 3、4、5 段“个人认知……进行分析。”，在“开始”选项卡中单击“项目符号”下拉按钮，在展开的下拉列表中选择“自定义项目符号”选项，打开“项目符号和编号”对话框；任意选择一种项目符号样式，然后单击“自定义”按钮，打开“自定义项目符号列表”对话框，单击“字符”按钮，打开“符号”对话框；在“字体”下拉列表中选择“Wingdings”，找到并选中“✈”符号，单击“插入”按钮，返回“自定义项目符号列表”对话框，最后单击“确定”按钮。

步骤 4：将鼠标指针置于正文第 6 段“综上……如图 3.2 所示：”下方的空行处，在“插入”选项卡中单击“图片”下拉按钮，在展开的下拉列表中选择“本地图片”选项，打开“插入图片”对话框，找到并选中考生文件夹下的“图 3.2.jpg”图片，单击“打开”按钮。

步骤 5：选中插入的图片，在“图片工具”选项卡中单击“大小和位置”对话框启动器按钮，打开“布局”对话框；切换到“大小”选项卡，设置“缩放”组中的“高度”为“75”%，“宽度”为“75”%；切换到“文字环绕”选项卡，设置“环绕方式”为“上下型”，单击“确定”按钮。

（3）步骤 1：在“插入”选项卡中单击“页眉和页脚”按钮，进入“页眉和页脚”编辑状态，单击“页码”下拉按钮，在展开的下拉列表中选择“页码”选项，打开“页码”对话框；设置“样式”为“-1-、-2-、-3-、…”，设置“位置”为“底端居中”，选中“起始页码”单选按钮，设置“起始页码”为“5”，“应用范围”默认为“整篇文档”，单击“确定”按钮。

步骤 2：将鼠标指针移至页眉处，然后输入页眉内容“学位论文”，选中输入的页眉内容，在“开始”选项卡中设置“字号”为“五号”，最后单击“页眉和页脚”选项卡中的“关闭”按钮。

步骤 3：在“插入”选项卡中单击“水印”下拉按钮，在展开的下拉列表中选择“插入水印”选项，打开“水印”对话框；勾选“文字水印”复选框，在“内容”编辑框中输入“传阅”，单击“确定”按钮。

（4）步骤 1：选中文档中最后 12 行文字，在“插入”选项卡中单击“表格”下拉按钮，在展开的下拉列表中选择“文本转换成表格”选项，打开“将文字转换成表格”对话框，单击“确定”按钮。

步骤 2：选中表格第 1 列的第 2 至 6 行单元格，右击鼠标，在弹出的快捷菜单中选择“合并单元格”选项；按照同样的操作方法，合并第 1 列的 7 至 9 和 10 至 12 行单元格。

步骤 3：选中表格第 1 行，在“开始”选项卡中设置“字体”为“华文新魏”；在“表格工具”选项卡中单击“对齐方式”下拉按钮，在展开的下拉列表中选择“水平居中”选项；按照同样的操作方法，设置表格第 1 列和第 4 列内容对齐方式为“水平居中”。

步骤 4：选中整个表格，在“开始”选项卡中单击“居中对齐”按钮。

步骤 5：选中表格第 4 列，在“表格工具”选项卡的“宽度”编辑框中输入“2.2 厘米”，按“Enter”键。

（5）步骤 1：选中整个表格，右击鼠标，在弹出的快捷菜单中选择“边框和底纹”选项，打开“边框和底纹”对话框；在“边框”选项卡中，选择“设置”组中的“方框”选项，设置“线型”为“单实线”，设置“颜色”为“红色”，设置“宽度”为“1.5 磅”；再选择“设置”组中的“自定义”选项，设置“线型”为“单实线”，设置“颜色”为“红色”，设置“宽度”为“0.75 磅”，在“预览”组中单击表格的中心位置，单击“确定”按钮。

步骤 2：选中整个表格，在“表格样式”选项卡中单击“底纹”下拉按钮，在展开的下拉列表中选择“主题颜色”/“橙色，着色 4，浅色 80%”选项。

步骤 3：保存并关闭文档。

4．WPS 表格题

视频解析

（1）步骤 1：打开考生文件夹下的“Book.xlsx”文件，选中“Sheet1”工作表的 A1:E1 单元格区域，在“开始”选项卡中单击“合并居中”按钮。

步骤 2：双击“Sheet1”工作表标签进入其编辑状态，然后输入工作表名称“产品销售情况表”，按“Enter”键。

（2）步骤 1：在 D3 单元格中输入公式“=B3*C3”，并按“Enter”键；选择 D3 单元格，将鼠标指针移到 D3 单元格右下角的填充柄上，待鼠标指针变成小十字形状时，按住鼠标左键向下拖动到 D24 单元格，释放鼠标左键。

步骤 2：选中 D3:D25 单元格区域，右击鼠标，在弹出的快捷菜单中选择“设置单元格格式”选项，打开“单元格格式”对话框；在“数字”选项卡中，选择“分类”列表框中的“货币”选项，设置“小数位数”为“2”，设置“货币符号”为“¥”，单击“确定”按钮。

步骤 3：在 D25 单元格中输入公式“=SUM(D3:D24)”，按“Enter”键。

（3）步骤 1：在 E3 单元格中输入公式“=RANK(D3,$D$3:$D$24,0)”，并按“Enter”键；选中 E3 单元格，将鼠标指针移到 E3 单元格右下角的填充柄上，待鼠标指针变成小十字形状时，按住鼠标左键向下拖动到 E24 单元格，释放鼠标左键。

步骤 2：选中 A2:E24 单元格区域，在“数据”选项卡中单击“排序”按钮，打开“排序”对话框；设置“主要关键字”为“销售额排名”，设置“次序”为“升序”，单击“确定”按钮。

（4）步骤 1：选中 A2:A24 单元格区域，按住“Ctrl”键的同时选中 D2:D24 单元格区域，在“插入”选项卡中单击“全部图表”按钮，打开“插入图表”对话框；在左侧列表框中选择“柱形图”，再在右侧选择“簇状柱形图”，单击“插入”按钮。

步骤 2：选中图表，将图表标题修改为“产品销售情况图”；在“图表工具”选项卡中单击“添加元素”下拉按钮，在展开的下拉列表中选择“轴标题”/“主要横向坐标轴”选项，将坐标轴标题修改为“产品名称”；再次单击“添加元素”下拉按钮，在展开的下拉列表中选择“网格线”/“主轴主要垂直网格线”选项；最后单击“添加元素”下拉按钮，在展开的下拉列表中选择“图例”/“无”选项。

步骤 3：选中图表，按住鼠标左键拖动图表使其左上角放置在 A26 单元格内，调整图表大小使其置于 A26:H40 单元格区域。

步骤 4：保存并关闭工作簿。

5．WPS 演示题

视频解析

（1）步骤 1：打开考生文件夹下的“ys.pptx”文件，选中第 1 张幻灯片，在主标题文本框中输入“古诗词欣赏”；选中输入的文字，在“文本工具”选项卡中，设置“字体”为“华文隶书”，设置“字号”为“60”，设置“字体颜色”为“深红”。

步骤 2：在副标题文本框中输入“李白篇”，选中输入的文字，在“文本工具”选项卡中，设置“字体”为“幼圆”，设置“字号”为“36”，单击“加粗”按钮。

（2）步骤 1：选中第 2 张幻灯片第 2 段中的文本“黄鹤楼送孟浩然之广陵”，单击“插入”选项卡中的“超链接”按钮，打开“插入超链接”对话框；在“链接到”组中选中“本文档中的位置”选项，在“请选择文档中的位置”列表框中选中第 3 张幻灯片“3.黄鹤楼送孟浩然之广陵”，单击“确定”按钮。

步骤 2：按照同样的方法，为第 2 张幻灯片第 2 段文本中的“早发白帝城”与第 4 张幻灯片建立超链接。

（3）步骤 1：选中第 3 张幻灯片，在“插入”选项卡中单击“图片”下拉按钮，在展开的下拉列表中选择“本地图片”选项，打开“插入图片”对话框，找到并选中考生文件夹下的“黄鹤楼送孟浩然之广陵.jpg”图片，单击“打开”按钮。

步骤 2：选中插入的图片，在“图片工具”选项卡中单击“大小和位置”对话框启动器按钮，打开“对象属性”任务窗格；在“大小与属性”选项卡中勾选“锁定纵横比”复选框，设置“缩放高度”为“45%”；在“位置”组中设置“水平位置”为“1.5 厘米”，设置“相对于”为“左上角”，设置“垂直位置”为“1.5 厘米”，设置“相对于”为“左上角”，关闭“对象属性”任务窗格。

步骤 3：选中插入的图片，在“动画”选项卡中单击“自定义动画”按钮，打开“自定义动画”任务窗格；单击“添加效果”下拉按钮，在展开的下拉列表中选择“进入”/“基本型”/“轮子”选项，关闭“自定义动画”任务窗格。

（4）步骤 1：选中第 4 张幻灯片，单击右侧文本框中的“插入图片”按钮，打开“插入图片”对话框，找到并选中考生文件夹下的“早发白帝城.png”图片，单击“打开”按钮。

步骤 2：选中插入的图片，在“图片工具”选项卡中单击“图片效果”下拉按钮，在展开的下拉列表中选择“发光”/“发光变体”/“钢蓝，5 pt 发光，着色 5”选项。

（5）步骤：选中任意一张幻灯片，在“设计”选项卡中单击“背景”按钮，打开“对象属性”任务窗格；选中“图片或纹理填充”单选按钮，设置“纹理填充”为“方格布”，设置“透明度”为“70%”，单击“全部应用”按钮，关闭“对象属性”任务窗格。

（6）步骤 1：在“幻灯片”窗格中单击任意幻灯片，在“切换”选项卡中单击切换方式列表框右侧的下拉按钮，在展开的下拉列表中选择“棋盘”选项，单击“效果选项”下拉按钮，在展开的下拉列表中选择“纵向”选项，勾选“单击鼠标时换片”复选框，最后单击“应用到全部”按钮。

步骤 2：保存并关闭演示文稿。

6. 上网题

（1）步骤：通过“答题”菜单启动 Internet Explorer，打开 IE 浏览器；在地址栏中输入网址“HTTP://LOCALHOST:65531/ExamWeb/Index.htm”并按“Enter”键，在打开的页面中单击“中国卫星”，再单击“导航卫星”；选择“文件”/“另存为”选项，打开“另存为”对话框，将保存路径修改为考生文件夹；在“文件名”编辑框中输入

“dhwx”，在“保存类型”下拉列表中选择“文本文件(*.txt)”选项，单击“保存”按钮，完成操作。

（2）步骤：通过“答题”菜单启动“Outlook”，打开“Outlook”窗口；单击“创建邮件”按钮，打开“新邮件”窗口，在“收件人”编辑框中输入“zhaoguoli@cuc.edu.cn;lijianguo@cuc.edu.cn”，在“主题”编辑框中输入“紧急通知”，在窗口中央空白的编辑区域输入邮件内容“本周二下午一点，在学院会议室进行课题讨论，请勿迟到缺席！”；最后单击“发送”按钮，在弹出的提示对话框中单击“确定”按钮，完成操作。

精编模拟试卷（六）参考答案及解析

1．选择题

（1）D【解析】计算机按照处理数据的类型可以分为数字计算机、模拟计算机和混合计算机。

（2）A【解析】“.bmp”是图像文件扩展名，“.wav”和“.mid”是声音文件扩展名。

（3）B【解析】字节是计算机中信息处理和存储的基本单位，用“B”表示。

（4）D【解析】编译程序将高级语言程序翻译成与之等价的机器语言程序，该机器语言程序称为目标程序。

（5）A【解析】机器语言是一种 CPU 的指令系统，是由二进制代码编写，能够直接被计算机识别的程序设计语言。

（6）D【解析】显示器的主要技术指标有分辨率、点距、像素、亮度和对比度、尺寸等，不包含重量。

（7）A【解析】Cache 的中文译名是高速缓冲存储器。

（8）A【解析】电子邮箱建在 ISP 的邮件服务器上。

（9）D【解析】已知英文字母 K 的十六进制码值是 4B，将二进制 1001000 转化成十六进制为 48，对应的字符从 K 倒推 3（4B−48）个字母，所以答案为 K 前面的第 3 个字母即 H。

（10）D【解析】数据包括数值、文字、语言、图形、图像等不同形式。数据是信息的载体。数据经过处理之后便成了信息，信息具有针对性、时效性，所以信息有意义，而数据没有意义。

（11）C【解析】计算机的主要性能指标有字长、时钟主频、运算速度、存储容量、存取周期。软件由用户自行安装，与计算机性能无关。

（12）A【解析】早期的计算机语言中，所有的指令、数据都用一串二进制数 0 和 1 表示，这种语言称为机器语言，可被计算机直接执行，但是不易掌握和使用。

（13）D【解析】磁盘驱动器既能将存储在磁盘上的信息读进内存中，又能将内存中的信息写到磁盘上。因此，磁盘驱动器既是输入设备又是输出设备。

（14）C【解析】组成微型机主机的主要部件是 CPU 和内存。

（15）D【解析】计算机病毒一般不对硬件进行破坏，而是对程序、数据或系统进行破坏。

（16）A【解析】用高级语言编写的程序可移植性好，但它不能直接被计算机识别和执行，执行效率最低；用机器语言编写的程序执行效率最高，但可读性差。

（17）D【解析】RAM 有两个特点：一是可读写性，二是易失性，即断开电源时，RAM 中的信息会全部丢失。

（18）A【解析】运算速度指 CPU 每秒所能执行的指令条数，是用于衡量计算机进行数值计算或信息处理快慢程度的指标，用 1 秒所能执行的指令数来表示，单位是百万次/秒（MIPS）。

（19）A【解析】CPU、SRAM 内存条、内存储器不是外部设备。

（20）A【解析】CPU 只能与内存储器直接交换数据，其主要组成部分是运算器和控制器。执行算术运算是运算器的作用。

2．基本操作题

视频解析

（1）步骤：打开考生文件夹下的“INSIDE”文件夹，在菜单栏中选择“文件”/“新建”/“文件夹”选项，或右击鼠标，在弹出的快捷菜单中选择“新建”/“文件夹”选项，即可生成新的文件夹，此时文件夹的名字处呈现蓝色可编辑状态，编辑名称为题目指定的名称“PENG”；选中“PENG”文件夹，在菜单栏中选择“文件”/“属性”选项，或右击鼠标，在弹出的快捷菜单中选择“属性”选项，打开“PENG 属性”对话框；在“PENG 属性”对话框中勾选“隐藏”复选框，单击“确定”按钮。

（2）步骤：打开考生文件夹下的“JIN”文件夹，选中“SUN.C”文件，在菜单栏中选择“编辑”/“复制”选项，或按“Ctrl+C”快捷键；打开考生文件夹下的“MQPA”文件夹，在菜单栏中选择“编辑”/“粘贴”选项，或按“Ctrl+V”快捷键。

（3）步骤：打开考生文件夹下的“HOWA”文件夹，选中“GNAEL.DBF”文件，按“Delete”键，弹出“删除文件”对话框，单击“是”按钮，将文件删除到回收站。

（4）步骤：打开考生文件夹下的“HEIBEI”文件夹，选中要生成快捷方式的文件“QUAN.FOR”，在菜单栏中选择“文件”/“创建快捷方式”选项，或右击鼠标，在弹出的快捷菜单中选择“创建快捷方式”选项，即可在同文件夹下生成一个快捷方式文件；移动这个快捷方式文件到考生文件夹下，并按“F2”键改名为“QUAN”。

（5）步骤：打开考生文件夹下的“QUTAM”文件夹，选中“MAN.DBF”文件，在菜单栏中选择“编辑”/“剪切”选项，或按“Ctrl+X”快捷键；打开考生文件夹下的“ABC”文件夹，在菜单栏中选择“编辑”/“粘贴”选项，或按“Ctrl+V”快捷键；选中移动来的文件，按“F2”键，此时文件的名字处呈现蓝色可编辑状态，编辑名称为题目指定的名称“MAN2.DBF”。

3．WPS 文字题

（1）步骤 1：打开考生文件夹下的“wps.docx”文件，在“开始”选项卡中单击“查找替换”下拉按钮，在展开的下拉列表中选择“替换”选项，打开“查找和替换”对话框；在“查找内容”编辑框中输入“中朝”，在“替换为”编辑框中输入“中超”，单击“全部替换”按钮，在弹出的提示框中单击“确定”按钮，返回“查找和替换”对话框，最后单击“关闭”按钮。

视频解析

步骤 2：在“页面布局”选项卡中单击“纸张大小”下拉按钮，在展开的下拉列表中选择“其它页面大小”选项，打开“页面设置”对话框；在“纸张”选项卡中，设置“纸张大小”为“16 开”；切换到“页边距”选项卡，设置“页边距”组中的“左”“右”均为“30”毫米（或“3”厘米），单击“确定”按钮。

步骤 3：在“页面布局”选项卡中单击“页面边框”按钮，打开“边框和底纹”对话框；在“页面边框”选项卡中，选择“设置”组中的“方框”选项，设置“颜色”为“深红”，设置“宽度”为“1 磅”，单击“确定”按钮。

步骤 4：在“插入”选项卡中单击“页眉和页脚”按钮，进入页眉和页脚编辑状态，在页眉处输入“体育新闻”；选中输入的页眉内容，在“开始”选项卡中单击“居中对齐”按钮；再切换到“页眉和页脚”选项卡，单击“关闭”按钮。

（2）步骤 1：选中标题段文字“中超第 27 轮前瞻”，在“开始”选项卡中设置“字体”为“黑体”，设置“字号”为“小二”，设置“字体颜色”为“蓝色”，单击“加粗”和“居中对齐”按钮。

步骤 2：保持标题段文字的选中状态，在“页面布局”选项卡中单击“页面边框”按钮，打开“边框和底纹”对话框；切换到“底纹”选项卡，设置“填充”为“浅绿”，单击“确定”按钮。

步骤 3：保持标题段文字的选中状态，在“开始”选项卡中单击“段落”对话框启动器按钮，打开“段落”对话框；在“缩进和间距”选项卡的“间距”组中，设置“段前”“段后”均为“0.5”行，单击“确定”按钮。

（3）步骤 1：选中正文各段“北京时间……目标。”，在“开始”选项卡中单击“段落”对话框启动器按钮，打开“段落”对话框；在“缩进和间距”选项卡的“缩进”组中，设置“文本之前”“文本之后”均为“1”字符；在“间距”组中，设置“段前”为“0.5”行，单击“确定”按钮。

步骤 2：选中正文第 1 段“北京时间……产生。”，在“插入”选项卡中单击“首字下沉”按钮，打开“首字下沉”对话框；在“位置”组中选择“下沉”选项，设置“下沉行数”为“2”，设置“距正文”为“5”毫米（或“0.5”厘米），单击“确定”按钮。

步骤 3：选中正文第 2 段和第 3 段“6 日下午……目标。”，在“开始”选项卡中单击“段落”对话框启动器按钮，打开“段落”对话框；在“缩进和间距”选项卡的“缩进”组中，设置“特殊格式”为“首行缩进”，“度量值”默认为“2”字符，单击“确定”按钮。

步骤 4：选中正文第 3 段“5 日下午……目标。”，在“页面布局”选项卡中单击“分栏”下拉按钮，在展开的下拉列表中选择“更多分栏”选项，打开“分栏”对话框；在“预设”组中选择“两栏”选项，默认勾选“栏宽相等”复选框，勾选“分隔线”复选框，单击“确定”按钮。

（4）步骤 1：选中文中最后 8 行文字“名次……32”，在“插入”选项卡中单击“表格”下拉按钮，在展开的下拉列表中选择“文本转换成表格”选项，打开“将文字转换成表格”对话框，单击“确定”按钮。

步骤 2：选中表格第 1 列，按住“Ctrl”键的同时选中第 3 至 6 列单元格，右击鼠标，在弹出的快捷菜单中选择“表格属性”选项，打开“表格属性”对话框；切换到“列”选项卡，默认勾选“指定宽度”复选框，设置“指定宽度”为“15”毫米（或“1.5”厘米），单击“确定”按钮；按照同样的操作方法，设置第 2 列的列宽为“30”毫米（或“3”厘米）。

步骤 3：选中整个表格，右击鼠标，在弹出的快捷菜单中选择“表格属性”选项，打开“表格属性”对话框；切换到“行”选项卡，勾选“指定高度”复选框，设置“指定高度”为“7”毫米（或“0.7”厘米），设置“行高值是”为“固定值”，单击“确定”按钮。

步骤 4：保持表格的选中状态，在“开始”选项卡中单击“居中对齐”按钮。

步骤 5：保持表格的选中状态，在“表格工具”选项卡中单击“对齐方式”下拉按钮，在展开的下拉列表中选择“水平居中”选项。

（5）步骤 1：选中整个表格，右击鼠标，在弹出的快捷菜单中选择“边框和底纹”选项，打开“边框和底纹”对话框；在“边框”选项卡中，选择“设置”组中的“方框”选项，设置“线型”为“双实线”，设置“颜色”为“红色”，设置“宽度”为“0.75 磅”；再选择“设置”组中的“自定义”选项，设置“线型”为“单实线”，设置“颜色”为“红色”，设置“宽度”为“0.5 磅”，在“预览”组中单击表格中心位置，最后单击“确定”按钮。

步骤 2：选中表格第 1 行，右击鼠标，在弹出的快捷菜单中选择“边框和底纹”选项，打开“边框和底纹”对话框；切换到“底纹”选项卡，设置“填充”为“白色，背景 1，深色 25%”，单击“确定”按钮。

步骤 3：单击表格第 4 行任意单元格，在“表格工具”选项卡中单击“在下方插入行”按钮；在新插入行的单元格中分别输入内容“4”“贵州人和”“10”“11”“5”“41”。

步骤 4：保存并关闭文档。

4．WPS 表格题

（1）步骤：打开考生文件夹下的“Book.xlsx”文件，在“销售数据”工作表中的 H3 单元格中输入公式“=F3*G3”，并按“Enter”键；将鼠标指针移到 H3 单元格右下角的填充柄上，待鼠标指针变成小十字形状时，双击鼠标左键，即可完成对序列的填充。

视频解析

（2）步骤 1：选中 H3:H191 单元格区域，右击鼠标，在弹出的快捷菜单中选择“设置单元格格式”选项，打开“单元格格式”对话框；在“数字”选项卡中，选择“分类”列表框中的“数值”选项，设置“小数位数”为“2”，单击“确定”按钮。

步骤 2：选中 A3:A191 单元格区域（可选中 A3 单元格后，按“Ctrl+Shift+↓”快捷键），右击鼠标，在弹出的快捷菜单中选择“设置单元格格式”选项，打开“单元格格式”对话框；在“数字”选项卡中，选择“分类”列表框中的“日期”，设置“类型”为“3 月 7 日”，单击“确定”按钮。

步骤 3：选中 A2:H191 单元格区域，在“开始”选项卡中设置“字体”为“仿宋”，设置“字号”为“16”。

步骤 4：选中 A:H 列，在“开始”选项卡中单击“行和列”下拉按钮，在展开的下拉列表中选择“最适合的列宽”选项。

步骤 5：选中 A2:H191 单元格区域，右击鼠标，在弹出的快捷菜单中选择“设置单元格格式”选项，打开“单元格格式”对话框；切换到“边框”选项卡，在“样式”列表框中选择“双实线”，单击“预置”组中的“外边框”按钮；再选择“样式”列表框中的“单实线”，单击“预置”组中的“内部”按钮，单击“确定”按钮。

步骤 6：选中 A2:H2 单元格区域，在“开始”选项卡中依次单击“水平居中”和“加粗”按钮。

步骤 7：选中 A1:H1 单元格区域，在“开始”选项卡中单击“合并居中”按钮；选中合并后的单元格，在“开始”选项卡中设置“字体”为“楷体”，设置“字号”为“20”。

步骤 8：选中第 1 行，在“开始”选项卡中单击“行和列”下拉按钮，在展开的下拉列表中选择“最适合的行高”选项；选中 A 列，在“开始”选项卡中单击“行和列”下拉按钮，在展开的下拉列表中选择“最适合的列宽”选项。

（3）步骤：选中 G3:G191 单元格区域，在“开始”选项卡中单击“条件格式”下拉按钮，在展开的下拉列表中选择“突出显示单元格规则”/“其他规则”选项，打开“新建格式规则”对话框；在“编辑规则说明”组中，将“单元格值”设置为“大于或等于”，在右侧的编辑框中输入“100”；单击“格式”按钮，打开“单元格格式”对话框；切换到“字体”选项卡，设置“字形”为“粗体”，设置“颜色”为“蓝色”，单击“确定”按钮，返回“新建格式规则”对话框，单击“确定”按钮。

（4）步骤：单击数据区域的任意单元格，在“页面布局”选项卡中单击“页面设置”对话框启动器按钮，打开“页面设置”的对话框；在“页面”选项卡的“缩放”组中选中“调整为”单选按钮，在右侧的下拉列表中选择“将所有列打印在一页”选项；切换到“工作表”选项卡，将鼠标指针置于“打印区域”编辑框中，在“销售数据”工作表中选中第 1 行和第 2 行单元格区域，单击“确定”按钮。

（5）步骤 1：单击数据区域的任意单元格，在“数据”选项卡中单击“数据透视表”按钮，打开“创建数据透视表”对话框；在“请选择放置数据表的位置”组中，选中“现有工作表”单选按钮，切换到“透视表”工作表，单击 A3 单元格，单击“确定”按钮，打开“数据透视表”任务窗格；将“字段列表”列表框中的“部门”字段拖放到“列”区域，将“字段列表”列表框中的“商品名称”字段拖放到“行”区域，将“字段列表”列表框中的“销售数量”字段拖放到“值”区域。

步骤 2：保存并关闭工作簿。

5．WPS 演示题

视频解析

（1）步骤 1：打开考生文件夹下的“ys.pptx”文件，选中第 1 张幻灯片，在“开始”选项卡中单击“版式”下拉按钮，在展开的下拉列表中选择“两栏内容”版式；选中左侧的内容文本，在“文本工具”选项卡中，设置“字号”为“23”。

步骤 2：选中第 4 张幻灯片的上方图片，按“Ctrl+X”快捷键进行剪切，然后将鼠标指针移到第 1 张幻灯片右侧的内容文本框中，按“Ctrl+V”快捷键进行粘贴。

（2）步骤 1：在左侧的“幻灯片”窗格中，单击第 1 张幻灯片之前的空白位置，将出现一条红色单实线，在“开始”选项卡中单击“新建幻灯片”按钮；选中新建的幻灯片，在“开始”选项卡中单击“版式”下拉按钮，在展开的下拉列表中选择“标题幻灯片”版式。

步骤 2：在第 1 张幻灯片的主标题文本框中输入“‘红旗-7’防空导弹”，在副标题文本框中输入“防范对奥运会的干扰和破坏”；选中主标题，按住“Ctrl”键的同时选中副标题，在“文本工具”选项卡中单击“居中对齐”按钮。

（3）步骤 1：选中第 3 张幻灯片，在“开始”选项卡中单击“版式”下拉按钮，在展开的下拉列表中选择“竖版”版式。

步骤 2：选中第 3 张幻灯片中的内容文本框，在“动画”选项卡中单击“自定义动画”按钮，打开“自定义动画”任务窗格；单击“添加效果”下拉按钮，在展开的下拉列表中选择“进入”/“基本型”/“盒状”选项，最后关闭“自定义动画”任务窗格。

步骤 3：选中第 4 张幻灯片，在“开始”选项卡中单击“版式”下拉按钮，在展开的下拉列表中选择“两栏内容”版式。

步骤 4：选中第 5 张幻灯片中的图片，按“Ctrl+X”快捷键进行剪切，将移动指针移到第 4 张幻灯片的右侧内容文本框中，按“Ctrl+V”快捷键进行粘贴。

步骤 5：选中第 2 张幻灯片中的文字“红旗-7”，右击鼠标，在弹出的快捷菜单中选择“超链接”选项，打开“插入超链接”对话框；在“链接到”组中选中“本文档中的位置”选项，在“请选择文档中的位置”列表框中选中第 4 张幻灯片“4.幻灯片 4”，单击“确定”按钮。

步骤 6：选中第 5 张幻灯片，右击鼠标，在弹出的快捷菜单中选择“删除幻灯片”选项。

步骤 7：保存并关闭演示文稿。

6．上网题

（1）步骤：通过“答题”菜单启动 Internet Explorer，打开 IE 浏览器；在地址栏中输入网址“HTTP://LOCALHOST:65531/ExamWeb/Index.htm”并按“Enter”键，在打开

的页面中选中汽车品牌“奥迪”的介绍文本，按“Ctrl+C”快捷键进行复制；打开考生文件夹，新建一个文本文件并命名为“奥迪.txt”；打开新建的文本文件，按“Ctrl+V”快捷键进行粘贴，保存并关闭文件。

（2）步骤：通过“答题”菜单启动“Outlook”，打开“Outlook”窗口；单击“发送/接收”按钮，在弹出的提示对话框中单击“确定”按钮，选中接收的邮件，单击“转发”按钮，打开“关于期末考试的通知”对话框；在“收件人”编辑框中输入“binbin8802-11@163.com”，单击“发送”按钮，在弹出的提示对话框中单击“确定”按钮，完成操作。

精编模拟试卷（七）参考答案及解析

1．选择题

（1）A【解析】位（也称二进制位）是计算机中数据存储的最小单位。

（2）B【解析】将发送端数字脉冲信号转换成模拟信号的过程称为调制。

（3）A【解析】在 ASCII 码表中，按码值从大到小的排列顺序为：小写英文字母、大写英文字母、数字、控制符。

（4）B【解析】C 语言是高级语言，写出来的程序称为源程序。

（5）A【解析】根据文件扩展名及其含义，以“.txt”为扩展名的文件是文本文件。

（6）B【解析】学籍管理系统、Excel 2003、财务管理系统属于应用软件。

（7）D【解析】1 GB=1 024 MB，40 GB=160×256 MB。

（8）C【解析】进程是程序的一次执行过程，是系统进行调度和资源分配的一个独立单位。或者说，进程是一个程序与其数据一道在计算机顺利执行时所发生的活动。线程是进程的一个实体，是 CPU 调度和分派的基本单位，它是比进程更小的能独立运行的单位。一个线程可以创建和撤销另一个线程，同一个进程中的多个线程之间可以并发执行。

（9）B【解析】选项 A，机器指令通常由操作码和操作数（或称地址码）两部分组成；选项 C，在指令中操作码是不可缺少的，但操作数可以没有；选项 D，操作数指明指令操作码执行时的操作对象。

（10）B【解析】从网上下载软件时需使用到的网络服务类型是文件传输。FTP（文件传输协议）是因特网提供的基本服务，使用 FTP 协议可以在因特网上将文件从一台计算机传送到另一台计算机。

（11）A【解析】常见的系统软件有操作系统、语言处理系统、数据库管理系统和系统辅助处理程序等。编译程序是语言处理程序，属于系统软件。

（12）C【解析】计算机病毒是指编制或者在计算机程序中插入的破坏计算机功能或者毁坏数据，影响计算机使用，并能自我复制的一组计算机指令或者程序代码。计算机病毒本身具有破坏性和传染性，但其本质还是程序代码，不会影响人体的健康。

（13）C【解析】MB/s 是传输字节速率的单位，GHz 是主频的单位，MIPS 是运算速度的单位。

（14）C【解析】在 24×24 的网格中描绘一个汉字，整个网格分为 24 行 24 列，每个小格用 1 位二进制编码表示，每一行需要 24 个二进制位，占 3 个字节，24 行共占 24×3=72 个字节。1 024 个需要 1 024×72=72 KB。

（15）A【解析】MS Office 是应用软件。

（16）A【解析】C++程序设计语言是高级语言，需经过翻译才能被计算机直接执行。汇编语言是一种把机器语言“符号化”的语言，与高级语言相比，汇编语言更容易被计算机有效执行。

（17）C【解析】二进制数转换成十进制数的方法是将二进制数按权展开：$(111111)_2=1\times2^5+1\times2^4+1\times2^3+1\times2^2+1\times2^1+1\times2^0=63$。

（18）D【解析】激光打印机的打印质量最好。

（19）B【解析】计算机采用二进制的主要原因是二进制数的表示方式非常适合计算机内部的电路和逻辑运算。具体来说，二进制只有 0 和 1 两种状态，这与计算机内部逻辑电路的开关状态非常相似，因此计算机可以直接将二进制数存储在内存中，并且进行各种逻辑运算。此外，二进制数的运算规则要比其他进制的数简单得多，这有利于提高计算机的运算速度。而且，二进制数的抗干扰能力强，可靠性高。

（20）C【解析】Internet 始于 1968 年美国国防部高级研究计划局（ARPA）提出并资助的 ARPANET 网络计划，其目的是将各地不同的主机以一种对等的通信方式连接起来。

2. 基本操作题

视频解析

（1）步骤：打开考生文件夹，在菜单栏中选择“文件”/“新建”/“文件夹”选项，或右击鼠标，在弹出的快捷菜单中选择“新建”/“文件夹”选项，即可生成一个新的文件夹，此时文件夹的名字处呈现蓝色可编辑状态，编辑名称为题目指定的名称“Sss”。

（2）步骤：打开考生文件夹下的“Stu”文件夹，选中“xx.wri”文件，在菜单栏中选择“编辑”/“复制”选项，或按“Ctrl+C”快捷键；打开考生文件夹，在菜单栏中选择“编辑”/“粘贴”选项，或按“Ctrl+V”快捷键。

（3）步骤：打开考生文件夹，选中“ab.dat”文件，按“F2”键，此时文件的名字处呈现蓝色可编辑状态，编辑名称为题目指定的名称“ppg.dat”。

（4）步骤：打开考生文件夹，选中“sxy.txt”文件，在菜单栏中选择“文件”/“属性”选项，或右击鼠标，在弹出的快捷菜单中选择“属性”选项，打开“sxy.txt 属性”对话框；在“sxy.txt 属性”对话框中勾选“只读”和“隐藏”复选框，单击“确定”按钮。

（5）步骤：打开考生文件夹下的“Num”文件夹，选中“qwer.txt”文件，在菜单栏中选择“编辑”/“剪切”选项，或按“Ctrl+X”快捷键；打开考生文件夹，在菜单栏中选择“编辑”/“粘贴”选项，或按“Ctrl+V”快捷键。

3．WPS 文字题

视频解析

（1）步骤：打开考生文件夹下的“wps.docx”文件，在“开始”选项卡中单击“查找替换”下拉按钮，在展开的下拉列表中选择“替换”选项，打开“查找和替换”对话框；在“查找内容”编辑框中输入“程序源”，在“替换为”编辑框中输入“程序员”，单击“全部替换”按钮，在弹出的提示框中单击“确定”按钮，返回“查找和替换”对话框，最后单击“关闭”按钮。

（2）步骤 1：在“页面布局”选项卡中单击“页面设置”对话框启动器按钮，打开“页面设置”对话框；切换到“纸张”选项卡，在“纸张大小”下拉列表中选择“A4”选项；切换到“页边距”选项卡，设置“方向”组中纸张方向为“横向”，设置“页边距”组中的“上”“下”均为“2.5”厘米，设置“左”“右”均为“3”厘米，单击“确定”按钮。

步骤 2：在“页面布局”选项卡中单击“背景”下拉按钮，在展开的下拉列表中选择“白色，背景 1，深色 5%”选项。

（3）步骤 1：选中标题内容“活动通知：1024 金山程序员节”，在“开始”选项卡中单击“文字效果”下拉按钮，在展开的下拉列表中选择“艺术字”/“填充-黑色，文本 1，阴影”选项。

步骤 2：保持标题内容的选中状态，在“开始”选项卡中单击“字体”对话框启动器按钮，打开“字体”对话框；在“字体”选项卡中，设置“中文字体”为“微软雅黑”，设置“字形”为“加粗”，设置“字号”为“小一”；切换到“字符间距”选项卡，设置“间距”为“加宽”，设置“值”为“0.05”厘米，单击“确定”按钮。

步骤 3：保持标题内容的选中状态，在“开始”选项卡中单击“段落”对话框启动器按钮，打开“段落”对话框；在“缩进和间距”选项卡的“常规”组中，设置“对齐方式”为“居中对齐”；在“间距”组中，设置“段前”为“0”磅，设置“段后”为“10”磅，单击“确定”按钮。

步骤 4：选中正文第 2 至 4 段，在“开始”选项卡中单击“项目符号”下拉按钮，在展开的下拉列表中选择“自定义项目符号”选项，打开“项目符号和编号”对话框；在“项目符号”选项卡中任意选择一种符号样式，单击“自定义”按钮，打开“自定义项目符号列表”对话框，单击“字符”按钮，打开“符号”对话框；在“字体”下拉列表中选择“Arial”选项，在下方的列表框中选择符合题目要求的符号“«”，单击“插入”按钮，返回“自定义项目符号列表”对话框，最后单击“确定”按钮。

步骤 5：选中正文第 1 至 15 段“各位同学……18 日”，在“开始”选项卡中单击“字体”对话框启动器按钮，打开“字体”对话框；切换到“字体”选项卡，设置“中文字体”为“黑体”，设置“西文字体”为“Arial”，设置“字号”为“五号”，单击“确定”按钮。

步骤 6：保持正文 1 至 15 段的选中状态，在“开始”选项卡中单击“段落”对话框启动器按钮，打开“段落”对话框；在“缩进和间距”选项卡的“缩进”组中，设置

“特殊格式”为“首行缩进”，“度量值”默认为“2”字符；在“间距”组中，设置“行距”为“1.5 倍行距”，单击“确定”按钮。

步骤 7：选中正文第 14 至 15 段（落款与日期），在“开始”选项卡中单击“右对齐”按钮。

（4）步骤 1：选中正文第 6 至 11 段“领取日期……5 层”，在“插入”选项卡中单击“表格”下拉按钮，在展开的下拉列表中选择“文本转换成表格”选项，打开“将文字转换成表格”对话框，在“文字分隔位置”组中选中“空格”单选按钮，单击“确定”按钮。

步骤 2：选中整个表格，右击鼠标，在弹出的快捷菜单中选择“表格属性”选项，打开“表格属性”对话框；在“表格”选项卡中，勾选“尺寸”组中的“指定宽度”复选框，设置“指定宽度”为“60”百分比；在“对齐方式”组中，选择“左对齐”，设置“左缩进”为“1”厘米；切换到“行”选项卡，勾选“指定高度”复选框，设置“行高值是”为“固定值”，设置“指定高度”为“0.8”厘米，单击“确定”按钮。

步骤 3：选中表格第 1 行的 3 个单元格，在“表格工具”选项卡中单击“合并单元格”按钮，然后单击“对齐方式”下拉按钮，在展开的下拉列表中选择“水平居中”选项；按照同样的操作方法，合并第 3 列第 3、4 行和 5、6 行单元格，并设置水平居中对齐。

步骤 4：选中整个表格，在“表格样式”选项卡中单击“边框”左侧的样式下拉按钮，在展开的下拉列表中选择“中”/“中度样式 2”选项。

（5）步骤：在“插入”选项卡中单击“页眉和页脚”按钮，进入“页眉和页脚”编辑状态，在页脚处输入“用户第一/坚持创新/诚信正直/乐观坚韧”，选中页脚中输入的文字，在“开始”选项卡中单击“居中对齐”按钮；在页眉处输入“金山办公”，选中页眉处输入的文字，在“开始”选项卡中单击“居中对齐”按钮；在“页眉和页脚”选项卡中单击“页眉横线”下拉按钮，在展开的下拉列表中选择“单实线”选项，最后单击“页眉和页脚”选项卡中的“关闭”按钮。

（6）步骤 1：将鼠标指针置于空白处，在“插入”选项卡中单击“图片”下拉按钮，在展开的下拉列表中选择“本地图片”选项，打开“插入图片”对话框，找到并选中考生文件夹下的“金小獴.png”图片，单击“打开”按钮。

步骤 2：选中图片，在“图片工具”选项卡中取消勾选“锁定纵横比”复选框；在“高度”和“宽度”编辑框中分别输入“5 厘米”，按“Enter”键。

步骤 3：选中图片，在“图片工具”选项卡中单击“环绕”下拉按钮，在展开的下拉列表中选择“浮于文字上方”选项；单击“剪裁”下拉按钮，在展开的下拉列表中选择“基本形状”/“椭圆”选项，然后按“Esc”键退出剪裁，将图片移动到页面右侧空白处。

步骤 4：在“插入”选项卡中单击“文本框”下拉按钮，在展开的下拉列表中选择“横向”选项，在图片下方空白处绘制一个文本框，并在文本框里面输入文本“节日快乐”。

步骤 5：选中文本框，在“绘图工具”选项卡中单击“填充”下拉按钮，在展开的下拉列表中选择“无填充颜色”选项；单击“轮廓”下拉按钮，在展开的下拉列表中选择

“无线条颜色”选项。

步骤6：保存并关闭文档。

4. WPS表格题

视频解析

（1）步骤1：打开考生文件夹下的“Book.xlsx”文件，在“班级课程成绩”工作表中，选中A1:J1单元格区域，在“开始”选项卡中单击“合并居中”按钮。

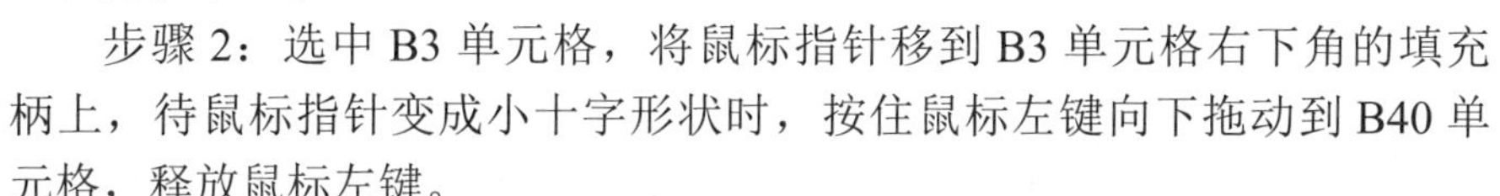

步骤2：选中B3单元格，将鼠标指针移到B3单元格右下角的填充柄上，待鼠标指针变成小十字形状时，按住鼠标左键向下拖动到B40单元格，释放鼠标左键。

步骤3：在J3单元格中输入公式“=AVERAGE(C3:I3)”，并按“Enter”键；选中J3单元格，将鼠标指针移到J3单元格右下角的填充柄上，待鼠标指针变成小十字形状时，按住鼠标左键向下拖动到J40单元格，释放鼠标左键。

步骤4：选中J3:J40单元格区域，右击鼠标，在弹出的快捷菜单中选择“设置单元格格式”选项，打开“单元格格式”对话框；在“数字”选项卡中，选择“分类”列表框中的“数值”选项，设置“小数位数”为“2”，单击“确定”按钮。

步骤5：选中A1:J40单元格区域，在“开始”选项卡中单击“所有框线”下拉按钮，在展开的下拉列表中选择“所有框线”选项，然后单击“水平居中”按钮。

（2）步骤1：选中B2:B40单元格区域，按住“Ctrl”键的同时选中J2:J40单元格区域，在“插入”选项卡中单击“全部图表”按钮，打开“插入图表”对话框；在左侧列表框中选择“面积图”，再在右侧选择“面积图”，单击“插入”按钮。

步骤2：选中图表，在“图表工具”选项卡中单击“选择数据”按钮，打开“编辑数据源”对话框；在“系列”下方的编辑框中取消勾选“学号”复选框，单击“类别”右侧的“编辑”按钮，打开“轴标签”对话框，选中B2:B40单元格区域，点击“确定”按钮，返回“编辑数据源”对话框，单击“确定”按钮。

步骤3：选中图表，在“图表工具”选项卡中单击“添加元素”下拉按钮，在展开的下拉列表中选择“图表标题”/“无”选项；再次单击“添加元素”下拉按钮，在展开的下拉列表中选择“图例”/“顶部”选项。

步骤4：选中图表中的数据区域，右击鼠标，在弹出的快捷菜单中选择“设置数据系列格式”选项，打开“属性”任务窗格；切换到“填充与线条”选项卡，在“线条”组中选中“实线”单击按钮，设置“宽度”为“1磅”，设置“颜色”为“矢车菊蓝，着色1，深色25%”；在“填充”组中，设置“颜色”为“巧克力黄，着色2，浅色40%”，最后单击“属性”任务窗格中的“关闭”按钮。

步骤5：选中图表，按住鼠标左键拖动图表使其左上角放置在A42单元格内，调整图表大小使其置于A42:K60单元格区域。

（3）步骤1：切换到“班级课程学分”工作表，选中B4单元格，将鼠标指针移到B4单元格右下角的填充柄上，待鼠标指针变成小十字形状时，按住鼠标左键向下拖动到B41单元格，释放鼠标左键。

步骤 2：在 C4 单元格中输入公式“=IF(班级课程成绩!C3>=60,课程对应学分!$B$2,0)”，并按“Enter”键；选中 C4 单元格，将鼠标指针移到 C4 单元格右下角的填充柄上，待鼠标指针变成小十字形状时，按住鼠标左键向下拖动到 C41 单元格，释放鼠标左键。

步骤 3：在 D4 单元格中输入公式“=IF(班级课程成绩!D3>=60,课程对应学分!$B$3,0)”，并按“Enter”键；选中 D4 单元格，将鼠标指针移到 D4 单元格右下角的填充柄上，待鼠标指针变成小十字形状时，按住鼠标左键向下拖动到 D41 单元格，释放鼠标左键。

步骤 4：在 E4 单元格中输入公式“=IF(班级课程成绩!E3>=60,课程对应学分!$B$7,0)”，并按“Enter”键；选中 E4 单元格，将鼠标指针移到 E4 单元格右下角的填充柄上，待鼠标指针变成小十字形状时，按住鼠标左键向下拖动到 E41 单元格，释放鼠标左键。

步骤 5：在 F4 单元格中输入公式“=IF(班级课程成绩!F3>=60,课程对应学分!$B$4,0)”，并按“Enter”键；选中 F4 单元格，将鼠标指针移到 F4 单元格右下角的填充柄上，待鼠标指针变成小十字形状时，按住鼠标左键向下拖动到 F41 单元格，释放鼠标左键。

步骤 6：在 G4 单元格中输入公式“=IF(班级课程成绩!G3>=60,课程对应学分!$B$8,0)”，并按“Enter”键；选中 G4 单元格，将鼠标指针移到 G4 单元格右下角的填充柄上，待鼠标指针变成小十字形状时，按住鼠标左键向下拖动到 G41 单元格，释放鼠标左键。

步骤 7：在 H4 单元格中输入公式“=IF(班级课程成绩!H3>=60,课程对应学分!$B$6,0)”，并按“Enter”键；选中 H4 单元格，将鼠标指针移到 H4 单元格右下角的填充柄上，待鼠标指针变成小十字形状时，按住鼠标左键向下拖动到 H41 单元格，释放鼠标左键。

步骤 8：在 I4 单元格中输入公式“=IF(班级课程成绩!I3>=60,课程对应学分!$B$5,0)”，并按“Enter”键；选中 I4 单元格，将鼠标指针移到 I4 单元格右下角的填充柄上，待鼠标指针变成小十字形状时，按住鼠标左键向下拖动到 I41 单元格，释放鼠标左键。

（4）步骤 1：在 J4 单元格中输入公式“=SUM(C4:I4)”，并按“Enter”键；选中 J4 单元格，将鼠标指针移到 J4 单元格右下角的填充柄上，待鼠标指针变成小十字形状时，按住鼠标左键向下拖动到 J41 单元格，释放鼠标左键。

步骤 2：在 K4 单元格中输入公式“=IF(J4>=14,"合格","不合格")”，并按“Enter”键；选中 K4 单元格，将鼠标指针移到 K4 单元格右下角的填充柄上，待鼠标指针变成小十字形状时，按住鼠标左键向下拖动到 K41 单元格，释放鼠标左键。

步骤 3：保存并关闭工作簿。

5．WPS 演示题

（1）步骤：打开考生文件夹下的“ys.pptx”文件，在“设计”选项卡中单击“导入模板”按钮，打开“应用设计模板”对话框，选择一种需要的模板，单击“打开”按钮，将模板应用到演示文稿中。

视频解析

（2）步骤 1：选中第 1 张幻灯片，在主标题文本框中输入“湖北省博物馆”；选中输入的文字，在“文本工具”选项卡中，设置“字体”为“隶书”，设置“字号”为“60”，设置“字体颜色”为“蓝色”，单击“加粗”按钮。

步骤 2：在副标题文本框中输入“越王勾践剑”，选中输入的文字，在“文本工具”选项卡中，设置“字体”为“华文行楷”，设置“字号”为“32”，设置“字体颜色”为“蓝色”，单击“右对齐”按钮。

步骤 3：选中第 1 张幻灯片中的主标题文本框，按住“Ctrl”键的同时选中副标题文本框，在“动画”选项卡中单击“自定义动画”按钮，打开“自定义动画”任务窗格；单击“添加效果”下拉按钮，在展开的下拉列表中选择“进入”/“基本型”/“轮子”选项，关闭“自定义动画”任务窗格。

（3）步骤 1：选中第 2 张幻灯片，单击右侧内容文本框中的“插入图片”按钮，打开“插入图片”对话框，找到并选中考生文件夹下的“越王勾践剑.png”图片，单击“打开”按钮；选中插入的图片，在“图片工具”选项卡中单击“大小和位置”对话框启动器按钮，打开“对象属性”任务窗格；在“大小与属性”选项卡的“大小”组中勾选“锁定纵横比”复选框，设置“缩放高度”为“50%”；切换到“效果”选项卡，单击“柔化边缘”右侧的下拉按钮，在展开的下拉列表中选择“2.5 磅”，关闭“对象属性”任务窗格。

步骤 2：保持图片的选中状态，在“动画”选项卡中单击“自定义动画”按钮，打开“自定义动画”任务窗格；单击“添加效果”下拉按钮，在展开的下拉列表中选择“进入”/“基本型”/“飞入”选项。

（4）步骤：选中第 2 张幻灯片左侧的文本“越王勾践剑特展”，在“插入”选项卡中单击“超链接”按钮，打开“插入超链接”对话框；在“链接到”组中选中“本文档中的位置”选项，在“请选择文档中的位置”列表框中选中第 3 张幻灯片“3.越王勾践剑特展”，单击“确定”按钮。

（5）步骤 1：选中任意一张幻灯片，在“切换”选项卡中单击切换方式列表框右侧的下拉按钮，在展开的下拉列表中选择“线条”选项；单击“效果选项”下拉按钮，在展开的下拉列表中选择“水平”选项；勾选“单击鼠标时换片”复选框，最后单击“应用到全部”按钮。

步骤 2：在“幻灯片放映”选项卡中单击“设置放映方式”按钮，打开“设置放映方式”对话框；在“放映类型”组中，选中“演讲者放映（全屏幕）”单选按钮；在“放映选项”组中，勾选“循环放映，按 ESC 键终止”复选框；在“放映幻灯片”组中，选中“全部”单选按钮，单击“确定”按钮。

步骤 3：保存并关闭演示文稿。

6．上网题

（1）步骤：通过“答题”菜单启动 Internet Explorer，打开 IE 浏览器；在地址栏中输入网址“HTTP://LOCALHOST:65531/ExamWeb/Index.htm”并按“Enter”键，在打开的页面中找到查看更多汽车品牌的链接，单击打开，选中地址栏中的地址，按“Ctrl+C”快捷键进行复制；打开考生文件夹，新建一个文本文件并命名为“search_address.txt”；打开新建的文本文件，按“Ctrl+V”快捷键进行粘贴，保存并关闭文件。

（2）步骤：通过“答题”菜单启动“Outlook”，打开“Outlook”窗口；单击“创建邮件”按钮，打开“新邮件”窗口，在“收件人”编辑框中输入“sunshine9960@gmail.com”，在“主题”编辑框中输入“鲁迅的文章”，在窗口中央空白的编辑区域输入邮件内容“孙冉，你好！你要的两篇鲁迅作品在邮件附件中，请查收。”；单击“附件”按钮，在打开的“打开”对话框中找到并选中考生文件夹下的“Luxun1.txt”和“Luxun2.txt”文件，单击“打开”按钮；最后单击“发送”按钮，在弹出的提示对话框中单击“确定”按钮，完成操作。

精编模拟试卷（八）参考答案及解析

1．选择题

（1）A【解析】7 位 ASCII 码，用 7 位二进制数表示一个字符的编码，总共可以表示 128（2^7）个不同的字符。

（2）A【解析】Windows XP、UNIX、Linux 均为计算机操作系统，属于系统软件。

（3）C【解析】1 KB=1 024 Byte。

（4）C【解析】计算机主要具有以下几个特点：① 高速、精确的运算能力；② 准确的逻辑判断能力；③ 强大的存储能力；④ 自动功能；⑤ 网络与通信功能。

（5）D【解析】宏病毒寄存在 Microsoft Office 文档或模板的宏中，影响 Word 文档的各种操作，而 Word 文档的文件扩展名为“.doc”。

（6）C【解析】网络接口卡（简称网卡）是构成网络必需的基本设备，每台连接到局域网的计算机（工作站或服务器）都需要安装一块网卡。

（7）C【解析】显示器、投影仪、打印机属于输出设备。

（8）D【解析】字节是存储容量的基本单位，1 个字节由 8 位二进制位组成。

（9）C【解析】电子邮件（E-mail）是因特网上使用非常广泛的一种服务。电子邮件首先被送到收件人的邮件服务器，存放在属于收件人的 E-mail 邮箱里。所有的邮件服务器都是 24 小时工作，随时可以接收或发送邮件，发件人可以随时上网发送邮件，收件人也可以随时连接因特网，打开自己的邮箱阅读邮件。因此，在因特网上收发电子邮件不受地域或时间的限制，双方的计算机并不需要同时打开。

（10）A【解析】为了便于管理和配置，将每个 IP 地址分为四段（一个字节为一

段），每一段用一个十进制数来表示，段与段之间用圆点隔开，每个段的十进制数范围是0～255。

（11）B【解析】ASCII 码用十六进制表示为：A 对应 41，a 对应 61，二者相差 20（十六进制），换算为十进制即相差 32，所以 a 的 ASCII 码用十进制表示为：65+32=97。

（12）B【解析】字处理软件、学籍管理系统、Office 2010 属于应用软件。

（13）C【解析】在数值转换中，基数越大，位数越少。当为 0、1 时，位数可以相等。

（14）B【解析】内存储器的内存速度大于外存储器。U 盘、光盘、固定硬盘属于外存储器。

（15）C【解析】选项 A，反病毒软件并不能查杀全部病毒；选项 B，计算机病毒是具有破坏性的程序；选项 D，计算机本身对计算机病毒没有免疫性。

（16）B【解析】第一代计算机到第四代计算机采用的电子元件分别为电子管、晶体管、中小规模集成电路、大规模及超大规模集成电路。

（17）C【解析】UNIX 是一个多用户多任务的分时操作系统。

（18）B【解析】机器语言是唯一能被计算机硬件系统理解和执行的语言。

（19）C【解析】JPEG 标准是由国际标准化组织和国际电话电报咨询委员会为静态图像所建立的第一个国际数字图像压缩标准，也是至今一直在使用的、应用最广的图像压缩标准。

（20）B【解析】星形拓扑结构是最早的通用网络拓扑结构。在星形拓扑中，每个结点与中心结点连接，中心结点控制全网的通信，任何两个结点之间的通信都要通过中心结点。

2. 基本操作题

视频解析

（1）步骤：打开考生文件夹下的“PASTE”文件夹，选中“FLOPY.BAS”文件，在菜单栏中选择“编辑”/“复制”选项，或按“Ctrl+C”快捷键；打开考生文件夹下的“JUSTY”文件夹，在菜单栏中选择“编辑”/“粘贴”选项，或按“Ctrl+V”快捷键。

（2）步骤：打开考生文件夹下的“PARM”文件夹，选中“HOLIER.docx”文件，在菜单栏中选择“文件”/“属性”选项，或右击鼠标，在弹出的快捷菜单中选择“属性”选项，打开“HOLIER.docx 属性”对话框；在“HOLIER.docx 属性”对话框中勾选“只读”复选框，单击“确定”按钮。

（3）步骤：打开考生文件夹下的“HUN”文件夹，在菜单栏中选择“文件”/“新建”/“文件夹”选项，或右击鼠标，在弹出的快捷菜单中选择“新建”/“文件夹”选项，即可生成一个新的文件夹，此时文件夹的名字处呈现蓝色可编辑状态，编辑名称为题目指定的名称“CALCUT”。

（4）步骤：打开考生文件夹下的“SMITH”文件夹，选中“COUNTING.WRI”文件，在菜单栏中选择“编辑”/“剪切”选项，或按“Ctrl+X”快捷键；打开考生文件夹下的“OFFICE”文件夹，在菜单栏中选择“编辑”/“粘贴”选项，或按“Ctrl+V”快捷键；选中移动过来的文件，按“F2”键，此时文件的名字处呈现蓝色可编辑状态，编辑名称为题目指定的名称“IDEND.WRI”。

（5）步骤：打开考生文件夹下的“SUPPER”文件夹，选中要删除的“WORD5.pptx”文件，按“Delete”键，弹出“删除文件”对话框，单击“是”按钮，将文件删除到回收站。

3．WPS 文字题

视频解析

（1）步骤 1：打开考生文件夹下的“wps.docx”文件，选中标题段文字“敦煌莫高窟”，在“开始”选项卡中设置“字体”为“隶书”，设置“字号”为“小二”，单击“加粗”和“居中对齐”按钮。

步骤 2：保持标题文字的选中状态，在“开始”选项卡中单击“段落”对话框启动器按钮，打开“段落”对话框；在“缩进和间距”选项卡的“间距”组中，设置“段前”为“0.5”行，设置“段后”为“0.5”行，单击“确定”按钮。

（2）步骤 1：选中正文段“莫高窟……玻璃贸易。”，在“开始”选项卡中设置“字体”为“仿宋”，设置“字号”为“小四”。

步骤 2：保持正文段的选中状态，在“开始”选项卡中单击“段落”对话框启动器按钮，打开“段落”对话框；在“缩进和间距”选项卡的“缩进”组中，设置“特殊格式”为“首行缩进”，“度量值”默认为“2”字符；在“间距”组中，设置“行距”为“1.5 倍行距”，单击“确定”按钮。

（3）步骤：选中正文段“莫高窟……玻璃贸易。”，在“开始”选项卡中单击“查找替换”下拉按钮，在展开的下拉列表中选择“替换”选项，打开“查找和替换”对话框；在“查找内容”编辑框中输入“敦煌”，将鼠标指针置于“替换为”编辑框中，单击“格式”下拉按钮，在展开的下拉列表中选择“字体”选项，打开“替换字体”对话框；在“字体”选项卡中，设置“字形”为“加粗”，设置“字体颜色”为“红色”，单击“确定”按钮，返回“查找和替换”对话框；单击“全部替换”按钮，在弹出的提示框中单击“取消”按钮，然后单击“确定”按钮，返回“查找和替换”对话框，最后单击“关闭”按钮。

（4）步骤：选中文中所有蓝色、加粗显示的文本（选中“历史价值”，按住“Ctrl”键的同时依次选中“艺术价值”和“科技价值”），在“开始”选项卡中单击“底纹颜色”下拉按钮，在展开的下拉列表中选择“主题颜色”/“白色，背景 1，深色 15%”选项。（注意，此处需选中段落标记）

（5）步骤 1：在“页面布局”选项卡中单击“页边距”下拉按钮，在展开的下拉列表中选择“自定义页边距”选项，打开“页面设置”对话框；在“页边距”选项卡中，设置“上”“下”均为“2.8”厘米，设置“左”“右”均为“3”厘米，单击“确定”按钮。

步骤 2：在“页面布局”选项卡中单击“页面边框”按钮，打开“边框和底纹”对话框；在“页面边框”选项卡中，选择“设置”组中的“方框”选项，设置“颜色”为“绿色”，设置“宽度”为“2.25 磅”，单击“确定”按钮。

（6）步骤：在“插入”选项卡中单击“水印”下拉按钮，在展开的下拉列表中选择“插入水印”选项，打开“水印”对话框；勾选“图片水印”复选框，单击“选择图片”按钮，打开“选择图片”对话框，找到并选中考生文件夹下的“285 窟.jpg”图片，单击“打开”按钮，将“缩放”设置为“200%”，单击“确定”按钮。

（7）步骤 1：在“插入”选项卡中单击“页眉和页脚”按钮，进入“页眉和页脚”编辑状态，单击“页码”下拉按钮，在展开的下拉列表中选择“页码”选项，打开“页码”对话框；设置“样式”为“第 1 页”，设置“位置”为“底端居右”，“应用范围”默认为“整篇文档”，单击“确定”按钮，最后单击“页眉和页脚”选项卡中的“关闭”按钮。

步骤 2：保存并关闭文档。

4．WPS 表格题

视频解析

（1）步骤 1：打开考生文件夹下的“Book.xlsx”文件，双击“Sheet1”工作表标签进入其编辑状态，然后输入工作表名称“装修预算表”，按“Enter”键。

步骤 2：选中 A1:H1 单元格区域，在“开始”选项卡中单击“合并居中”按钮；单击“行和列”下拉按钮，在展开的下拉列表中选择“行高”选项，打开“行高”对话框，设置“行高”为“30”磅，单击“确定”按钮。

步骤 3：选中表格的 B 列和 C 列，按住“Ctrl”键的同时选中 J 列，在“开始”选项卡中单击“行和列”下拉按钮，在展开的下拉列表中选择“最适合的列宽”选项。

（2）步骤 1：在 H3 单元格中输入公式“=E3*(F3+G3)”，并按“Enter”键；选中 H3 单元格，将鼠标指针移到 H3 单元格右下角的填充柄上，待鼠标指针变成小十字形状时，按住鼠标左键向下拖动到 H32 单元格，释放鼠标左键。

步骤 2：选中 H3: H32 单元格区域，右击鼠标，在弹出的快捷菜单中选择“设置单元格格式”选项，弹出“单元格格式”对话框；在“数字”选项卡中，选择“分类”列表框中的“货币”选项，设置“小数位数”为“2”，设置“货币符号”为“¥”，单击“确定”按钮。

步骤 3：在 K3 单元格中输入公式“=SUMIF($B$3:$B$32,J3,$H$3:$H$32)”，并按“Enter”键；选中 K3 单元格，将鼠标指针移到 K3 单元格右下角的填充柄上，待鼠标指针变成小十字形状时，按住鼠标左键向下拖动到 K9 单元格，释放鼠标左键。

步骤 4：在 L3 单元格中输入公式“=IFS(K3>=10000,"贵",K3>=5000,"中等",K3<5000,"便宜")”，并按“Enter”键；选中 L3 单元格，将鼠标指针移到 L3 单元格右下角的填充柄上，待鼠标指针变成小十字形状时，按住鼠标左键向下拖动到 L9 单元格，释放鼠标左键。

（3）步骤 1：选中 F3:F32 单元格区域，在“开始”选项卡中单击“条件格式”下拉按钮，在展开的下拉列表中选择“突出显示单元格规则”/“大于”选项，打开“大于”对话框；在左侧的编辑框中输入“1000”，单击“设置为”右侧的下拉按钮，在展开的下拉列表中选择“浅红填充色深红色文本”选项，单击“确定”按钮；再次单击“条件格式”下拉按钮，在展开的下拉列表中选择“突出显示单元格规则”/“小于”选项，打开

“小于”对话框；在左侧的编辑框中输入“100”，单击“设置为”右侧的下拉按钮，在展开的下拉列表中选择“自定义格式”选项，打开“单元格格式”对话框；切换到“字体”选项卡，设置“颜色”为“巧克力黄，着色 2”，单击“确定”按钮，返回“小于”对话框，再次单击“确定”按钮。

步骤 2：选中 H3:H32 单元格区域，在“开始”选项卡中单击“条件格式”下拉按钮，在展开的下拉列表中选择“数据条”/“渐变填充”/“红色数据条”选项。

（4）步骤 1：切换到“家具类别汇总”工作表，选中 A2:B5 单元格区域，在“插入”选项卡中单击“全部图表”按钮，打开“插入图表”对话框；在左侧列表框中选择“条形图”，再在右侧选择“簇状条形图”，单击“插入”按钮。

步骤 2：选中图表，按住鼠标左键拖动图表使其左上角放置在 A7 单元格内，调整图表大小使其置于 A7:G20 单元格区域。

步骤 3：选中图表，将图表标题修改为“家具类别汇总”；在“图表工具”选项卡中单击“在线图表”左侧的样式列表框下拉按钮，在展开的下拉列表中选择“样式 7”样式；单击“添加元素”下拉按钮，在展开的下拉列表中选择“数据标签”/“数据标签内”选项。

（5）步骤 1：切换到“家具清单”工作表，单击数据区域的任意单元格，在“数据”选项卡中单击“排序”按钮，打开“排序”对话框；设置“主要关键字”为“类别”，设置“次序”为“升序”，单击“添加条件”按钮，设置“次要关键字”为“总计（元）”，设置“次序”为“降序”，单击“确定”按钮。

步骤 2：选中 A 列，右击鼠标，在弹出的快捷菜单中选择“插入”选项，设置“列数”为“1”；选中 A1 单元格，输入“序号”，在 A2 单元格中输入“A01”，将鼠标指针移到 A2 单元格右下角的填充柄上，按住鼠标左键向下拖动到 A31 单元格，释放鼠标左键。

步骤 3：单击数据区域的任意单元格，在“数据”选项卡中单击“分类汇总”按钮，打开“分类汇总”对话框；设置“分类字段”为“类别”，设置“汇总方式”为“求和”，在“选定汇总项”列表框中勾选“总计（元）”的复选框，默认勾选“汇总结果显示在数据下方”复选框，单击“确定”按钮。

（6）步骤 1：在“家具清单”工作表中，单击“页面布局”选项卡中的“页边距”下拉按钮，在展开的下拉列表中选择“窄”选项，再次单击“页边距”下拉按钮，在展开的下拉列表中选择“自定义页边距”选项，打开“页面设置”对话框；在“页边距”选项卡的“居中方式”组中，勾选“水平”和“垂直”复选框；切换到“工作表”选项卡，将鼠标指针置于“打印区域”编辑框中，在“家具清单”工作表中选中 A1:G35 单元格区域，单击“确定”按钮。

步骤 2：保存并关闭工作簿。

5. WPS 演示题

视频解析

（1）步骤 1：打开考生文件夹下的“ys.pptx”文件，在“设计”选项卡中单击“编辑母版”按钮，进入幻灯片母版编辑视图；选中“标题幻

灯片”版式（第 2 张幻灯片）中的副标题文本框，在“文本工具”选项卡中，设置“字体”为“微软雅黑”，设置“字号”为“36”。

步骤 2：分别选中幻灯片母版中除“标题幻灯片”以外的其他版式（第 3 张幻灯片、第 4 张幻灯片，第 5 张幻灯片、第 6 张幻灯片），然后分别选中“标题样式”文本框，在“文本工具”选项卡中，设置“字体”为“隶书”，设置“字号”为“48”；分别选中“文本样式”文本框，在“开始”选项卡中设置“字体”为“楷体”，设置“字号”为“20”，在“幻灯片母版”选项卡中单击“关闭”按钮。

（2）步骤：选中第 2 张幻灯片中的智能图形文本框，右击鼠标，在弹出的快捷菜单中选择“设置对象格式”选项，打开“对象属性”任务窗格；在“大小与属性”选项卡的“大小”组中，勾选“锁定纵横比”复选框，设置“缩放高度”为“60%”；在“位置”组中，设置“水平位置”为“7.5”厘米，设置“相对于”为“左上角”，设置“垂直位置”为“5”厘米，设置“相对于”为“左上角”，关闭“对象属性”任务窗格。

（3）步骤 1：选中第 3 张幻灯片，在“开始”选项卡中单击“版式”下拉按钮，在展开的下拉列表中选择“图片与标题”版式。

步骤 2：在第 3 张幻灯片中，单击左侧文本框中的“插入图片”按钮，打开“插入图片”对话框，找到并选中考生文件夹下的“植物园.jpg”图片，单击“打开”按钮。

（4）步骤：选中第 6 张幻灯片，在“开始”选项卡中单击“版式”下拉按钮，在展开的下拉列表中选择“比较”版式，在标题下方的左侧文本框中输入“月季园”，选中第 2 段“玉簪园……专类园。”，使用“Ctrl+X”快捷键进行剪切，按“Ctrl+V”快捷键将其粘贴到右侧文本框中，在右侧文本框的上方输入“玉簪园”。

（5）步骤 1：选中第 4 张幻灯片中的整个表格，在“表格样式”选项卡中单击样式列表框右侧下拉按钮，在展开的下拉列表中选择“中色系/中度样式 4”样式。

步骤 2：在“表格工具”选项卡中单击“居中对齐”按钮，设置“字体”为“楷体”，设置“字号”为“20”。

步骤 3：选中整个表格，在“动画”选项卡中单击“自定义动画”按钮，打开“自定义动画”任务窗格；单击“添加效果”下拉按钮，在展开的下拉列表中选择“进入”/“基本型”/“飞入”选项，在“自定义动画”任务窗格中，设置“速度”为“中速”，设置“方向”为“自右下部”，关闭“自定义动画”任务窗格。

（6）步骤 1：选中任意一张幻灯片，在“切换”选项卡中单击切换方式列表框右侧的下拉按钮，在展开的下拉列表中选择“抽出”选项，设置“速度”为“01.00”，最后单击“应用到全部”按钮。

步骤 2：保存并关闭演示文稿。

6．上网题

（1）步骤：通过“答题”菜单启动 Internet Explorer，打开 IE 浏览器；在地址栏中输入网址“HTTP://LOCALHOST:65531/ExamWeb/Index.htm”并按“Enter”键，在打开的页面中单击“天文小知识”，再单击“海王星”；选择“文件”/“另存为”选项，打开“另存为”对话框，将保存路径修改为考生文件夹，在“保存类型”下拉列表中选择

“文本文件(*.txt)”选项，在“文件名”编辑框中输入“haiwangxing”，单击“保存”按钮，完成操作。

（2）步骤：通过“答题”菜单启动“Outlook”，打开“Outlook”窗口；单击“创建邮件”按钮，打开“新邮件”窗口，在“收件人”编辑框中输入“zhanglong@126.com”，在“主题”编辑框中输入“购书清单”，在窗口中央空白的编辑区域输入邮件内容“附件中为购书清单，请查收。”；单击“附件”按钮，打开“打开”对话框，找到并选中考生文件夹下的“购书清单.docx”文件，单击“打开”按钮；最后单击“发送”按钮，在弹出的提示对话框中单击“确定”按钮，完成操作。